记忆研究与人工智能

杨庆峰　著

上海大学出版社
·上海·

图书在版编目(CIP)数据

记忆研究与人工智能/杨庆峰著. — 上海:上海
大学出版社,2020.11(2022.1重印)
ISBN 978 - 7 - 5671 - 4001 - 1

Ⅰ.①记… Ⅱ.①杨… Ⅲ.①记忆-研究②人工智能
-研究 Ⅳ.①TB842.3②TP18

中国版本图书馆 CIP 数据核字(2020)第 207129 号

出版统筹 邹西礼
责任编辑 贾素慧
封面设计 柯国富
技术编辑 金 鑫 钱宇坤

记忆研究与人工智能

杨庆峰 著

上海大学出版社出版发行
(上海市上大路 99 号 邮政编码 200444)
(http://www.shupress.cn 发行热线 021 - 66135112)
出版人 戴骏豪

＊

南京展望文化发展有限公司排版
江苏凤凰数码印务有限公司印刷 各地新华书店经销
开本 710mm×1000mm 1/16 印张 17.75 字数 309 千
2020 年 11 月第 1 版 2022 年 1 月第 2 次印刷
ISBN 978 - 7 - 5671 - 4001 - 1/TB · 19 定价 58.00 元

本书为

国家社科基金重大项目"智能革命与人类深度科技化前景的哲学研究"(17ZDA028)阶段性成果

国家社科基金项目"基于图像技术的体验构成研究"阶段性成果

2018年上海文教结合"支持高校服务国家重大战略出版工程"项目研究成果

内 容 简 介

　　有效利用时代科学技术的成果回应哲学基本问题并构建体系成为很多哲学家的主要梦想。我们可以列出很长的一个名单，如柏拉图、笛卡尔、康德、谢林、黑格尔、柏格森、海德格尔、利科、巴迪欧和唐·伊德、米切姆、斯蒂格勒等。但是哲学家由于受时代科学技术限制而梦碎的例子比比皆是。一百多年前，柏格森试图从记忆入手来解决身心关系问题，但是受到生物学的限制遗憾失败。然而，20世纪60年代以来，生物学、神经科学、心理学获得了极大发展并彼此融合。同时，数字技术与人工智能正在演变为社会发展的技术框架基础，生活世界等被深度数字化和智能化。人类智能通过技术呈现，人类体验不断外化并且通过机器模拟加以实现，这为回应哲学基本问题提供了新的契机。

　　本书也是如此，即通过阐释20世纪60年代以来的记忆科学研究成果，继而实现两个密切相关的目的。其一是为当代记忆哲学复兴提供科学路径的支持；其二是为哲学基本问题的解决提供记忆方案。其中，科学路径与哲学路径形成了两条共同的有益于记忆哲学复兴和发展的路径。甚至深入分析科学路径反而更加有助于这一任务的实现。因此，本书概括了20世纪60年代以来记忆研究的整体状况、多重逻辑、技术方法、研究纲领，并进一步分析了记忆研究中的基本问题，并在此基础上反思记忆哲学对于人工智能发展的诸多意义。

目　　录

前　言

　　"记忆现象,和我们如此紧密地联系在一起,最为顽强地抵抗着彻底反思的傲慢。"

——保罗·利科《记忆、历史与遗忘》

　　智能时代为什么要重提记忆问题? 这属于一个基本框架的问题。"智能时代"特指以大数据、人工智能技术为技术架构的时代;"重提记忆问题"意味着记忆哲学在当代的复兴。总体看来,记忆哲学的复兴需要两个路径的作用,一是科学路径;二是哲学路径。科学路径是一种泛称,在记忆问题上包括神经科学、认知科学、心理学、大数据和人工智能等领域;哲学路径可以区分知识论的和现象学的。知识论意味着一种传统流派,以认识和知识为核心,而现象学则意味着一种当代流派,以意识与身体的统一为根本。这两种路径合并起来可以通过三步跳跃来实现:从科学反思到知识论反思,再从知识论反思到技术现象学重构。就本著作而言,不可能一下子完成这样一个任务,而主要是着力对记忆现象的科学技术成果进行哲学阐述和分析,以期为记忆哲学的复兴确立坚实的科学路径。从精神自身看,智能与记忆是人类灵魂的两种力量,在智能时代这样两种力量通过机器形式成为一个新的问题:机器与智能的融合。这一问题越发引起了哲学家的关注。围绕上述问题,本著作准备从四个方面作出说明:第一,如何界定我们所处的时代? 第二,从哲学问题角度看,记忆研究在当前有何种重要的意义? 第三,从个人研究来说,为什么记忆会成为技术现象学发展的一个必然指向? 第四,记忆研究在智能时代的意义所在?

一、我们所处的时代及其特征

　　一般说来,很多人声称所处的时代被称为"技术时代"。"技术时代"成为我们自身何以存在的根据,人性也以技术为确切的根据而被构建。但是这种说法多少有些空洞,因为技术时代本身并不清晰。除了这种说法之外,还有另外一个比较具体的说法:"数字时代"。这种说法背后的技术支撑多是数字技术或者数字化的趋势。另外,"信息时代"也经常被使用,这也是一种哲学式的概括。还有"智能时代"也越来越多地被不同领域的学者所接受。尽管有不同的说法,相同之处是不同时代都会以不同的技术基础来概括所处的特征。

在上述表述中,我们发现了技术时代的变化特征,这种特征如果以命题的形式表现出来就是"万物以数字的方式存在"或者"万物自身数字化或者智能化"。前者是从事物存在本身而言的。在日常世界中,一切都以数字为根据,从而显示出其独特性。这种关系并不是还原主义的。还原主义只是指出万物可以还原到数字,数字成为构成万物的基本单元。但是,我们所说的与还原主义完全不同。我们想指出的是,万物以数字为根据,从而显现自身。后者则是从事物存在过程来说的,强调事物呈现自身方式是数字化或者智能化。

数字时代、信息时代与智能时代的表述中存在着很大的交叉性。从技术根据来看,三个表述之间甚至呈现出某种递进关系。数字时代即在当前时代事物以数字的形式存在,特别是当与计算机出现前的时代相比。这种规定是从事物存在形式角度来界定时代特征的,比如以数字的形式存在的时代。这种规定也是原始素材意义上的规定。信息时代可以看作是数字时代的高级阶段。因为信息是编码处理过的数据。事物以信息的形式存在意味着曾经以数字的形式存在,也意味着事物必定以数字的形式存在过;智能时代是信息时代更加高级的阶段。如果信息的目的是指向知识形成的话,那么智能时代意味着事物存在以一种知识化的形式存在,这也意味着事物必定以信息的方式存在过。在某种意义上说,对数字时代、信息时代和智能时代及其技术支撑的反思完全属于技术现象学的范围。在这样一个技术化时代中,记忆缘何会成为一个需要关注的问题?我们接下来想说明的是,记忆研究对于哲学基本问题的重要性如何理解?缘何记忆研究会成为智能时代的一个问题?缘何技术现象学会关注记忆现象?

二、作为解决哲学基本问题方法的记忆

20世纪60年代以来,我们面对着两个科学事件和哲学事件。两个科学事件是指:① 意识的生物学基础成为世纪科学难题,尤其是记忆存储和提取成为本世界人类面临的前十位的最为重要的科学难题,幸运的是记忆研究上生物学、神经科学、心理学取得了明显的突破。② 人工智能逐渐成为人类必须应对的重大理论和现实问题。两个哲学事件是指:① 曾经被认识论遮蔽的记忆问题以记忆哲学和记忆研究的名义开始呈现自身。笔者曾经撰文指出,从柏拉图、亚里士

多德开始,记忆与灵魂、记忆与认识成为哲学问题之源。"知识即回忆""记忆即灵魂印痕"的观点成为哲学最早的贡献。① 当代记忆哲学家如贝内克(Sven Bernecker)、米歇尼安(Kourken Michaelian)等借助神经科学、认知科学等科学成果进一步阐述了记忆的哲学本质。后者提出了"记住过去意味着想象过去"的观点。② 在人工智能时代,身心关系问题将获得前所未有的反思契机。而在解决这一关系问题上,历史上曾经出现过两种路径:机器路径与记忆路径。这两种路径成为智能路径得以出现的前提。

机器路径源自 17 世纪的法国哲学家科尔德莫瓦(Géraud de Cordemoy)。他曾经是律师出身,后来成为笛卡尔哲学的追随者。他在阐述身心关系问题的时候,提到了 6 种话语。它们分别是"身体与物质""身体的运动与静止""自然与人工机器""心灵与身体的统一""身体与灵魂的区别"。在人工智能快速发展的今天,我们自然而然地把目光放置在第三条路径人工机器上,在今天就是所谓的智能机器上。他在钟表与人之间做出了比较。在他看来,钟表的运动和人的行为之间并没有根本的差异。"他们共同有一个以及相同的运动原因。根据身体自身而言,也就是原因所谓的东西。"他指出钟表并没有灵魂、不是活的。"心脏对于人就像发条对于钟表一样""移动钟表发条的相同物质也导致了心脏的运动"。② "因此,因为不可察觉的物质血液被加热;因为它血液能够滋养身体,因为它血液能够进入颈动脉然后进入脑,在大脑中,这些不可察觉的物质进入那些其他物质部分不能够缓慢渗入的部位。它们从更大部分分离并且构成了一些身体部分,它们因为机敏被称为'精神'。这些精神从神经流入到所有肌肉以及是的我们身体能够以如此令人自豪的方式运动。这些同样的精神,一部分导致了心脏的跳动。因此心脏是一个容器,血液被加热,在被加热后,肌肉把血液朝各个身体器官末端推动。就像大脑接受心脏血液,从这里精神形成。因此,心脏从大脑精神中接受,它用来朝着所有身体部分输送血液。"③

现在看来,17 世纪哲学家所给出的用机器的形式来阐述人类行为充满了朴素的类比,而且充满了难以解释的"不可察觉的物质"等概念。这种说法并不能够让我们信服。所以说机器路径终告失败。但是,人工智能发展给我们带来的

---

① 保罗·利科曾经对记忆观念史进行过梳理。他阐述了从柏拉图开始,经过奥古斯丁再到胡塞尔这一过程的记忆问题探讨情况。但是他的问题是忽视了洛克、康德、黑格尔、海德格尔等人在记忆问题上的贡献。针对这一缺陷,笔者对此进行了完善。

② CORDEMOY GD. Six Discourses on the Distinction between the Body and the Soul and Treatises on Metaphysics[M]. translated by Steven Nadler, Oxford: Oxford University Press, 2015: 89.

③ CORDEMOY GD. Six Discourses on the Distinction between the Body and the Soul and Treatises on Metaphysics[M]. translated by Steven Nadler, Oxford: Oxford University Press, 2015: 92.

是智能机器这种新的形式,这种机器的动力更多是算法和人工神经元。从本质上看,两个阶段的做法都是相同的,用物质化的方式试图解决身心二元的问题。从智能机器入手,我们就碰到了记忆这一隐藏至深的因素。

记忆路径也是源自法国哲学。柏格森在《物质与记忆》中提出了一种大胆的设想,用记忆来解决身心二元关系问题。他在序言中写道:"这本书肯定了精神的现实性和物质的现实性,并且尝试基于一个精确的例子来规定二者之间的关系,这个例子即记忆。"[①]但不幸的是,由于当时生物学和心理学的限制,他的这种做法终告失败。幸运的是,100多年后,生物学与神经科学、心理学融合的结果是导致了很多记忆方面的最新研究成果,记忆现象的神经基质得到了最大可能的揭示。此外,神经科学的成就也不断成为人工智能学科的一个重要基础。这无疑涌现了一种可能性路径:智能路径。

智能路径与机器路径关系密切,因为从某个角度来说,现在人工智能某种意义上依然被称为机器,只是其工作原理从机械变成了算法,其功能变得更加强大,从根本上看依然是物质性的存在。只是智能路径高于机器路径的是:依靠深度学习的智能机器具有了自主学习的能力,生成性对抗网络(GAN)就是这样一个明证;智能机器具有了主体性,或者是人类主动赋予的或者是自我挣扎过程中觉醒的。如果从深度学习角度看,这意味着机器在过去经验的基础上进行学习,继而有可能形成自身的经验;意味着记忆与遗忘问题再一次浮现出来,更意味着记忆成为理解人工智能的关键概念。当然智能路径对于身心关系问题的作用也恰恰是一个有待研究的问题,在智能机器这里,身心的关系形式出现了新的情况。符号主义和联结主义始终在构建着一个心的物质基础,而成为身体行动的源头;而这种方式很容易让我们想起传统的方式。但是行为主义则有着新的可能性,能动体与环境之间产生行为关联,这进一步让我们看到了新的可能性。所以新的问题是,智能路径与上述两种路径的真实差异需要加以解决。

三、技术现象学的记忆指向

作为当代哲学中的一个剑走偏锋的流派,无论唐·伊德还是维贝克构造的后现象学传统的确是采取了一条偏锋路线:他们从技术与人的意向关系出发,深入到生活世界中的不同层面的技术物的分析上。这条道路让他们取得了显著的成就。仅以2018年7月在荷兰特温特大学召开的"人-技术的关系:技术哲

---

① BERGSON H. Matter and Memory[M]//Cosimo Classics. translated by Nacy Margaret Paul and W. Scott Palmer. London: George Allen&Unwin Ltd, 2007: vii.

学与后现象学"来看,这次会议有 200 多位各个领域的学者参加,应该说是非常成功的。甚至维贝克的技术调节理论对于人工智能、甚至今天的垃圾分类有着实践性的指导作用。然而,也正是这样,这条道路正在让我们走向一条极端经验化的道路。这条道路甚至有些执迷于琐碎的经验性、技术性分析,而忽略了技术现象学的根本问题:技术在构成我们自身的根据中起到了怎样的作用?

但是,技术现象学不仅仅要面对生活世界中的技术物和文化物品,也应该回应哲学基本问题。在本书中,身心关系被看作是一个重要的问题。技术现象学应对这一问题具有先天的优势:其意向性关系的理论能够有效地让我们切入这一基本问题中。如果我们在"技术与人类"与"身体与心灵"之间找出内在关联,很容易从内在性这一方面获得线索。当技术现象学的内在性维度显露出来,知觉的首要地位也就显示出来。只是我们不能够再回到此处,唐·伊德延续着梅洛·庞蒂的做法对于本文提出的回应哲学基本问题并没有太多帮助。事实上,被大多数学者忽略的是,唐·伊德从保罗·利科那里获得过极大启发,而且他的博士论文恰恰是阐述利科的解释学。在阐述中,他忽略的因素是记忆问题。然而这个问题在利科的哲学中占据不可忽视的分量。

所以,要超越后现象学过于关注外在性的局限,回归内在性成为一个必然选择,只是我们不能回到现象学的经典之源——知觉,而是要回到其被遮蔽的地方——记忆。用现象学自身的术语来说,回到记忆自身。我们透过伊德,看到了利科,一条被无视的记忆线索清晰地呈现在我们面前。[1] 接下来要做的是,通过技术现象学的内在反思指明这条路上,保罗·利科被忽视的作用,并且让每一个人看到这条路径在哪里发生了断裂,又如何在这个时代获得了新生,并且能够以新的方式接续了上述断裂。

四、抵抗理性反思傲慢的记忆[2]

在现代哲学家中,有位学者对记忆阐述被遮蔽起来,这就是黑格尔。黑格尔

---

[1] "无视"有两种含义,其一是研究者对唐·伊德与利科的关系的无视。国内很多唐·伊德研究者更加关注其技术现象学,而忽略了他与利科的关系。所以在这个意义上,这条线索被无视。但实际上,这是他博士论文的起源。其二是利科本人的无视。他过于看重解释学方法的阐述,所以更加强调物质化解释学的观念提炼,而无视利科思想演进中重要的记忆维度。这种双重无视让技术现象学的记忆维度被极大忽视和遗忘。

[2] 这一观点也可以看作是法国哲学对于记忆哲学的最大贡献,从柏格森、利科、斯蒂格勒这三位学者身上看,记忆研究都建立在科学技术的进展上。柏格森依据当时的生物学和心理学成果;利科利用了少量的生物学成果;斯蒂格勒则利用了数据科学和信息科学的成果;在批判反思的方向上却开启了不同的维度。柏格森走入了文学领域,重在阐明了生命本质;利科进入了历史和宗教领域,阐明了遗忘宽恕的重要性;斯蒂格勒进入艺术领域,阐明了人类纪的本质。

在《精神现象学》中谈到了哲学方法的根本。在他看来,哲学的内容是"现实的东西","自己建立自己的东西,在自身中生活着的东西,在其概念中实际存在着的东西"。① 而方法是"全体的结构之展示在它自己的纯粹本质性里"。黑格尔谈到了数学方法,只是他从哲学的角度鄙视了这种方法。黑格尔给予我们的是总体性方法,他所要揭示的是全体结构展开的过程。就记忆而言,他要揭示的是"个体不再需要把具体存在转化为自在存在的形式,而仅只需要把已经呈现于记忆中的自在存在转化为自为存在的形式"。② 多数学者尤其关注到了精神如何从自在存在转化为自为存在的过程,却多少忽略了这些现象的存在之所——记忆。

在经典现象学家那里,胡塞尔、海德格尔、梅洛·庞蒂和萨特,记忆并不是一个重要的话题,甚至谈论"记忆现象学"的概念都有些奢侈。除了胡塞尔,我们很难在上述三位哲学家那里找到集中的论述。在胡塞尔那里,我们在《内时间意识现象学》《想象、图像意识与记忆》等多部著作中可以看到有专门的章节讨论记忆与知觉、记忆与想象、记忆与时间的问题,但是这些论述也是非常零散地分布在知识问题域的边缘地带。而在其他3位学者那里,情况更加糟糕,记忆变成了只言片语,难以寻觅。

但是技术现象学开启了不同于经典现象学的维度:唐·伊德的技术现象学让我们看到了被大多数学者忽视的保罗·利科。直到利科出现,记忆问题的状况才大为改观。他出版的《记忆,历史,遗忘》从理论路径与实践路径,使用现象学解释学的方法阐述了记忆现象。这一著作后来变得非常有名。其中表面原因是当年帮助利科编纂此书的助手——马克龙——在2017年当选为法国总统。这位总统的出场让哲学界兴奋了许久。因为他师从利科学习哲学,这很容易让人想到柏拉图的理想在今天实现了,哲学王成为国家的最高统治者。当然,这多少是一种乐观的猜测。事实上,这部著作之所以重要的深层原因是第一次对记忆问题进行了观念史的梳理。尽管遗漏了一些重要的哲学家如洛克、休谟,但是其作用还是不容忽略的。此外,这本书在记忆研究上给予了新的框架:理论路径与实践路径结合的框架。在理论路径中,他探讨了记忆的理论问题,从"记住什么"到"谁在记忆"的转变;在实践路径中,他重点探讨了记忆的使用和滥用问题。

对于哲学自身而言,记忆研究并不是为哲学确立了一个新的研究对象。记

---

① 黑格尔.精神现象学[M].贺麟等,译.北京:商务印书馆,1997:30.
② 黑格尔.精神现象学[M].贺麟等,译.北京:商务印书馆,1997:19.

忆本就是哲学的古老问题之一,无所谓新旧区别。对记忆进行研究是哲学自身的应有之义。重要的是,研究记忆的价值我们更喜欢采取保罗·利科的说法,"抵抗反思的傲慢"。"记忆现象,和我们如此紧密地联系在一起,最为顽强地抵抗着彻底反思的傲慢。"[①]在智能时代,反思和理性表现出一种惯常的傲慢姿态,计算和算法也成为指导一切的原则。数字化与智能化被看作存在显现自身的唯一方式。在这种力量面前,我们却手足无措,感到茫然,不知道如何应对。但是,幸运的是,我们通过唐·伊德发现了保罗·利科。他以一种奇特地、不经意地闯入,进到我阅读的视野中。他的"抵抗反思傲慢"的观点犹如一束光线,将会照射到每一个人的心中,让我们把握住了当下智能时代记忆现象的意义所在。我把发现他的那个时刻的体验记录下来:

　　2018年9月8日早上7点,我坐在开往北京的高铁上,清晨的阳光透过车窗照射进来,非常舒服。我拿出了法国哲学家保罗·利科的《记忆、历史与遗忘》,随便翻阅,无意中被一句话深深地打动了。"记忆现象,和我们如此紧密地联系在一起,最为顽强地抵抗着彻底反思的傲慢。"这句话仿佛一束阳光,照射到我的精神深处,让我猛然领会到了记忆的重要性:记忆是作为一种批判理性反思傲慢的工具而存在,这就是其根本意义所在。在这一时刻,记忆不再被我理解为仅仅是意识的功能和状态表达,而是呈现出一种独特的视野。通过记忆自身以及遗忘让我们直面自身、历史和社会。正是在这两个概念基本上,我们建立起自身认同、历史认知以及时代图景。

[①]　保罗·利科.记忆、历史与遗忘[M].李彦岑、陈颖,译.上海:华东师范大学出版社,2018:31.

第一章 被当代现象学轻视的 记忆问题

要讨论当代现象学对记忆问题关注的情况,一个可以借鉴的思路是从心理学与现象学的关系谈起。正如我们看到的,现象学的发展是以心理学为根基的,如布伦塔诺的心理学中对表象的探讨为胡塞尔的现象学发展提供了思想基础。梅洛·庞蒂也借助了当时的格式塔心理学完善了自己的现象学理论。斯蒂格勒借助弗洛伊德的心理学来思考技术问题。在本著作中,对记忆这一被忽视问题的考察也延续了这一思路。从心理学的状况分析展开,然后进入到现象学自身的考察中,这种考察将表明:在记忆问题上,心理学对记忆的强调与现象学的逐步轻视形成了鲜明的对比。

第一节 心理学对记忆现象的直接关注

2015 年,《科学》杂志在创刊 125 周年的时候发布了 125 个最具挑战性的科学问题,"意识的生物学基础"和"记忆存储和提取"位于前 10 位成为最为重要的两个问题。其他相对重要的问题如孤独症、精神分裂症和阿兹海默症都位居其后。记忆原本是哲学的古老问题,但由于哲学自身认识论的发展,记忆现象被遗忘,逐渐变成了心理学的问题,甚至可以说在一定意义上,心理学成为记忆研究的领头羊。20 世纪 60 年代以后记忆成为自然科学的主要研究问题。"20 世纪 60 年代"这一时刻的确定并非偶然的,而是从哲学与科学的某种交点考虑的结果。20 世纪 60 年代,神经科学已然获得了飞翔的翅膀,明确了未来发展的方向;而这个时期也是哲学面临最严重考验的时刻,因为"哲学本身分化到了各门独立的科学之中"。

从理论角度看,我们很少在当代哲学中能够找到这个问题的影子,自然科学中尽管有很多研究记忆现象的文章,但是更多是基于心理学关于记忆的基本分类进行的。在记忆观念史的写作和资料汇编中我们只是在心理学领域内见到。人文社会科学的记忆研究,也有依赖于此的情况。从观念史角度看,获取其他领域中的描述更是奢望。也只能在心理学领域获得满足。1978 年美国心理学家斯卡特(Schacter, D. L. 1952—)曾经描写过心理学领域 1885—1935 年间的记忆研究简史;还有心理学家道格拉斯·豪尔曼(Douglas Herrmann)编辑过一本艾宾浩斯之前的记忆研究的文献。前者聚焦在三本代表性心理学杂志:《美国心理学期刊》(the American Journal of Psychology)、《心理学公报》(Psychological Bulletin)和《心理学评论》(Psychological Review)。后者主要是心理学家汇编了之前的哲学领域记忆研究的主要文献。应该说,这两本书有其价值,让我们了解了心理学领域中记忆研究的断代史和文献情况。

在这样一个情况下记忆研究哲学要出场,必须寻找合适的方式。确立批判的出发点成为首要的事情。对于起点,我们以往进行过界定,起点并不是逻辑推理的前提,而是可能性展开的原点。另外,这一起点是现象学方法中成立的,这意味着起点是以心理学、神经科学等领域的记忆研究为出发点,这是现象学悬置方法的要求,对这些领域相关问题研究的考察是为现象学的还原提供可能性基础。再者,起点是日常的记忆观念,比如记忆是从属于认知的现象、记忆是印迹、记忆以联想的方式构成、记忆是情感和认同的基础等。这些观念都有待于进一步的考察。在本书中,主要是采取第二重意义的起点规定,即从心理学等学科的考察开始。很显然,对心理学领域中的记忆研究进行批判成为非常合适的选择。这也是现象学传统的路子。此外,也将神经科学作为考察的对象,这是因为心理学自身的转向所决定的,20 世纪 60 年代以后,心理学与神经科学深度融合,这决定了这种考察是无法分开的。

从斯卡特的心理学研究开始是个较好的选择。之所以选取这个人,是因为他能够打开我们进入到记忆研究纲领内核的门禁,也是因为他在记忆研究上做出了许多成果。1990 年,他与加拿大心理学家恩德尔·托尔文(Endel Tulving, 1927—)一起发表了《启动与人类记忆系统》。① 但是从斯卡特的观点看,至少有三个明显的问题:

首先,斯卡特的观点实证化色彩明显,缺乏整体的把握。由于时代限制,他们

---

① E TULVING, DL SCHACTER. Priming and human memory systems [J]. Science, 1990, 247 (4940):301 - 306.这篇文章对启动现象做出了分析,在作者看来,启动是知觉表征系统的表达,这一系统在前语义层面上起作用。它在发展中较早出现;达到它缺乏其他认知性记忆系统的弹性特征;概念性启动好像是基于语义记忆的操作之上。可以看出,这里的研究并未直接触及神经机制的问题。

忽视了心理学自身的一些发展以及记忆科学与技术本身的发展。从多个学科角度，如心理学、神经科学、脑科学的进展书写 20 世纪记忆科学与技术发展就显得有必要。而且这种书写不能只是材料的汇总，必须体现出一种宏观视野，给读者提供一幅大的图景。将反思的目光指向 20 世纪 60 年代前后，指向当下的最新成果。只有这样才能够为读者提供一个严谨的、具有哲学根据、带有前瞻视野的发展报告。

其次是斯卡特的观点也缺乏足够的方法论哲学根据。他的分析仅仅是其一篇文章的一部分内容，主要服务于这段历史中记忆研究的特征，记忆提取（retrieval）并没有成为一个真正的问题，是后来记忆研究的开拓者理查德·萨门（Richard Semon，1859—）被遗忘的问题。书写 20 世纪的记忆科学技术史需要确立方法论原则，为了更好地实现这一点，我们后面将拉卡托斯的"科学研究纲领"作为方法论原则。他提出的"没有科学史的科学哲学是空洞的；没有科学哲学的科学史是盲目的"[1]成为主要原则之一。我们对这一段发展并不是简单地做科学史料的描述，而是从哲学的角度加以反思。

再者，斯卡特的观点缺乏足够的视野，没有包括与心理学相关的学科领域情况。而本书将克服这一点。2014 年因为和两个诺贝尔奖的关系，记忆现象一下子被带到了前台。第一个奖项的获得者是法国作家帕提卡·莫迪亚诺（Patrick Modiano，1945—），他获得了文学奖。根据评奖委员会的说明，他之所以获得诺贝尔奖是因为"他用记忆的艺术展现了德国占领时期最难把握的人类的命运以及人们生活的世界"。而莫迪亚诺的大多作品也恰好蕴含着三个关键词是："记忆""身份""历史"。第二个奖项的获得者是美国科学家约翰·欧基夫（John O'Keefe，1939—），挪威科学家梅-布里特·莫索尔（May Britt Moser，1963—）和其丈夫爱德华·莫索尔（Edvard Moser，1962—），以奖励他们在"发现了大脑中形成定位系统的细胞"方面所做的贡献。可以说，人类两种本来冲突的文化在记忆这类找到了有趣的结合点。

我们的反思以现象学为主要出发点，争取克服传统现象学无视自然科学发展的局限。我们所采取的是一种视角间的立场：即从学科视角间的关联来把握这一历程。"视角间的立场"并不是新的观念，而是在科学史与哲学史中有着根基的观念。以亥姆霍兹为例，他在 1862 年《论自然科学与一般科学的关系》中指出，科学的分化导致学者们只对广大领域的特殊方面感兴趣，以至于不同学科间变得疏远，并且产生深深地不和。[2] 他的这一分析提出了要注意到不同学科之

① 拉卡托斯.科学研究纲领方法论[M].兰征,译.上海：上海译文出版社,1999：141.
② 许良.亥姆霍兹与现代西方科学哲学的发展[M].上海：复旦大学出版社,2014：202.

间的联系。现象学哲学强调主体间性的观念则是视角间立场的哲学之源。因此,注重"视角间的立场"成为本研究的一个重要出发点。具体到记忆研究,需要考察在两个领域记忆的差异。

在文学领域,记忆成为一种方式,展现人类命运及其生活的途径;而在科学领域,记忆成为一种对象,一种与认知相并列的生物现象。要认识这一现象需要延续现象学的批判精神,但是必须克服现象学无视自然科学发展的旧有局限。因此,主要基于记忆的科学研究之上。在科学领域中,很多神经科学家如艾瑞克·凯德尔(Eric Kandel,1929—)、米勒、欧基夫、詹姆士·麦克高夫(James MacGaugh,1931—)等都是在 20 世纪 60 年代开始关注记忆研究的,有力地推进了 19 世纪的记忆研究。[①] 鉴于此,本著作也将阐述 20 世纪 60 年代以来,以神经科学为推动力从而有效带动了其他相关学科中记忆研究,在此基础上试图揭示出这一时期以来记忆科学的发展途径及其技术进展,并且对记忆的科学研究做出哲学的反思。

对于现象学学者来说,进入到记忆科学与技术的研究中,我们仿佛进入到一个异域世界:不同的对象、不同的观点、不同的方法以及有趣的实验。

所以,不同的研究对象形成鲜明对比。自然科学面对的是动物和自然,这些都是非人的存在物,尤其是在神经科学的研究中,老鼠、病人成为一个重要的实验对象。这里所提出的观点与哲学上对记忆的看法完全不同,有相互支持,也有冲突。比如在神经科学领域《看到未来》这样一篇文章中,对动物在空间中的预演(preplay)与重演(replay)的关系进行了说明。[②] 文章作者莫索尔夫妇指出:"令人惊异的是,在事件发生前,相应的脑部活动也会发生。"这个观点验证了自由意志的优先性。在空间行动之前,意志不但有,而且具体可以通过这样一种路径预演的方式表现出来。这就是一种相互支持的关系。当然也有一些矛盾的观点。比如在另外的地方,作者指出,重演依靠海马体的 CA3 区域中的经验-感觉联结网络,而预演在来自海马体之外的区域。而在近代哲学中,自由意志只是属于灵魂自身的能力之一。这二者形成了明显冲突。

不同的研究方法也是有趣的对比。人文科学的方法更多的是反思的和描述

---

① 凯德尔在 2000 年的诺贝尔奖大会报告中指出,他 1950 年开始关注记忆研究,而这种转变是从心理分析转移到生物学路径的,原因是心理分析的路径存在局限,它将大脑当作黑箱处理。随后,他开始关注学习与记忆的问题,尤其是关注学习如何导致大脑神经网络的变化以及易变的短时记忆如何转变为稳定的长期记忆这一问题。但是,他并没有用生物学逻辑取代心理学或者心理分析的逻辑,而是把二者整合起来,在细胞信号的生物学与记忆存储的精神心理学之间建立起联接。

② EDVARD I. MOSER, MAY-BRITT MOSER. Seeing into the future[J]. Nature, 2011(469): 303 - 304.

的,历史领域通过原始档案材料从而重构记忆,哲学则是通过理性分析阐述记忆的本质。而自然科学中的方法是实验方法。实验设计成为一个重要的问题。上面提到的这篇文章探讨的是动物的情景记忆问题,里面提到了诸多概念都非常有趣,比如路线的重演与预演、海马体的再激活。这让我们理解空间记忆有了更为明确的基础。这两位作者在这方面的思考最终获得了诺贝生物学或医学奖。他们的理论——记忆细胞(如位置细胞、方向细胞和边界细胞)——后来得到了验证。当然,他们的成就只是在传统的电刺激技术上取得的,2005 年之后,随着光遗传技术的出现,记忆研究被大大推进,提出了许多更为有趣的观点,比如记忆印迹细胞的标记、植入与提取。

总体来说,哲学的发展离不开自然科学的成就。一方面,面对自然科学设计的新的实验、发现新的现象以及给出新的解释理论,哲学必须善贾于物,利用上述方法、实验、现象以及理论来夯实自身。20 世纪初的现象学和心理学对于记忆的研究已经被神经科学、脑科学的飞速进步远抛在后面了,远无法适应 20 世纪 60 年代以后科学发展的速度,所以需要面对新的情况给予应对。另一方面,人们也要意识到科学发展带给哲学自身的冲击和危险,保持自身的警惕。科学的进展是飞速的,但是这种飞速也加剧了其自身的分裂的速度。任何一门科学都是单方面地增进它所研究对象的知识,发展越快,差距越大。现象学不能因此而陷入这种分裂之中。对于现象学而言,坚守自身整体把握的优势,指出科学发展存在的这种内在缺陷,从而为人类提供关于记忆的整体的知识图景以及为理解记忆现象提供一个坚实的基础。这种出场对于记忆的科学研究来说是正当其时的。正如神经科学家库库斯金(Kukushkin NV)指出:"记忆的深度概念理解对于神经科学领域来说是关键的。例如记忆印迹、记忆获取、记忆巩固或者记忆提取等观念是用来形成科学假设的概念。"①

第二节 现象学家对记忆问题的间接关注

考虑到本著作要对记忆现象进行研讨,而现象学提供了一种有效的方法。所以我们需要对这种方法的发展线索有所了解。总体来说,现象学家对记忆问

---

① KUKUSHKIN NV, CAREW TJ. Memory Takes Time[J]. Neuron, 2017, 95(2): 259 - 279.

题的关注属于间接关注。这意味着他们要么把记忆纳入更基本问题(如知识、意识与存在)内讨论,要么把之隐藏在其他问题(如技术现象)之中。从现象学史来看,在经典现象学家那里,记忆问题都有所体现,胡塞尔、海德格尔的相关研究正在被逐步挖掘出来,但是却束缚在知识、意识和存在等问题中;后现象学家唐·伊德丢失了这样一个重要主题,不能不说是一种遗憾。幸运的是,被维贝克等学者意识到并加以挽救。从问题本身来看,早期现象学家对记忆问题的关注总是被遮蔽在知识与意识(胡塞尔)、存在(海德格尔)以及技术维度之中,因此记忆问题始终在先验的意识和存在语境中被讨论;唯独利科是个例外,他反思了意识现象学家关注记忆的局限所在,将记忆放置在历史-文化的语境之中;作为利科的追随者,伊德并没有一以贯之,而去关心技术物的讨论。当然,如果把技术物看作是人类文化记忆的固化,那么后现象学对记忆问题的关注也属于间接意义上的关注。

一、经典现象学家

一旦从经典现象学家入手,就会碰到人物选择的难题。但是大多学者还是公认至少胡塞尔、海德格尔、萨特和梅洛·庞蒂属于这一行列,而且无疑他们属于第一代学人。在胡塞尔与海德格尔的以往的对比研究中,主要是给二者明确的区分,如胡塞尔是先验现象学,而海德格尔是本体论现象学。这在国内外学界表现非常明显,但是逐渐还有一种倾向是"最小化二者的差异"。比如"胡塞尔与海德格尔两人都声称'做现象学'"。① 这两种做法都有其长处,但是从技术哲学角度而言,后者更为可靠。对于胡塞尔和海德格尔来说,他们都提出了人与技术的关系问题,只是从不同角度对技术问题展开反思。经典现象学家最为关心的是对于意向关系的诠释。胡塞尔关注的是意识行为与意向对象之间的关系、海德格尔关注的是存在与存在者之间的关系。"关系"形式不一,但是都是对意向关系的不同诠释。如此,胡塞尔对于意识行为与文化对象、海德格尔的物之追问与构成分析存在差异不同。

胡塞尔是经典的现象学家,他对于技术的直接分析很少,更多的是通过其他概念来表达他所关注的对象,比如文化客体。从《笛卡尔沉思》中看到部分关于文化物品的描述。"进一步产生的是这样一些先验的构造理论,它们本身——现在不再作为形式的理论——例如,涉及全然个别的、在自然的普遍联系中的空间

① CHRISTOPHER MACANN. Four Phenomenological Philosophers [M]. London: Routledge, 1993: 201.

物体,涉及心理物理的生存物;涉及人类;涉及诸社会共同体,涉及文化客体;最后地,涉及一个完全客观的世界——纯粹意识作为可能意识的世界,而且先验地作为一个本身在先验自我中通过意识构造出来的世界"。① 这里所提及的"文化客体"可以看作"技术客体"的另外表述。相比之下,"文化客体"偏重的是作为文化对象呈现的东西,为文化行为构成的对象,在这个表述中人类主体因素还是能够被指涉出来的。"技术客体"则偏重作为功能对象呈现出来的东西,是在目的性活动中构成的对象,这个概念较少人类主体因素。因为技术对象主要是偏重结构-功能这对关联而言的,指向的是某种独立、自足的对象。当确定了对象之后,胡塞尔所关注的问题是构造(constitution)。他指出:"这里需要一种关于作为总是存在地被给予的东西,其中同时是关于总已被设定的,如物理自然、人、人类共同体、文化,等等东西的构造理论。这种理论的每一个这样的标题,都表明一门因与素朴本体论的部分概念(如实在空间、实在时间、实在因果性、实在事物、实在属性等)相适应而在研究方向上有所不同的庞大学科。"②这样构造理论的目的就是对于隐含其中的意向性的揭示。在这个揭示序列中,有着一种独特的秩序,从自我然后指向不同的本体世界。"那个开始着手的现象学家会不由自主地把从自己本身开始的作为最先的事例来进行研究。他先验地发现自己就是那个特定的自我,然后才全然是某个自我,那个已经在意识上具有一个世界——一个出自我们大家熟悉的本体论类型,如自然、文化(科学、美术、工艺,等等),如更高秩序上的诸位格性(国家、教堂),等等的世界。"③如此,文化是一个特殊的本体论类型。

另外胡塞尔现象学被区分为静态现象学和动态现象学,这两者分别对应了结构与构成。对于文化客体而言,静态现象学关注的文化客体类型的自然演化过程中本质的不变结构。"那种最初的现象学只不过是单纯静态的现象学,它的描述类似于探究个别类型的自然史的描述,充其量不过是对它们加以系统的排列。普遍的发生以及超越时间形成的自我发生的结构这样一些问题,仍然是远未能解决的。的确,它们事实上是更高阶段上的问题。"④而动态现象学关注的是文化客体类型如何由自我构造。现象学中的构造并非是通常科学所言的构成,比如事物由最基本的单元构成,而是强调奠基的关系。在胡塞尔有名的被动构成与主动构成的分析中,他就指出了这种关系。"任何一种有必要作为最低阶

---

① 胡塞尔.笛卡尔沉思与巴黎演讲[M].张宪,译.北京:人民出版社,2008:89.
② 胡塞尔.笛卡尔沉思与巴黎演讲[M].张宪,译.北京:人民出版社,2008:100.
③④ 胡塞尔.笛卡尔沉思与巴黎演讲[M].张宪,译.北京:人民出版社,2008:114.

段的能动性的建立,都要以一种前给予的被动性作为前提。当我们探究这个问题时,就会碰到在被动发生中的构造……所谓生活中作为单纯在那里存在的物体而现成地摆在我们面前的东西(对于所有如锤子、桌子、美术品等加以识别的精神特征,我们将不予考虑),是通过被动经验的综合,以及它自身本源面目而被给予的。"①在这里"锤子"这个物品成为现象学事物分析的一个经典例子。不仅胡塞尔青睐于此,而且海德格尔也是极力使用它来说明上手状态和在手状态的区别。在这里胡塞尔是如何展开分析的?根据他的理解,锤子是现成摆在我们面前的东西,接下来他指向的是"被动经验的综合",锤子通过被动经验的综合以及本源面目而被给予的。

在胡塞尔这里,能够看到他所给予的人与文化对象之间的关系描述。这种描述并不同于早期他所进行的意向关系。在他看来,一切文化对象都展示了主体、他者以及他们主动构造的意向关联,从文化对象中可以引出对于主体而言的经验意义。"只有在经验世界里,我们才能从精神方面来表达对象。就其来源和意义说,这些精神的属性展示了主体和一般说来他人主体以及他们的主动构造的意向性。一切文化对象(如书籍、工具、著作,等等)都是如此。同时,这些文化的对象也由此引出那个对每个人来说在那里的经验意义。"②在他的描述中,给予了读者的是双向的意向关联:一方面,一切文化对象展示了主体及其主动构造的意向性;另一方面,文化对象引出对于个人而言的经验意义。这种双向意向关联的意义是值得思索的。前者是对象及其意向性,而后者则会连带出个体记忆。但是这一点很容易被胡塞尔的过于琐碎的分析所遮蔽。但是透过琐碎的分析可以把握到真正的问题:"那种经验意义是过去的意义,并非是当下感知的。这种经验意义如何在当下呈现出来?"如果把这一问题进行转化,可以通过胡塞尔的分析加以把握。他谈及"过去"如何在当下被给予的时候指出是通过记忆来完成的。"我的过去只有通过记忆才能在我的本己性中,在它活生生的当下领域中被给予。并且是在记忆中被确定为我的过去,一个过去的当下。即作为意向的修正。"③"我的过去可以在我活生生的当下中,在内在感知的范围里,通过在这个当下中出现的和谐回忆构造出来。同样,它也可以在我原初领域中,通过在其中出现并出于同样根据的统现的内容,在我关于他人自我的自我中构造出来。

①　胡塞尔.笛卡尔沉思与巴黎演讲[M].张宪,译.北京:人民出版社,2008:115.
②　胡塞尔.笛卡尔沉思与巴黎演讲[M].张宪,译.北京:人民出版社,2008:129.
③　胡塞尔.笛卡尔沉思与巴黎演讲[M].张宪,译.北京:人民出版社,2008:152.

也就是说,在一种新型的具有一种新的作为相关物的修正者的当下化中构造出来。"①可以看到,胡塞尔通过两种途径解决了过去的构成问题:(1)过去可以通过回忆在当下被构造出来;(2)过去可以在独特自我中构造出来——关于他人自我的自我。如此,文化对象的经验意义也可以通过如此的方式构造出来。

通过上述的分析可以看出,胡塞尔极少直接谈及技术及其技术客体,他更多的是从文化客体这一本体论类型来谈论通常所说的对象。对于他而言,所关心的问题并非是结构描述,而更多是文化对象的构成问题。而这一问题包括两个方面的维度:其一是对象及其意向性的阐述;其二是文化对象及其经验意义的阐述。这两个维度共同指向自我。所以,胡塞尔关注到了文化客体及其构成主体的关系,而且是从构成角度进行着分析。从本质上看,这种分析完全囿于意向分析的范围内。

在经典现象学家中,海德格尔对技术的阐述最为集中。对海德格尔进行思考的时候,很容易滑入到一种立场:人文主义或者与之相似的立场,即海德格尔是对人的尊严、存在的捍卫。当面对海德格尔《技术的追问》中现代技术以逼促的方式显现自身的时候,并且成为存在在这个时代主导的显现方式时,这一理解方式会变得极为明显。如他在1959年的《作坊札记》中提到,思"原本已经发生的事情""对于大地与苍穹的遗忘""沉思之思"的范畴时,1976年他写给好友伯恩哈德·魏尔特及其家乡小城麦斯科赫的祝词中提到了那种关怀。这是他最后的手稿,其中指出"因为的确有必要去沉思,在这个技术化的千篇一律的世界文明时代,家乡是否还有可能以及何以可能"。② 看到这些范畴,这一印象变得更加强化。但是,这样一种观点却是存在问题的。海德格尔反对自己是人文主义者(humanist)的说法。所以,不妨说,海德格尔并没有基于某一种立场来谈论技术问题,而是通过多种可能性让人类与技术之间的自由关系得以显现。

所以,对于海德格尔技术反思进行论述的时候,作为重要的并不是急于站在何种立场上。有一些海德格尔学者容易站于人文主义立场,也有的容易站立在生态主义的立场。对于海德格尔不需要从外在的立场进行评判,或者从其思想中摘取若干论断来支持某种立场,而是要从其思想整体展开对技术的反思。在这个意义上,《思的经验(1910—1976)》从编年史的角度符合了这一要求,而且题目"思"也言说了他的思想发展。他的思是指向整个技术世界的,但是不同于西

---

① 胡塞尔.笛卡尔沉思与巴黎演讲[M].张宪,译.北京:人民出版社,2008:152.
② 海德格尔.思的经验(1910—1976)[M].陈春文,译.北京:人民出版社,2008:218.

班牙的现象学家加塞特、马克斯·韦伯等学者,他们惧怕技术世界,尤其是加塞特,"认为思对当代世界的强势力量的无可奈何而深感绝望"。① 相反海德格尔并不惧怕技术世界以及其发展,他所看到的是存在以如此方式显现出来。面对这一趋势,需要意识到一种可能性。他分别在 20 世纪 30 年代和 50 年代表述了这种可能性。在《技术的追问》和《作坊札记》两篇文章中,这种可能性被描述得更加清晰。前者中有熟悉的"哪里有危险,哪里就有拯救"。后者有一种"契机"的表述,"存在着一种可能性,现代技术在场之统治走向它的极致(这就是说基地化摆置),称为引发它自身真理之澄明的契机(这是说破晓),以至于如此一来才使存在的真理自由绽出"。② 如我们处在"十字路口"的状态中,"到底让语言进入信息世界的赛车道,还是让语言缓行于言说破晓的道路"。③ "十字路口"的说法指明了人类的处境,必须做出抉择。这种抉择面对两种处境:一种是信息世界的赛车道,意味着语言快速地流动、传播和转化。另一种是守护破晓的道路,允许语言沉思自身。第一种处境是人类当前的状态。2000 年以来,一切对象包括语言以数据的形式显现着,数据式的语言最为显著的特征是流动、流动、再流动。第二种处境是一种哲学之思,让语言缓行在某一道路之上。

在一篇对《泰然任之》的文字中,海德格尔对人与物的关系格外执着。在谈到通常的主-客关系上,他指出:"我与对象之间这种常常被称为主-客体之间的关系,我认为也是最为流传的关系,很显然只是人对物的关系的一种历史的变式,仅仅就物变成对象而来说……"④这种变式被诠释为两个方面,一方面是来自物这一极的,物转变为对象;另一方面是来自我这一极的,人的本质转向自我。这两个过程都是历史性的。这两个转变之间的关系是"在人的本质还没有来得及自行向自己回归之前,转向自我的过程已经发生"。⑤ "我与对象之间的关系"的经验化恰恰表现为"我与技术之间的关系"。所以,当面对海德格尔所说的"人与技术之间的自由关系"时,就变得容易理解了。让这种关系自由地显现意味着让"使用关系",以工具的形式出现的技术的本质显现出来。"使用关系"是人与对象之间关系的历史样态。这个过程就是"人的本质史"得以显现的过程。

相比之下,胡塞尔的分析更聚焦,他的一贯逻辑是对意向行为与意向对象

① 海德格尔.思的经验(1910—1976)[M].陈春文,译.北京:人民出版社,2008:106.
② 海德格尔.思的经验(1910—1976)[M].陈春文,译.北京:人民出版社,2008:130.
③ 海德格尔.思的经验(1910—1976)[M].陈春文,译.北京:人民出版社,2008:131.
④ 海德格尔.思的经验(1910—1976)[M].陈春文,译.北京:人民出版社,2008:49.
⑤ 海德格尔.思的经验(1910—1976)[M].陈春文,译.北京:人民出版社,2008:50.

的分析，所以具体到文化对象上，依然可以看现象学意向分析模式的延续。他更关心的是某个视域中显现的对象。而相比之下，海德格尔的分析更加开放，他首先给予人们的是一种空间，让思在空间之中自由运动。比如当他提出"人与技术之间的自由关系"的范畴，他并没有给出一种规定性的回答，而是给予一种符合现象学可能性精神的指引。他所给予的是一条通路：由熟知走向真知的道路。如此，胡塞尔聚焦式的风格与海德格尔开放式的风格形成了比较鲜明的对比。

之所以将海德格尔看作是开放式的风格，也源自其的思想风格。可以说，在海德格尔这里，"现象学作为可能性"的精神得到了进一步发展。他对技术的反思恰恰展示了这样一种可能性。他从技术工具论这样的熟知观念入手，然后展开运思。这个历程分别从《存在与时间》《艺术作品的本源》和《技术的追问》等文章中表现出来。

经典现象学的意义就在于提出问题，提出方法，并不是给予一种现成的答案。所以从方法和问题角度而言，经典现象学的可能性表现出来。对于胡塞尔而言，他所提出的是技术物先验构成的问题；构成分析恰恰成为这一问题解答的主要方法。可惜的是，由于偏见的作用，很少学者认为胡塞尔对技术问题作出过反思。但是，在笔者看来，胡塞尔对技术所做的反思恰恰是值得关注的。这种关注以终极关怀的方式出现，如生活世界与科学技术之间的关联；也以细部分析的形式出现，如技术物（文化物）的先验构成问题。对于海德格尔而言，他所提出的问题是人与技术之间关系的敞开，但是其追问的方法却不同于胡塞尔，而是存在论的方式，从此在生存出发，然后阐述技术问题，如技术对于此在空间性的影响，去远与定位成为两个核心的问题。

二、后现象学家

"后现象学"的说法已经有很长时间。"后"并非是方位概念，而是逻辑关联。对经典现象学的技术理论进行批判反思会导致新的理论产生，这种新的理论是后现象学理论。于是很容易从这个角度描述诸如唐·伊德、彼得·保罗·维贝克等人与海德格尔等人的关联；也可以描述斯蒂格勒与胡塞尔的关系。那么，"后"作何理解？对于唐·伊德而言，"后"意味着重新解释，这是理论方向；对于维贝克而言，"后"意味着现实运用，这是实践方向。

1. 唐·伊德
伊德是一位非常值得敬重的老先生。2018 年 9 月，85 岁的老先生坚持参加了在荷兰特温特大学召开的后现象学会议。40多年前,伊德曾经对胡塞尔、海德格尔做过比较多的研究。他在转向技术哲学之前就在从事大陆哲学与分析哲学的比较研究。对于胡塞尔、海德格尔比较娴熟。他的最为注重的人-技术关系重在知觉的分析,而这是来源于胡塞尔;此外,伊德与海德格尔之间的关系显得非常有趣。他在2010年之后发表了《海德格尔的技术:后现象学的视角》的著作,算是清理了海德格尔的研究成果。① 但是这部书看下来,多为以往的论文集的汇编,而原创性较少。从伊德整体思想看,他并没有真正走近海德格尔。从根源上看,他与胡塞尔更为接近。

伊德最为重要的理论贡献是其身体性概念,这是后现象学观念的重要核心,也可以是后现象学纲领的理论内核。身体性概念是对胡塞尔自我我思意识的克服。在此基础上,人类与技术的关系获得了新的诠释。四种关系——具身关系、解释学关系、背景关系和他者关系——成为他所给予的最为吸引人的模式。这种模式有效地对日常生活世界的技术物品进行分析,如眼镜、温度计、冰箱等。当然后来他也意识到这个局限,开始有意识地扩展到计算机世界,如虚拟现实技术、各类成像技术。

伊德对于胡塞尔一直进行着清算,这种清算的结果就是身体性概念的出现。从这个意义上看,伊德批判反思着胡塞尔的理论,这种"后"的关系显得非常清楚。2016年他出版了《胡塞尔对技术的错失》。② 对于海德格尔而言,他始终没有进入其中,所以这种清算不是很理想,反而留下很多令人遗憾的问题。

所以,从伊德整体思想看,他着力于后现象学范式的建立,并且用这种范式解释胡塞尔、海德格尔。这种做法从一定程度上是基于后现象学范式的完善上。所以从这个角度看,伊德还是走出了一条有创新的道路。但是,这种做法却容易

---

① DON IHDE. Heidegger's Technologies: Postphenomenological Perspectives [M]. New York: Fordham University Press, 2010.

② DON IHDE. Husserl's Missing Technologies[M.] New York: Fordham University Press, 2016.这本书共7章。2015年3月10日,伊德的新书出版前召开了一次会议,纽约州立大学石溪分校的Robert Crease, Daniel Susser, Yoni Van Den Eede等人做了相应的报告,"Missing Ihde","Ihde's Missing Sciences","Variations on Ihde's Husserl's Missing Technologies"等3个报告,伊德本人也做出了回应。目前国内没有这本书的中译本,所以只能根据国外评论加以认识。比如美国索菲亚大学(University of Sofia)的学者Dimitri Ginev对这本书做出了评论,其大意是:伊德关于胡塞尔的解释特征是"时间-他治性解释"(the temporal-heteronomous interpretation),同时也回答了"古典现象学为什么会消除技术认同物的意义构成问题?"他认为这种解释是双向运动,通过重构性分析胡塞尔计划中错失的东西从两个方面帮助了伊德:既可以继续古典现象学的基本模式,又可以在文化的、语境的具身中再次语境化古典现象学的模式。他的总体评价是伊德试图把胡塞尔现象学纳入后现象学研究的框架内。Husserl's Missing Technologies[EB/OL].(2016-8-23)[2020-09-06]http://ndpr.nd.edu/news/68934-husserls-missing-technologies/.

受到质疑。比如他所理解的现象学已经是完全经验化的现象学，与原初的现象学越加远离。面对质疑，伊德回答的也是干脆：他就是要远离古典现象学传统。所以，在伊德这里，"后"意味着一种重新解释和理解，通过一种新的范式框架来解释和理解古典现象学家。

2. 维贝克

维贝克所关注的问题是符合荷兰传统的。荷兰历史上就有著名的伦理学家斯宾诺莎，这多少造就了荷兰人的伦理追问传统。延续到当前，阿特胡斯、维贝克等学者都是从伦理学视角进行分析。海德格尔的影响有多深，相比福柯、拉图尔等人而言，显得较少。此外，维贝克后来所发展的调节理论与经典现象学家的关注的联系则更加微弱。理论对于他们而言更多是一种分析背景，而缺乏问题的延续。

具体到调节理论而言，维贝克的理论其创新性还是比较明显的。这一理论的有趣之处就在于延续着后现象学的精神——一种超越意识现象学的根本特质。伊德主要的贡献在于通过身体性（embodiment）替代了自我意识，这是一个进步，也是一种优点。但是伊德的问题却表现为：从身体性角度阐发人与技术的关系问题，但是却受到胡塞尔知觉理论的无形限制。如果仔细看伊德所采用的描述四种关系的例子：具身关系对应的是眼镜、解释学关系对应的是温度计、背景关系是冰箱的噪声。但是无论眼镜、温度计，都是一种知觉关系。有趣的是，维贝克的调节理论也未能逃离这个倾向。调节理论主要是在于通过技术设计来调节人的道德行为，这是维贝克在《将技术道德化》一书中极力描绘的观点。

调节理论一方面取得了成功，另一方面也存在着争议。之所以是成功，主要是这一理论如今被很多亚洲学者所接受，并被运用到各种技术分析中；其争议也很大，诸如技术设计所调节的仅仅是道德行为吗？调节理论对于道德主体（moral agency）的依赖是不是其理论局限？

在笔者看来，维贝克的调节理论不同于伊德的最大地方是突出了技术与人之间的调节关系，调节关系远远超越了知觉关系。在维贝克的论述中，调节关系更多是指向人的行为，尤其是人类的伦理行为。比如减速带、地铁闸机门等例子，所谈论的都是日常生活中的道德行为。二者共同的地方是：均依赖于人与技术之间的知觉关系。

此处的知觉关系并非是从知觉器官而言，而是从时间性的当下角度来说的。知觉关系首要表现为知觉器官与世界的关系，在这个意义上，人类使用技术的活动都是通过知觉器官完成的。比如在使用手机的过程中，触摸屏、滑屏等技术装置的使用,均是借助人类的触觉器官,如手指完成的。另外,人类使用各种工具,如锤子、看温度计等活动均是知觉活动,借助知觉器官完成。但是,这些都是形式体现。在知觉关系中,最为重要的特征是时间性的。人类与技术之间的关系是基于当下的时间性才成立的。人类使用技术的活动无疑都是当下的,而不可能是过去的或者将来的活动。

所以,对于维贝克而言,"后"的理解不同于伊德。"后"更多是一种发展,通过调节理论完成理论上的延续,然后运用到现实问题的关注中。比如他利用技术调节理论来分析无人机和无人系统的做法就是明显表现。

3. 斯蒂格勒

斯蒂格勒的技术追问显得非常有趣。他受到两位德国古典现象学家的影响超过了法国本土的另外两位现象家,萨特与梅洛·庞蒂。从其《技术与时间》著作可以看出,明显受到了海德格尔的影响,因为《技术与时间》的形式完全是模仿《存在与时间》的形式;但是如果深入阅读,会发现他极大受到了胡塞尔的影响,如他对第三记忆的分析。在胡塞尔那里只有第一记忆与第二记忆的区分,而他发展出的第三记忆主要是针对受技术影响的记忆类型。有学者说他受胡塞尔影响更大一些。从其师承来看,斯蒂格勒延续了其导师德里达的影响,后者对胡塞尔情有独钟。对于斯蒂格勒的技术反思,需要把他放入到法国独特的学术特质中。法国人最为明显的学术特质是病理学,所以他们寻求的也是一种病理拯救,这种特质有时候被称为"实践指向"。以保罗·利科为例,他的哲学就有着明显的这种倾向。在其对记忆、历史与遗忘等话题论述中,他不仅仅想对记忆、历史与遗忘等问题进行学理分析,更是一种实践需要,如探讨记忆的使用问题,尤其是滥用;探讨遗忘的可能性,如通过宽容从而实现遗忘。斯蒂格勒也是如此,他也在寻求着一种解决路径。但是,有趣的是,他找到的最终依靠是马克思主义。这一点像极了他的导师德里达。

对于斯蒂格勒而言,"后"具有伊德和维贝克的两种气质的混合。一方面,他理论上做出了发展。他关注的是人性问题,尤其是技术与人性的关系问题。他的技术追问是围绕这样一个话题进行的。另一方面他又关注实践问题,他对数码艺术、文化记忆等话题进行了追问。此外,不同于上述两位的最大地方在于他的马克思主义情结。这也决定了他在中国的知晓程度更加广泛。不仅科学技术哲学界,还有马克思主义哲学界知道这个人。

这3位与前者的关系共同点都不是真正意义上的师承关系。斯蒂格勒或许是个例外,他某种意义上算是胡塞尔的徒孙。而其他人则完全与胡塞尔、海德格尔等人没有关系。从上述的梳理可以看出，胡塞尔关注记忆与时间、记忆与认识等关系问题，而海德格尔的关注则散乱难以捕捉。在后来的技术现象家那里，斯蒂格勒对技术看作是"第三记忆"。但是，在伊德那里，记忆现象被明显忽略。这种忽略也导致了现象学对于记忆问题分析更多停留在"初学者"那里，而逐渐被遗漏。现象学家们最终随着心理学的崛起而品尝到了遗漏的恶果。

现象学对于记忆的关注也有着某种必然性。在经典现象学家那里，记忆的话题一直显得不那么重要。记忆对于胡塞尔而言，仅仅是时间的样式之一，是知觉的一种过去样式，从行为本质而言，记忆是当下化行为。此外，胡塞尔还区分了滞留（第一记忆）与回忆（第二记忆）。这些都是胡塞尔的观点。但是这些并没有在后继者那里得到发展。海德格尔多次谈论过记忆的反面——遗忘等话题。但是，遗忘只是一种比喻的说法，如技术让我们遗忘了家乡，以往的哲学家遗忘了存在问题。遗忘与记忆同样没有成为一个重要的话题。对于现象学的法国接受者来说，他们与这些话题擦身而过。梅洛·庞蒂在《知觉现象学》导言中触及记忆，他分析了"感知即记住"这一观点及其问题。但是，他依然把记忆看作是经验主义的一种表现。这样最终错过了记忆的关注。萨特曾经关注到想象、图像等问题，但是很难理解，这一个维度与记忆之间存在着错综复杂的关系对于萨特而言似乎完全消失了。对于胡塞尔而言成为一个值得关注的话题对于萨特来说，变得没有意义。这四位是经典的现象家，其他学者那里更谈不上对这个问题的关注。如同狂风之中的烛火，记忆似乎要马上熄灭了。但是有些人挺身而出，呵护了记忆的必要性。这就是法国的学者保罗·利科与斯蒂格勒。

这两位学者无疑在记忆话题的崛起上起到了关键作用。利科属于经典意义上的学者，他在《记忆、历史与遗忘》一书中梳理了记忆研究的哲学演变。从柏拉图、亚里士多德一直到胡塞尔、哈布瓦赫。[①] 但是他的哲学书写历程遗漏了近代哲学中至关重要的一环：洛克、詹姆斯·穆勒等人。由于利科偏重人文主义，所以他对记忆的关注更多是和主体实践联系在一起，并不是太关注技术这样的外在因素的影响。而斯蒂格勒无疑是关注技术的典型意义的代表。他延续了法国哲

---

① 在这本书中，利科的贡献在于比较完整地勾勒了记忆研究的哲学演变。这个工作除了他之外，没有其他学者来做。在梳理的基础上，他建立了自身分析记忆的框架：记忆的理论维度和记忆的实践维度。在理论维度中粗线条地勾勒了从古希腊的记忆痕迹、记忆内容、记忆行为到当前的记忆主体的演变逻辑。在实践维度中他确立了记忆的滥用、遗忘的使用等实践问题。更为重要的是，他针对法国学术界皮埃尔·诺拉的历史与记忆的断裂观点提出了历史与记忆内在统一的观点。但是他的理论局限也是非常明显的，他有些偏离柏格森，对于记忆行为的本质的刻画没有太多贡献。之所以如此，与其导师哈布瓦赫有关，因为哈布瓦赫关注的话题是集体记忆，所以他关注记忆主体，这种关注是把主体放入到历史语境中进行的。

学的传统,病理学与诊疗学。通过现象学为技术问题开出合适的治疗方案。他突破了一种常规认为:现象学所关注的是知觉关系,他开始注重非知觉体验的阐述。记忆体验就是他带来最为重要的东西。如果把梅洛-庞蒂算作对技术问题作出反思的学者,那么斯蒂格勒无疑是在这个方面超越了他。在他看来,人性及人类发展遇到了一些问题,仅以记忆为例,数字技术发展割断了种族记忆、集体记忆等。就他本人所说,记忆问题是一个关注了30多年的问题。要理解这种关注及其合理性,需要理解知觉与记忆的关系在现象学中的变迁。在传统现象学中,知觉被放到了原初的、首要的地位,也正是如此,才有了梅洛·庞蒂的知觉现象学体系。但是,传统现象学家如萨特等人也开始反思着现象学中的这种设定。梅洛·庞蒂在知觉中灌入了身体因素,使得知觉的纯粹意识性得以消除,所以他的知觉无疑是具有物质性的因素,从这一点看,他延续了柏格森的知觉传统。但是他的问题在于占据首要地位的知觉因素完全遮蔽了其他因素。萨特则走出了另外一条道路。他最初接受的是现象学方法,但是他更关注非知觉的因素,如情感、想象等问题,尤其是他对恐惧的论述更是吸引人。这些都是对非知觉体验维度的关注。所以,由于知觉的原初地位被很多现象学家所接受,那么作为次生体验的记忆与情感、想象一起被作为构成物忽略了。这是第一个原因。但是,这并没有解释记忆体验被忽略的现象。知觉首要地位的确立只能加强知觉的重要性,产生遮蔽也只是后果之一,但却无法解释记忆缺席的内在原因。在胡塞尔的多部作品,如《内时间意识现象学》《想象、图像意识与记忆》等著作中,胡塞尔阐述了记忆话题。但是他的阐述把记忆放置在时间维度、极力澄清知觉与记忆、想象与记忆、图像意识与记忆的区别。但是很快这个问题为更加高级的构成问题所替代,如时间本质、知觉体验的本质等等。所以,这样一来,当斯蒂格勒关注记忆话题的时候,无疑是对这样一个现象学传统的反思。他的反思是回到柏拉图,与他的导师——德里达一样,他关注文字以及文字的技术表达——数据,都不可避免地与记忆话题相遇。

上述主要描述了现象学发展对于内在体验的关注,对意识的第一人称的关注始终是一个重要的维度,暗暗隐含在不同的论述中。但是因为其已经被认可为首要原则的缘故,所以并没有作为一个问题。在维贝克的调节理论中,他强调技术调节更多是偏重第三人称的,但是对于第一人称的体验调节并没有太多的支撑。这的确说出了技术现象学的一个缺失。对于技术调节理论而言,基于第一人称视角的体验很难得到一手的资料。无论是经过访谈、还是表述等方式,体验本身的外在化大大弱化了这一视角。

所以，现象学反思具有两个维度变化：一种是经验化的方向，另一种是内在化方向。事实上，这两种方向多少都是由于内在使命的自我涌动与外在力量的不断刺激而分化出来的。

第三节　后现象学对记忆的错失

从学术贡献上来说，伊德成功地建立了后现象学流派，吸引了世界范围内的技术哲学研究者；这一学派最主要特征是具身性和多重稳定性概念的提出。从技术现象学内在维度看，伊德在关注知觉体验的时候，却错失了记忆体验，而他的思想启蒙者保罗·利科以及后来的斯蒂格勒都有着记忆转向。伊德为什么会错失记忆现象？其博士论文《解释学的现象学——保罗·利科的哲学》(1971)中多少隐藏了一些线索可以解释这种错失。这样做无形中也呼应了伊德曾经对胡塞尔的致敬：胡塞尔错失了技术。我们也以此方式像伊德这位当代技术哲学奠基人致敬。

一、伊德与利科：方法论诠释的后果

利科是伊德学术生涯的开端，他的博士论文选题就是利科的解释学诠释。那时候他面对的是 60 年代的利科，其思想还停留在人的有限性的研究上，其思想的记忆维度隐含其中，但是他已经触摸到其哲学思想的实践性维度与方法论维度。在一次学术访谈中，他谈到了自己看重的是利科的研究方法：一种跨学科的研究。"利科的研究方法通常是跨学科的，他总是试图从其他学科中提取对自己合适的东西，然后将之放到现象学的框架中，当然常常是间接意义上的。可以肯定，我是继承了同样的研究路数的……现在，回顾我的研究生涯时，不得不承认许多被认为是实用主义风格的东西，其实是受了利科的影响。"[1]在笔者看来，伊德对利科的思想研究上的确是偏重方法论。"其他研究者对利科的研究主要是从研究对象展开，如意志论的本质分析；而伊德对利科的研究更加偏重在方法论的变迁揭示上，揭示了利科如何运用解释学方法展开意志研究。"[2]伊德将利科的哲学方法概括为"跨学科的方法"，将他的哲学概括为"解释学的现象学"。

这种概括还是具有一定合理性的，其合理性主要是从方法论上得以确立起

[1]　计海庆.所有科学都是具体化于各种技术中的——访当代美国著名现象学家和技术哲学家唐·伊德[N].社会科学报,2007 - 09 - 13.
[2]　杨庆峰.翱翔的信天翁:唐.伊德技术现象学研究[M].北京：中国社会科学出版社,2015：8.

来的,换句话说,伊德的理解是方法论角度概括了利科的解释学。我们知道在伊德的哲学生涯中,他对现象学的理解非常偏重实用维度的。从读博士期间,他受到了斯皮尔伯格"做"现象学的极大影响,这种观念非常强调现象学自身的实践维度。"1964 年伊德受到斯皮尔伯格的邀请来到华盛顿大学,成为客座讲师,并且部分参与了后者的工作坊。在工作坊中,他学习到了'做'的方法。"[①]这也就不难理解,当他碰到了以跨学科研究现象学的利科的解释学哲学的时候,很容易产生共鸣同感。他对利科哲学做出的概括"解释学的现象学"也是有一定根据的。我们可以从斯坦福哲学百科词典看到关于解释学的现象学阶段的一些情况。"然而,到了 1960 年,利科概括为了正确地研究人类现实,特别是在罪恶的存在中研究人类现实,他不得不把现象学描述和解释学解释联合起来。这个转向导致了一个逐渐聚焦于转嫁到现象学的解释学理论。因为这个解释学的现象学,其中易理解的东西向我们显现,而且通过我们语言的使用显现出来。"[②]如此,我们能够理解伊德将利科的哲学理解为解释学的现象学主要是从方法上理解的,解释学被理解为可以跨越纯粹现象学、克服纯粹现象学的有效方法。再看利科的学术变化也能够证实这一点。他后来扩展了话语的概念,将之扩展为"比喻性话语"(metaphorical discourse)"描叙性话语"(narrative discourse)、"宗教性话语"(religious discourse)和"政治性话语"(political discourse)。这些扩展很明显地显示了利科的哲学方法的特性:一种跨越哲学与文学、哲学与历史以及哲学与宗教的特性。

　　伊德作为一名博士生,他能够从强调跨学科、注重现象学的实践维度和应用维度的利科那里获得极大的启发,1971 年他出版的关于利科的作品获得了被研究者的认可。这很显然影响到了后来伊德的方法论以及哲学转向。正如后面他的哲学一步一步发展显示了这种跨学科的特性:从纯粹现象学(声音体验/知觉体验)向技术史和科学史的跨越;从科技史向科学哲学的跨越;从技术哲学向科学哲学的跨越。只是相比利科而言,伊德的跨度并不是很大。但是尽管如此,他的研究最终导致了后现象学的出现。但是,重视方法却让伊德停留在表象上。正如我们看到的,"跨学科"的说法太过于描述,"跨学科"说法的背后是一种对事件的客观描述。事实上,"跨学科"所掩盖的是利科的强大的现实伦理关怀。利科的哲学最终要解决的问题是人的问题,一种通过人的有限性来理解人自身的做法。这种强大的伦理关怀通过跨学科的研究方法完成了他哲学的自身转向:

① 杨庆峰.翱翔的信天翁:唐·伊德技术现象学研究[M].北京:中国社会科学出版社,2015:13.
② RICOEUR P.[EB/OL].[2016-06-03](2019-07-06)https://plato.stanford.edu/entries/ricoeur/.

2000 年以后利科出版的《记忆、历史、遗忘》预示着他的哲学已经转向了历史深处,这种转向也因为意味着现象学方法影响的逐渐淡化,我们所看到最终被呈现出来的记忆哲学建立在记忆理论与记忆实践相结合的方法论框架。这也说明伊德自身的历史局限性是他无法预见到利科哲学方法的后来演变,也说明了基于解释学的现象学方法做出的理解最终产生的哲学后果:对记忆现象的遗忘。

二、错失记忆的外在原因:技术转向

但是,伊德对技术现象的研究并非是在跨学科的方法下取得的。跨学科不能算是严格意义上的方法,这种宽泛的说法其意义并不大。他的技术转向与其现象学的理解有着密切的关系。正如我们在上面的分析中显示的,伊德的现象学是解释学的现象学,其根本特质是扩展的解释学,即从文本现象向物质现象的转变。这种解释才是内在解释的结果。在现象学的解释学方法的引导下,伊德开始了他自身的转向。

他最初的现象学研究主要从两个路径展开:其一是人物研究,他主要围绕胡塞尔和海德格尔展开研究,扩展了其意向性的概念。他后来出版的关于二者的技术哲学著作就是这种长期关注的结果。从早期的《解释学的现象学——保罗·利科的哲学》(1971)到后来的《海德格尔的技术:后现象学的视角》(2010)、《胡塞尔错失的技术》(2016)等研究贯穿其学术生涯将近 60 年。其二是现象研究,受现象学传统影响,他最初对知觉现象极为关注,尤其是声音现象。1976 年他出版了《聆听与声音:声音现象学》,2015 年出版了《声音技艺》①。但是这里也遗留了一个令人困惑的问题:从声音现象出发,伊德为什么没有走入纯粹现象学领域而转入经验性的技术研究中?对于这个问题,笔者一直在思考。与他同时代的德里达、斯蒂格勒通过对声音的分析与纯粹现象学保持着密切的关系。也正是在此,我们发现他的研究并没有持续太长时间,很快就发生了转移。90年代以后,他的关注点聚焦在技术现象,诸如《技术与生活世界》(1990)《技术哲学导论》(1993)《扩展的解释学——科学中的视觉主义》(1998)等书的出版逐渐勾勒出技术研究的基本框架。在现象学意向关系的引导下,人与技术的四种关系模式被确立起来。

从现象学内在传统看,胡塞尔对听觉现象是非常重视的。他尤其喜欢用听

---

① 这本书的讨论问题偏重科技史,作者从 19 世纪放射现象谈到电磁光谱,阐述了通过图像技术产生的科学革命。在他看来,声音技术关系到音乐、回声定位、环绕声、医疗诊断、监控、地表和行星等领域。他从后现象学的视角分析了上述技术带给人们的技术体验。

一段乐曲来举例子阐述内时间意识现象。而且通过这个例子他阐述了记忆是知觉体验的滞留（retention）。伊德离开知觉现象而进入到技术现象时，记忆的维度无法与之相容而被遮蔽。之后，我们开始发现这种外在维度逐步抹杀了内在的维度。内在维度如知觉逐渐成为一种预设隐藏起来，更不用说比知觉隐藏更深的记忆维度。这个在现象学中都难以被揭示出来的问题直接被忽视。所以这种错失完全是一种外在因素导致的结果。技术作为物质性的形式，表现为外在的存在物，这与记忆体验完全是两码事。随着他的哲学逻辑的深入，工具、身体的维度被逐步揭示出来。这种距离变得开始巨大起来。

由于美国实用主义自身的实践特征使得他对技术的理解以工具性理解为主要特征。所以这种理解强化了技术的外在性，而与记忆体验没有任何关系。但是，正如我们所说，法国的斯蒂格勒却完全不同。他将技术看作记忆的物质表征。他让技术与记忆关联起来，但是这种关联已经与作为意识行为的体验没有任何关系了。记忆仅仅表现为历史的印痕，技术就是这种历史印痕的表征物。再次回到伊德，记忆错失的内在原因与其哲学基本假设无法分开。

三、错失记忆的内在原因：知觉优先性的预设

那么，伊德的错失有什么内在原因吗？在上面的分析中，我们已经指出，伊德后来关注技术现象，用身体性取代意向性。这种解释还仅仅是一种描述层面的说明。换句话说，因为后来伊德关注了技术问题，所以他错失了记忆问题。这种外在论的解释并不能太多地说服我们。深入考察下去，我们从意识体验这里找到了伊德错失的根本原因。

我们知道，伊德最为自豪的成就是他提出了人与技术的四种关系理论。很多学者在论证和诠释这四种意向关系上做出了极大的贡献，后来的维贝克也是在完善着这一技术框架。从其根本来说，更多是对伊德技术意向性框架的完善和论证。如果我们从这一框架成立的哲学根据入手，就会发现其建立于之上的哲学前提：知觉关系的优先性。这在其早期其他著作中也表现明显。在《含义与意义》（1973）中，他讨论了听觉、视觉和触觉等知觉现象。这些分析甚至构成了"我的思想中作为原初动力和早期思想的起点"。[①]

在经典现象学传统中，梅洛·庞蒂明确论述了这一前提。他在1946年的一本著作《知觉的首要性及其哲学后果》中论证了这个命题。"在《知觉现象学》发

---

① 杨庆峰.翱翔的信天翁：唐伊德技术现象学研究[M].北京：中国社会科学出版社，2015：6.

表的随后几年,梅洛·庞蒂受邀提出和捍卫法国哲学学会的研究,这是第二年出版的手稿。文本为他的主要论证提供了重要的紧实的论证,还有在现象学的心理学层面捍卫了一些内在的反对批判。"①我们在伊德的哲学中也常常会找到他很喜欢庞蒂在知觉现象学中提出的盲人的拐杖和贵妇带羽毛的帽子的例子。这种态度无疑显示了他基本上接受了梅洛·庞蒂的基本假设:知觉的首要地位。所以,我们从此出发,再看伊德所提出的四种关系模式——具身关系、解释学关系、背景关系和他者关系,就变得容易理解了。尤其是具身关系,更是被看作是反对经典的知觉理论的极好方式。如果我们把他放到整体的现象学发展历程中看,也能够从莫兰的理论中得到验证。最近莫兰在中国的系列报告中指出,现象学的发展提出了 4E 维度,具身的(embodied)、扩展的(extended)、嵌入的(embedded)和生成的(enactive)。② 如此看来,伊德的"具身关系"恰恰可以定位到这样一个语境之中。我们从这里可以阐发伊德在整个认知科学哲学上的意义所在。

但是需要说明的是,伊德的相关理论所建立的前提——知觉的优先性,却让他必然忽略记忆的维度了。而如果再次回到利科哲学我们会发现在利科哲学转变的大背景下,伊德的错失就变成了内在的错失了。正如我们在上面已经分析指出,对于利科而言,记忆并不是一个简单的哲学问题。记忆对他而言,变成了一个与伦理要求有关的态度。"记忆现象,和我们如此紧密地联系在一起,最为顽强地抵抗着彻底反思的傲慢。"③为了给这一伦理态度确立根据,他需要建立记忆的本体论框架。正如我们在整个著作中看到,利科通过记忆观念史的梳理所建立起来的是一种强调主体的记忆本体论。"强调主体"意味着在利科的记忆哲学中,谁在记忆? 谁在遗忘? 变成了比"记住什么和遗忘什么"更为重要的问题。这种转变的重要性是为记忆伦理学开辟了一种新的路径:在传统的记忆伦理学中,记忆是美德,遗忘被看作是违背记忆伦理学的行为。所以记住成为一种责任,成为一种必然的伦理要求。这种传统的记忆伦理学恰恰是建立在内容之上的记忆理论。而利科所做出的转变,强调谁在记忆? 成为基础。当我们的目光注意到"谁"之上的时候,整个利科的哲学获得了一贯性的理解,主体之有限性、可错性并不是解释学任意解释的结果,而是内在伦理要求的结果。当人们能

---

① LANDS D. A. The Merleau-Ponty Dictionary[M]. London: Bloomsbury, 2013: 183.
② 2019 年 6 月 28 日,德莫特·莫兰教授在中山大学的"中大禾田哲学讲座"之现象学核心概念之"具身性于能动性"讲座中提出了认知哲学中的 4E 认知范式受到了梅洛·庞蒂的影响。
③ 保罗·利科.记忆,历史,遗忘[M].李彦岑,陈颖,译.上海:华东师范大学出版社,2018:31.

够意识到主体的这种性质的存在，意识到主体的语境性、身体性等维度，意识到交织关系之下的主体时，就会看到遗忘本身的有效性。如果说遗忘是主体的行为，那么他是上述非先验主体之内在行为维度之一，与记忆一样。遗忘并不是完全违背伦理必然的行为，而是恰恰符合非先验主体做出的伦理行为的必然要求。

当我们从利科的整体哲学出发的时候，就会发现伊德解释错失记忆维度的内在必然性。由于他接受了经典现象学内在的预设，强调了知觉的优先性和首要性，所以完全忽略了记忆行为的有效性。他甚至并没有关注到胡塞尔在论述记忆时使用到的滞留和前瞻（protention）的基本概念。他在这样的基础上构建起来的恰恰基于知觉优先性的人与技术之间的意向关系。然而利科的哲学却在悄然发生着转变，他为记忆赋予了新的本体论地位，将记忆建立在人的有限性和可错性的立场之上，为我们进一步敞开了记忆本体论：一种将记忆与遗忘之内在关联一共呈现出来。在这种大的格局变动中，伊德的错失显然就变成了内在的错失了。

幸运的是，这种错失被他的后继者维贝克关注到，他指出了记忆是分析技术与人类关系不可忽视的维度。2017年，维贝克在上海召开的一次主题为"跨学科视域中的记忆现象"的研讨会上简要阐述了这个观点。[①] 他从法国考古学家勒儒瓦·高汉（André Leroi-Gourhan）入手[②]，阐述了基因记忆（genetic memory）、认知记忆（cognitive memory）和物质记忆（material memory），最后得出一个结论：技术与记忆之间的关系表现为技术作为人类条件；这种条件产生了三种记忆、通过改变记忆新的技术改变着人类自身状况。在技术哲学中，记忆是人类学的关键；将扩展记忆技术的研究。这种做法让我们想到后现象学和法国学者之间的某种有趣关系，伊德错失了记忆，而维贝克却从这里修正了相关思想。但是这种修正还是显得那么匆忙，并没有抓住高汉在记忆研究中一个关键概念：外置化（exteriorization）。高汉在《姿势与语言》中讨论了这个概念，并成为后来斯蒂格勒诠释记忆与技术的根本出发点。[③]

四、错失记忆的必然性：利科的错失与自我反省

1971年当伊德把利科作为博士论文的研究对象的时候，其关注重点是50—

[①] 2017年的这次研讨会严格意义上是一次虚拟会议，因为维贝克本人无法前来上海，他委托他的学生洪靖博士带来一段视频，在视频中他以"记忆技术与世界的记忆"为主题介绍了自己的观点。
[②] 勒儒瓦·高汉（1911—1986）法国考古学家，出版《姿势与语言》（*gesture and speech*），里面第二部分"记忆与节奏"从社会学和美学的观点讨论了记忆问题，还讨论了本能与智能的关系。
[③] 我们在1994年的《技术与时间》的参考文献部分发现斯蒂格勒引用了高汉的三本书，分别是 L'homme et la matière(1943)、Milieu et techniques(1945)、Gesture and Speech(1964).

60 年代的利科哲学。"伊德借助利科的三部作品《自然与自由：自愿的和非自愿的》(1950)《可错的人》(1960)《恶的象征》(1969)描述了这一演变的线索。这样的描述应该是比较成功的,并且得到了利科本人的赞同。"①通过《自由与自然》他"展示了利科早期结构现象学的特点,而实质是解释学潜伏的阶段"。"《可错的人》从康德式的限制开始作为它将结构现象学的问题提升到更高的阶段。"②《恶的象征》提出从语言-历史角度追问时实际的和具体的西方文化的符号和神话。利科开始研究历史上人的生存论痛苦,他们在比喻和故事中表达着自身。"③后来,伊德还分析了利科的《弗洛伊德与哲学》,揭示了利科转向了语言哲学。

从一般哲学分期来看,伊德对利科的理解属于利科哲学的反思和批判时期——"反思与分析的诠释学时期"。这一段时期的三部作品成为伊德的研究重点。"《可错的人》中,他论证到,通过可能性扎根于基本的……的可能性的先验分析,人类存在被定位在体验的有限的、视角的和在知觉、实践和感受中体验到的无限和理性的维度中,这导致了可错性(fallibility)概念的出现。"④这里所提出的表达无限和理性的维度是三个：知觉、实践和感受。纵观整个哲学史,关于理性灵魂的三分法就强调了类似的三个维度。而在这个维度的呈现中,利科却没有提及"记忆",一种可能的解释是他依然深受"记忆附属于知觉"的影响。这一观点在胡塞尔那里是如此的坚实。因为胡塞尔把记忆看作是知觉体验的滞留。我们把这一观点概括为"记忆附属论"。

利科有意识地摆脱记忆附属论主要是来自他对伽达默尔哲学的批判结果。1960 年伽达默尔发表《真理与方法》,由于需要反思和回应伽达默尔,他投身于诠释学相关问题的讨论。2000 年伽达默尔发表《哲学发端》(1996)和《知识发端》(1999),里面讨论到了记忆问题。"因为借助自身的兴趣我们越来越多地了解到宇宙的历史以及过程与现实,我们再次意识到自然科学的独特性,知识世界就建立在我们记忆、纪念和传统之上,与所人文科学的独特性相一致,生活世界也是如此。"⑤"知识建立在整合能力之上,以及具有传送能力的记忆之上。知识

① 杨庆峰.翱翔的信天翁：唐·伊德技术现象学研究[M].北京：中国社会科学出版社,2015：6.
② IHDE D. Hermeneutics Phenomenology: the Philosophy of Paul Ricoeur [M]. Evanston: Northwestern University Press, 1971：459.
③ IHDE D. Hermeneutics Phenomenology: the Philosophy of Paul Ricoeur [M]. Evanston: Northwestern University Press, 1971：81.
④ RICOEUR P. [EB/OL]. [2016 - 06 - 03](2019 - 07 - 06) https://plato. stanford. edu/entries/ricoeur/.
⑤ GADAMER H. G. Beginning of Knowledge[M]. New York: Continuum, 2001：139.

是一种利用经验,这些经验越来越多地积累起来以及唤醒为了我们意义发生的那些问题。"①但是,在伽达默尔的阐述中,人类的知识世界和生活世界都是基于历史和传统,基于纪念和回想之上,甚至是传递意义世界的通道和方法。在其阐述至深中隐含的是记忆附属论:记忆成为知识的基础,尤其是传递知识的重要环节。

此外,他对伽达默尔的批判还体现在之后的学术的发展上。正如我们看到伽达默尔是非常强调文化本身的。"我们不应该忘记:自然本质上驱动着我们走向文化。因此,没有文化我们将无法存活也变得正确了。"②但是,利科却注定走向了历史和宗教。20世纪整个80年代,他沉浸在时间与叙事的问题中。这样的转变与西方思想界反思二战的时代需求相吻合。非常顺理成章的,受到时间问题的引导,借助反思二战的学术趋势,利科投入到记忆问题的研究中,利科在这一问题的研究上,给予记忆哲学很多有价值的洞见。

1. 他确立了记忆理论与记忆实践的二元论框架

在整个记忆观念史的梳理上,利科梳理出古典记忆理论、中世纪记忆理论与现代记忆理论这三个主要时期。他没有囿于现象学的限制,而是受到德国哲学的影响,基于理论与实践构建起自身的记忆理论。对于他而言,记忆理论解决的问题是记住什么以及谁去记住的问题;而记忆实践解决的问题是如何运用好记忆以及防止滥用记忆? 如何彰显遗忘的作用? 当他把记忆作为抵抗理性反思傲慢的武器的时候,这种框架格局就变得注定了。这种框架的作用还是非常有效的,这意味着记忆研究源自历史实践和社会实践,但是也从二者的二元关联中显露出不同的问题。如记忆理论滞后与记忆实践快速发展的矛盾关系。只是对于法国人来说,他们面对的欧洲的历史实践,这是有待于提升总结的,所以他们更加迫切需要这样一个有效框架。

2. 他给予了记忆以本体论地位,完全不同于知觉的地位

在以往的哲学家那里,记忆都是附属的现象。以当代现象学流派来看,非常明显。以胡塞尔来看,他将记忆看作是时间性现象,是其解决知识问题的基石;再看伽达默尔,记忆成为解释知识问题的基石,他在《知识发端》中分析了记忆与知识的关系。对于海德格尔而言,他在20世纪20年代将遗忘放到了前所未有的地位,40年代的时候通过讨论荷尔德林的诗歌来思考记忆问题。但是,他将记忆看作是思的形式,并论述了"纪念之思"(commemorative thinking)。"纪念

①　GADAMER H. G. Beginning of Knowledge[M]. New York: Continuum, 2001: 98.
②　GADAMER H. G. Beginning of Knowledge[M]. New York: Continuum, 2001: 140.

之思在曾经所是的庆典的方向上行思，思即将到来的庆典。然而，这种思前想后的纪念先于庆典，在适合的方向上行思。思指向适合于命运的方向，这样的思是纪念非概念（inceptual）的本质。"①在海德格尔看来，这样的"纪念之思"无法与诗歌韵律分离，与节日和庆典分离，与命运和历史的本质分离。但这样做无疑为利科提供了形而上学根据。再看利科，经历了 20 世纪 60 年代的记忆忽略，他反思了记忆看作知识问题的附属论的观念，并且开始论证着记忆的本体论地位。他赋予记忆的是一种伦理意义上的本体论地位，他把记忆看作是一种应然的反抗理性傲慢的武器，要实现这一点，必须为记忆正名。如果仅仅是让记忆作为一种方法存在显然无法承担起这样的重任。通过哲学史的梳理，他成功地完成了记忆理论的构建，并为其进入历史这样的一个特殊历史奠定了基础。在这个过程中，逐渐逼近了遗忘现象。

3. 他将记忆与遗忘的问题给提了出来，为记忆伦理的构建提供了一种新的视角

正如我们前面所分析的，利科在海德格尔那里得到的最大可能性启发就是遗忘之地位的确立。在海德格尔看来，"存在之遗忘"是整个形而上学问题的根源，《存在与时间》坚实地确立和论证了这个命题。1941—1942 年，海德格尔开设了一门"纪念"（rememberance）课程，里面提到了"勇敢遗忘"（bold forgetting）。②"这样纪念的缺席不是源自漠不关心的遗忘，而是来自内心勇敢的结果，就像保持某人初心一样（certain of one's own that is coming）。"③在后来的诠释中，海德格尔指出，这是描述精神状况的一个概念：精神不在家，不栖居于世，所以需要寻找回家的路。他甚至提出了这样的问题，"在历史之初，为什么精神没有居于家中？"④所以遗忘是一种内心勇敢的结果。如果从此延伸，我们可以推演出遗忘会成为一种美德。

通过上述分析我们已经指出，利科的三个洞见最终都体现在其 2000 年他出版的《记忆、历史与遗忘》一书中。回顾这段路，我们发现这是一个自觉的反思过

---

① HEIDEGGER. MHÖLDERLIN'S Hymn "Remberance"[M]. Translated by William McNeill and Julia Ireland, Bloomington：Indiana University Press, 2018：165.

② 这个概念体现在一首诗歌中，namely at home is spirit, Not at the commencement, not at the source. The home consumes it. Colony, and bold forgetting spirit loves. Our flowers and the shades of our woods gladden The one who languishes. The besouler would almost be scorched. 德语"Kolonie liebt, und tapfer Vergessen der Geist."

③ HEIDEGGER. MHÖLDERLIN'S Hymn "Remberance"[M]. Translated by William McNeill and Julia Ireland, Bloomington：Indiana University Press, 2018：161.

④ HEIDEGGER. MHÖLDERLIN'S Hymn "Remberance"[M]. Translated by William McNeill and Julia Ireland, Bloomington：Indiana University Press, 2018：162.

程。他最初受胡塞尔的强大影响,不可避免地会受到记忆附属论的影响,将记忆看作是知识的发生的低级阶段,在与伽达默尔的碰撞中,他意识到了记忆附属论的问题所在,真正面对记忆现象。即便如此,可以说,这一个就有效地回应了曾经的错失。所以,利科身上的自觉反思过程说明,伊德的错失并非伊德本人的错误,而是利科的错误。如此,这种错失就是必然的而且可以原谅的了。

五、记忆研究的意义所在

伊德错失并非伊德自身的错失,而是利科的错失。伊德的错失源自其转向,转向技术现象,从而远离了内在性的维度;伊德的错失源自其原点,他将知觉作为自身的思想原点。在他的技术与人的意向关系的分析中,我们能够看到文化语境的作用、感知视域的作用,但是唯独缺乏了时间向度。如果我们注意到伊德的错失和维贝克的修正,那么这在一定程度上让我们看到了技术现象学内在化转向的必然性和有效性。这种来自技术现象学自身的修正就显得意义重大了。

1. 通过发现伊德的错失,可以让技术现象学获得与经典现象学进行有效融合

以莫兰、扎哈维等学者为代表的经典现象学已经开启了对传统的认知科学哲学的核心观念"认知即计算"的反思①,他们在对认知科学的对话中,已然内在地开始了这种批判,他们从现象学的角度支持了 4E 范式,这无疑吹响了反抗认知科学的号角。强调具身性是梅洛·庞蒂现象学的一个比较核心的观念,交互肉体性(inter-corporality)、涉入(engagement)等概念都是对纯粹的计算性规定的结果。在反思过程中,技术现象学的作用被很大程度上忽略了。以唐·伊德为代表的技术现象学提出的具身关系无疑是这种反抗的极好表现,当他选择了技术维度的时候,无形之中是对以表征计算为特征的认知科学哲学的反思,而且随着这种维度的不断解释,实践的维度逐步显示出来。所以说,在共同反思认知科学的问题上,二者存在极大的一致性,技术现象学的作用不能仅仅理解成为技术认知奠定哲学根基,而是对认知哲学的一种反思。

2. 通过发现伊德的错失,可以构建起记忆现象学谱系

当我们回到伊德的思想源头的时候,我们遭遇到了利科,但是 20 世纪 70 年代的利科并非能够起到这一作用。只有在 2000 年前后,利科才有意识地将记忆

① RAFAEL NÚÑEZ, etal. What happened to cognitive science? Nature Human Behaviour[EB/OL]. DOI:10.1038/s41562-019-0626-2[2019-06-10](2019-07-19)https://www.x-mol.com/paper/5720694.

看作是抵抗理性傲慢的武器。这一点的揭示也为技术现象学的发展带来了新的可能性。不仅如此,我们更是从他这里开始构建记忆现象学的可能性,如果采取图谱的方式描绘,通过伊德我们所看到的是利科、海德格尔和胡塞尔共同构建的记忆现象学谱系。在这一问题上,伊德背后的利科已经为我们做了很好的铺垫工作,他基本勾勒出胡塞尔的记忆理论。可惜是,他的勾勒就像彗星的尾巴,碰到海德格尔、梅洛·庞蒂则力道弱了很多。新的记忆现象学谱系的勾勒另一基础是"想象"概念。这一概念曾经为胡塞尔、萨特所重视,而这也成为当代记忆哲学家看重的一个记忆观念表达。

3. 通过发现伊德的错失,可以让我们在应对人工智能发展上提供有效的途径

伊德的错失是对记忆的错失,还有遗忘在内。但是,我们也看到其他现象学家如海德格尔、利科已经将遗忘的作用给予肯定,他们的分析让我们看到遗忘远不是心理学和生理学中所提到的属于记忆的功能丧失或者是缺陷,而是依然有着本体论地位的现象。重新构建记忆谱系,理清记忆与遗忘、记忆与回忆、记忆与时间以及记忆与空间等问题能够让我们更好地回应人工智能时代的若干问题。更为重要的是,记忆研究与人工智能之间的内在关联急切需要被揭示出来。笔者已经在一篇论文中解释记忆哲学是解码人工智能及其发展的钥匙,在人工智能领域,记忆类型关系到深度学习网络的构建及其理解;灾难性遗忘已经变成了通用人工智能(GAI)实现的关键性问题。

第二章 当代记忆研究的复兴

在当代记忆研究中,哲学一直处于显性的缺席状态之中,这种状态造成了一种判断:哲学缺席于记忆研究。所以需要考察这种判断的理由以及对之进行必要的反思,从而将哲学的应有之义给予恢复。

一、当代记忆研究盛况及其哲学的缺席

当代记忆科学的研究已经走到了一个前所未有的地步,无论是记忆理论的构建还是记忆实践的推进,都取得了极大成果。如果采用"火焰"比喻,那么可以说,记忆之火在多个学科领域中已经熊熊燃烧。而与这种繁荣之中多个学科如心理学、自然科学、历史学、社会学、文化研究的深度相比,哲学中记忆研究的情况显得异常冷清,我们只能看到 100 年前的辉煌。德国的胡塞尔、法国的柏格森和美国的詹姆士对记忆问题进行细致讨论,而 100 年后,曾经理论上的探讨完全被记忆实践的研究取代。记忆实践的突破更多是在历史学、文化研究等领域"记忆生产""记忆之场""文化记忆""跨文化记忆"等概念的奠基下迅速推进的,在国家、社会和文化等多个层面得到了广泛认可。① 这很容易使得多数研究者形成一个判断:哲学缺席于记忆研究中。所以,首要的事情是考察这个判断。对记忆研究的实然状态进行描述成为一个很好的入口。我们的考察将表明:这个判断的出现有其内部和外部的原因。

首先,记忆的合法形式成为这种判断的第一个基础。大部分欧洲记忆研究学者均认为记忆研究的合法类型是文学、历史学。如法国记忆学者皮埃尔·诺拉提出这样的观点,记忆研究的合法形式只有历史的和文学的两种。"实际上,记忆从来都只有两种合法形态:历史的和文学的。但这两种形态并

---

① "文化记忆"是欧洲学者较为喜欢的概念,主要提出者如德国的阿莱达·阿斯曼夫妇;而"跨文化记忆"概念则在英国、澳大利亚等文化圈内广为使用。本文认为,跨文化记忆是文化记忆发展的新阶段,是克服地方、民族等地域限制的结果,它强调的是流动空间视域中的文化记忆,尤其是偏重跨文化、跨国家的文化记忆类型。如此,乡村-城市流动所产生的文化记忆类型是一种新的形式。

行不悖,只是在我们这个时代,它们分离了。记忆被推到历史的中心,这是文学辉煌的葬礼。"①不仅如此,他还强化了历史合法性的优先性。他指出,随着历史记忆和记忆想象的同时死亡,一种新型的历史学诞生了。历史记忆是指传统历史学尤其是以实证主义为精神的历史学;而他的新历史学则是强调记忆之场的历史学。"新史学家和旧史学家的区别不在于题材,而在于对待过去的根本态度,一个对过去的延续性深信不疑,另一个则确信过去存在彻底的断裂,并确信需要克服一些障碍才能取消它。"②当然他的观点也存在着模糊的地方,而这无疑影响到其记忆理论内在的统一性。他在谈及记忆的决定性位移时指出:"这是记忆的决定性位移:从历史学向心理学、从社会向个人、从传承向主体性、从重复到回想的转移。这就开启了一种新的记忆方式,记忆从此成为私人的事情。"③"从历史学到心理学的位移"是值得注意的表述,后面将指出,目前大部分记忆研究的理论依据都可以还原到认知心理学的某种区分上。"合法性的转化"与他所说的"两种合法形态"多少有些冲突了。大约 10 年后也就是 1995 年德国文化记忆理论学者杨·阿斯曼(Jan Assmann),完善了他的观点,他站在更为全面的角度上指出记忆话语经历了从生物学框架转入到文化框架的转变。杨的观点从文化现象出发,将科学看作是文化的形式之一,所以能够从比较大的历史尺度看到这种转化。事实上,当德国生物学家理查德·萨门提出记忆印迹(engram)理论之后,这种理论影响到了很多人,最终导致了哈布瓦赫(Maurice Halbwachs)和阿贝·瓦尔布格(Aby Warburg)提出了"集体记忆"和"社会记忆"等重要理论概念,同时也影响到了哲学家。罗素受其影响提出了记忆因果性(mnemic causation)的概念。比较诺拉和杨,他们的共同点在于承认人文学科是记忆研究的合法形态,但是二者做出判断的出发点存在很大差异:诺拉是一个历史学家,他有着很强的历史情结,他看到了"历史对于记忆火焰的吞噬"。"我们今天所称的记忆,全不都是记忆,而已经成为历史。我们所称的记忆的火焰,全都已经消失在历史的炉灶中。"④他更多是基于历史学立场做出的判断;而杨不同,杨是一个研究埃及学的文化学者,他所看到是历史脉络,这在记忆研究的演变史得到了体现。在当前,欧洲是世界记忆研究的中心,Network in Transnational Memory Studies（NITMES）和 In Search of Transcultural Memory in Europe（ISTME)是两个世界性的研究网络。所以这些人对于记忆

①②　皮埃尔.诺拉.记忆之场[M].黄艳红等,译,南京:南京大学出版社,2015:28.
③　　皮埃尔.诺拉.记忆之场[M].黄艳红等,译,南京:南京大学出版社,2015:54.
④　　皮埃尔.诺拉.记忆之场[M].黄艳红等,译,南京:南京大学出版社,2015:12.

合法性类型的判断很大程度上影响到后来的学者，让他们形成一种认识：合法的记忆类型是历史学、文学以及文化研究。这个判断导致的结果是哲学在合法性形式的表述中失去了身影。

其次，记忆研究中历史学、社会学和人类学方法的主导优势也成为这种判断的第二个基础。传统的记忆研究方法如历史档案文献分析、口述方法、案例研究、会谈和问卷调查、话语分析以及文化记忆风景构建等，这些方法注重记忆内容的构成与真实性；自然科学的路径更多的是使用诸如功能核磁共振（fMRI）、光遗传学（Optogentics）等方法，这些方法重在探讨记忆活动的物质基础及其机制问题。历史学、社会学等方法主导性非常明显，它们成为文化研究中经常运用的方法。但是哲学方法何在？传统哲学方法包括概念分析、直观、思想实验、内省法。在蓬勃发展的记忆研究中似乎都失效了。概念分析法囿于认识论框架的限制难以揭示记忆的微妙之处，思想实验方法难以和神经科学的 fMRI 方法相比。此外，对记忆进行分析的当代哲学家寥寥可数。我们在通常的哲学史著作中难以看到比较系统的描述。相比之下，哲学方法更多是擅长于解决认识问题。记忆自身的可错性与知识自身的可靠性之间完全不相容，难以通过传统的认识方法来面对记忆问题。此外，面对当代社会记忆研究偏重经验和文化现象，哲学的方法难以提供具体而精细的话语分析基础。

再次，记忆的相关问题中哲学难以找寻到其核心价值所在。随着记忆研究的转向，各个领域的关注点也在发生着转移，更加注重记忆的实践问题，所提问题多为实践中的问题。比如数字时代的记忆伦理追问更多是基于网络高度发达而提出的隐私问题，涉及一种新的权利——被遗忘权的主张。社会记忆研究则偏重记忆的社会生产，需要揭示整个记忆生产过程中各个环节，如媒介、档案馆、民众等的作用。在多个关注点上，哲学似乎失语了。当然我们可以采用海德格尔的观点进行一种辩护，哲学继续着自身的消散过程，以社会学和人类学等形式表达自身。但是，这种说法多少有些自我安慰的成分。

所以，"哲学炉灶中记忆火焰的熄灭"只是基于表象判断的结果，事实上，哲学始终作为记忆研究的源头和母体存在。从心理学进行考察。这个领域从事记忆的多位心理学家都承认记忆问题来自古老的希腊哲学。加拿大心理学家托尔文就认可了记忆的心理学研究中哲学至关重要的作用。"哲学家已经思考了许多有关情景记忆的问题，但是心理学家还没有……哲学家从自己的心灵之窗看记忆现象，他们已经反思记忆本质超过了两千年。生理学家和脑科学家忙于尝试发现和理解产生记忆的神经过程的本质以及脑中心的功能。"①他承认心理学从哲学及其他领域借用了记忆的概念。这里所提到的记忆哲学研究的开端是亚里士多德。而这一点也在道格拉斯·豪尔曼那里得到了确认，"1981 年 4 月，多伦多大学举办了一个与艾宾浩斯(Ebbinghaus)有关的报告会，豪尔曼在报告中声称这对区分(语义记忆与情境记忆)能够被追溯到亚里士多德。当然，作为记忆科学的兴趣对象出现也只是 10 多年的事情"。他将这一区分追溯到柏格森的《物质与记忆》和罗素的《心的分析》这两位哲学家的著作中。只是很可惜，他的追溯并没有深入下去。另外，在生理学领域，也有学者指出了这一点，如 MIT 的神经科学家利根川进(Susumu Tonegawa)指出，记忆的存储思想可以追溯到柏拉图。② 相比之下，利根川进要比大多数心理学家追溯的更远，这些都说明神经科学家和心理学家充分意识到哲学在记忆问题中的起源作用。

　　但是，这一点却没有在哲学自身充分显示出来。哲学史以及哲学给任何一位读者最深的印象是哲学史或是精神显示自身的过程或是问题的演变史，仅仅局限在最为宽泛意义上的哲学史上显然会失望，很难找到记忆问题的集中论述，而一个好的选择就是进入到与灵魂和心灵的问题史，因为记忆常常被看成前者的构成部分，后者的状态之一。这两个领域都指向这样的事实：在哲学领域，记忆的火焰被认识理性之风所熄灭。记忆研究中哲学的缺席是两种因素共同作用的结果：记忆研究中，历史主义的预设和哲学自身偏重真理追求的传统使得哲学自身主动缺席，最终将记忆领域看作是意见和知识的主要来源。所以接下来要恢复哲学在记忆问题上的原初地位以及探讨这种意义。这种情况如何理解呢？

二、哲学炉灶中的记忆之火③

　　上述三个方面的描述从实然状态描述了哲学在记忆研究中的显性缺席。这种缺席还与哲学自身有着密切的关系。简言之，注重认识问题导致哲学逐步将

①　TULVING E. Elements of Episodic Memory[M]. Oxford: Clarendon Press, 1983: 1, 17.

②　利根川进在 1987 年提及记忆的存储思想可以追溯到柏拉图，而这一思想的概念化主要是两个人完成的，20 世纪初萨门(Richard Semon)提出了印迹理论(engram theory)认为记忆存储在生物印痕中；20 世纪 40 年代，而唐纳德·赫伯(Donald Hebb)提出的突触可塑性理论(synaptic plasticity theory)。

③　有三部著作从问题史的角度梳理了记忆问题的哲学史演变历程：德国哲学家布伦塔诺的 Psychology from an Empirical Standpoint (1874; 1995)、法国哲学家保罗·利科的 Memory, history and forgetting(2004)和德国文化研究者阿莱达·阿斯曼的《回忆空间》(1999)。这三部著作拼出了记忆研究的近代发展历程。布伦塔诺主要是梳理了哲学历史上心灵现象的研究史，并提出了记忆所具有的作用；利科梳理了古希腊到胡塞尔现象学的记忆研究过程，将记忆研究分成理论维度和实践维度；阿莱达主要是关注到了洛克的回忆主体思想，而这是其他两本著作中没有注意到。

记忆话题排除在自身之外。这种排除在记忆研究领域中导致的外在结果是哲学在记忆研究领域中的显性缺席,而内在结果是记忆问题因为其内在气质与哲学的追求不和而被放弃。

要讨论柏拉图的回忆观念①,需要从文德尔班的一个论述开始。"苏格拉底在他的概念形成学说中认定为归纳法的东西,在柏拉图那里,转变成凭借回忆而进行的直观,转变成对更高、更纯的知觉的反省。"②"概念形成"在柏拉图这里表现为"知识形成",而在知识形成的过程中,回忆起到了非常重要的作用。这种理论与柏拉图的自身体系结合在一起。"知识回忆论是和柏拉图关于理念和现象世界之间的关系概念紧密地联系在一起的。"③可以说,柏拉图奠定了知识与回忆的关系模式,而这恰恰使得记忆问题的探讨笼罩上了乌云。

柏拉图在《美诺篇》中讨论了知识与回忆的关系。"柏拉图用这个公式来表示他的理性主义原则:哲学知识就是回忆。"④文德尔班甚至批评了柏拉图强调记忆是忽视了"意识的创造性活动"。文德尔班之所以这样批评主要是因为他把"回忆"看作是一种模仿关系,他认为柏拉图是在此意义上使用回忆这一概念。另外,他在《斐德罗篇》中讨论了文字与记忆的关系。⑤ 这篇文章专门借助古埃及(Theuth)与埃及神(Thamus)之间的对话展开。谈及文字这一发明的时候,Theuth 认为文字能够使得埃及人变得更加聪明和有更好的记忆。而 Thamus 则指出发明者不是其发明是否有用与无用的最好评判者。文字会对使用者灵魂中产生遗忘,因为他们不再使用记忆力。他们更加信任外部的文字。⑥ 这一对话成为很多学者讨论记忆与技术的出发点。但是,更为重要的是,柏拉图提到了记忆(memory)与回想(reminiscience)的区分,只是认为文字"不是对记忆而是对回想的帮助",但他并没有用太多的笔墨进行分析,自然也被多数心理学家忽略。

---

① 这里所说的"回忆"的英文对应概念是 recollection,见:WINDELBAND W. A History of Philosophy. Elibron Classics, 1901:119.而"回想"对应英文概念是 reminscience,见:Plato, translated into English with Analyses and Introductions by Benjamin Jowett.桂林:广西师范大学出版社,2008.

② 文德尔班.哲学史教程(上)[M].罗达仁,译,北京:商务印书馆,1996:163.

③ 文德尔班.哲学史教程(上)[M].罗达仁,译,北京:商务印书馆,1996:164.

④ 文德尔班.哲学史教程(上)[M].罗达仁,译,北京:商务印书馆,1996:165.

⑤ Plato, translated into English with Analyses and Introductions by Benjamin Jowett.桂林:广西师范大学出版社,2008:89~95;The works of Plato, Selected and Edited by Irwin Edman. The Modern Library, 1956:323-329.

⑥ 本杰明·乔伊特解释了这段内容,"有一个关于 Theuth 的古老埃及传说,他是文字的发明者,他向神 Thamus 显示他的发明文字时,Thamus 告诉他恩子仅仅侵蚀人们的记忆以及带走他们的理解力。从这个传说,年轻的雅典人可能会感到有趣,可能会得到这样的教训:恩子内在于语言。它就像一幅画,无法给出问题答案,而只是给出一个活的东西,具有欺骗性的相似。"(柏拉图,第 8 页)

这一缺陷被他的学生亚里士多德克服,真理精神再次通过记忆与回忆的有效区分得到了表达。他做得如此成功以至于被很多心理学家看作是西方记忆传统的起点,如托尔文、道格拉斯。他们认为亚里士多德在语义记忆和情景记忆之间最早做出了区分。[①] 他们正确地肯定了亚里士多德的起点作用,但是却没有对亚里士多德记忆理论的内容及意义做出更为准确地评价。亚里士多德整个工作都集中《论记忆与回忆》这篇文章中,可以说奠定了记忆的原初问题域。[②] 三个问题以及五个小问题成为他的记忆理论的主要内容。三个问题即记忆本质、记忆构成与记忆起源。记忆本质主要讨论什么是记忆的问题,尤其是从时间角度来探讨记忆、回忆和遗忘;记忆构成主要是讨论记忆属于灵魂的哪一部分,尤其是涉及了主体概念;即记忆起源主要探讨什么导致了记忆的发生。可以说,这三个问题奠定了整个记忆研究史的基础,整个古代记忆研究都在围绕上述三个问题展开。这三大问题又可以分解为五个子问题,如记忆与回忆的关系、记忆与时间的关系、记忆与图像的关系、记忆与内容的关系、记忆与主体的关系。

可以说,这两个人奠定了记忆哲学研究的整体问题及逻辑。受他们影响,"古代和中世纪的许多思想家提出来记忆与回忆的核心问题以及他们在人类认知功能中的地位"。[③] 尽管整个古希腊时期认识论问题并没有具备太明显的优先性,但是柏拉图的处理——将知识与回忆联系在一起,却意味着记忆问题的遮

① 托尔文在《情景记忆的要素》(1993)中使用了一张图展示各个时代记忆理解的进步,其中亚里士多德是起点,到黑暗时代进入低谷,然后 20 世纪初在艾宾浩斯、詹姆士和萨门三位心理学家的共同努力下,记忆研究迎来了新的高潮,但随后一直到 1952 年进入到再次低谷;1952 年之后逐渐走出低谷。在他看来 1972 年以后又迎来了新的高潮。(Elements of episodic memory, p3)。他的分析价值在于指出亚里士多德是记忆研究的始祖,而且对心理学领域的记忆研究进行了历史勾勒。整个分析存在三个问题:(1) 他错误地认为亚里士多德是最早在记忆与回忆之间做出区分的哲学家,但事实上最早的人是柏拉图;(2) 他对不同时期高潮、低谷的原因并没有给予太多的分析;(3) 忽视了同时代哲学家如洛克、柏格森等人的观点。

② 对亚里士多德这个文本进行诠释的学者著作并不多,目前只查到三种,最著名的是阿奎那的诠释,见:AQUINAS T. Commentary on Aristotle's "On Sense and What Is Sensed" and "On Memory and Recollection"[M]. Washington, D.C: Catholic University of America Press, 2005.而当代对亚里士多德《论记忆与回忆》文本进行诠释的见 SORABJI R. Aristotle On Memory: 2nd edition[M]. Chicago: University of Chicago Press, 2006(1972 年第一版);DAVID BLOCH. Aristotle on Memory and Recollection, Text[M]. Translation and Perception in Western Scholasticism. London: Brill, 2007.理查德·萨若布吉(Richard Sorabji)出生于 1943 年,英国国王伦敦大学教授,古代西方哲学史学者。大卫·布洛克是丹麦大学 Saxo 研究所的博士,这本书是丹麦哥本哈根大学 2006 年的博士论文。本书分为 6 个章节,第一部分为批判版本的介绍;第二部分为《记忆与回忆》文本与翻译;第三部分是亚里士多德关于记忆与回忆的介绍;第四部分主要是在拉丁语的西方亚里士多德的记忆理论;最后是注释和书目。

③ KNUUTTILA S, SIHVOLA, J. Sourcebook for the history of the philosophy of mind: philosophical psychology from Plato to Kant[M]. Dordrecht: Springer, 2013:205.

蔽。另外,柏拉图和亚里士多德提出了这个问题,但是他们并没有处理好记忆在灵魂中的应有地位,他们关于灵魂的三分模式中并没有为记忆留下应有的本体论地位,这使得记忆的地位变得异常模糊,这也成为记忆难以为后世哲学家细致讨论。① 表2-1展现了哲学史上在心灵、意识中地位的情况。

表2-1　记忆在心灵中的地位演变②

哲 学 家	实体名称	心 灵 构 成		
柏拉图	实体③ Entity	理性部分 rational	精神部分 spirited	欲望部分 appetitive
亚里士多德		思想 thought	感觉的 sensitive	欲望 Vegetable desire
奥古斯丁		概念、判断(记忆)	—	意志
沃尔夫 Wolff, Christian	能力 power	认知 cognition	情感 Feeling	欲望 desire
特滕斯 Tetens,Johann		理解力 understanding		行动能力 意志 will
门德尔松 Mendelssohn, Moses		认知		欲望
康德		认知		欲望
克鲁格 Krug, Wilhem		认知		努力 endeavor
洛采 Lotze, R. H.		认知		欲望

① 也可能是他们有意为之,在他们看来记忆并不应该具有这样的本体论地位,因为记忆只是让认识得以可能的条件或途径。如果是这样,我们可以把布伦塔诺看作是柏拉图记忆观点的心理学复兴。在布伦塔诺那里,记忆更多是过去意识在当下得以显现的条件。

② 本表阐述了哲学史中灵魂实体的构成部分,主要内容根据布伦塔诺的著作《从经验的角度看心理学》一书整理而成;但是,诸如斯多葛学派、奥古斯丁的观点主要是根据文德尔班的描述,他指出心理活动的三分法在柏拉图、斯多葛学派、奥古斯丁等人那里都存在,而记忆属于概念部分。"心理现实的三个方面是概念(Vorstellung)、判断和意志:memoria(记忆)、intellectus(智力)、voluntas(意志)。"(《西方哲学史》,第375页。)从这张表可以看到记忆在整个心理活动中被看作属于概念,也即理性部分。

③ 此处,主要是强调"灵魂作为实体"的规定性。在 KNUUTTILA S, SIHVOLA, J. Sourcebook for the history of the philosophy of mind: philosophical psychology from Plato to Kant[M]. Dordrecht: Springer, 2013 中的第二部分,"灵魂作为实体",主要由亨瑞克·拉格兰德(Henrik Lagerlund)撰写。他的分析指出,从柏拉图、亚里士多德一直到经院哲学,灵魂都被看成是实体,这一实体由不同的部分构成,记忆在其中的地位被探讨。这一点也可以从文德尔班关于灵魂构成部分的论述中感受到。

(续表)

哲 学 家	实体名称	心 灵 构 成		
赫尔巴特 Herbart, Johann F.	活动 activity	表象 presentation	情感	意志
拜尔 Bain, Alexander		认知		意愿 Volition
斯宾塞 Spencer, Herbert		认知 （记忆、理性）	情感（欲望 desire、 意志 will）	—
布伦塔诺		表象	情感	判断 judgment
胡塞尔		当下拥有 presentation	当下化 representation	

从表 2-1 可以看出，整个哲学史显示记忆在灵魂乃至心灵中的地位是不清晰的，无论是在灵魂构成的二元论模式或者三元论模式中，记忆都被不经意地看成灵魂的理性部分，并不属于欲望或者其他。这倒是比较奇怪的事情，在现象学的描述中，记忆与想象、图像之间的关系极其纠结。

由于柏拉图的定调，哲学自身的发展导致了认识论急速凸显从而遮蔽了记忆。很多哲学家多认为，古代乃至近代哲学的任务就是追求普遍有效的真理。黑格尔就描绘了这个特点。他在《哲学史讲演录》中描述了巴门尼德追求真理的情况。在书中，他描述了巴门尼德残片中的一个诗歌导言。"你应该探究一切事物，既须探究那坚贞之心的感人的真理，又须了解那内中没有真知、变幻无常的意见。但你必须保持你探究的思想使之远离意见的道路，不要让那外表甚多的习惯逼使你顺从这条道路，顺从那轻率马虎的眼睛，和声音嘈杂的耳朵和舌头。你必须单用理性去考量我要对你宣示的多经验证的学说。光是欲望会使你迷失道路。"①这也导致了他的哲学追求。"我的哲学的劳作一般地所曾趋赴和所预趋赴的目的就是关于真理的科学知识。这是一条极艰难的道路，但是唯有这条道路才能够对精神有价值、有兴趣。"②所以从巴门尼德到黑格尔我们所看到的是一条追求真理，追求真的、普遍有效的知识之路。

这种特征使得古希腊两位哲学家提出的记忆问题很快就由于认识问题的崛

---

① 黑格尔.哲学史讲演录：第一卷[M].贺麟、王太庆，译.北京：商务印书馆，1997：264.
② 黑格尔.哲学史讲演录：第一卷[M].贺麟、王太庆，译.北京：商务印书馆，1997：5.

起滑落在意识的领地之外。再加上相应的著作得到的关注并不多,加速了这种滑落。亚里士多德的《论记忆与回忆》仅在整个中世纪被奥古斯丁诠释过,此后就隐没在哲学洪流中,哲学内部几乎无人问津,直到当代被保罗·利科、理查德·萨若布吉(Richard Sorabji)、大卫·布洛克(David Bloch)加以论述。而随着记忆被归入到真理的对立面——意见和错误中,这种情况更加恶化。在近代乃至德国古典哲学期间,记忆曾经出现过,但并没有太多人注意到。洛克在《人类理解论》讨论了记忆思想,但是这一讨论在哲学史中鲜有涉及,只是被文化领域学者阿莱达·阿斯曼所注意到,她专门讨论了洛克如何确立起与笛卡尔不一样的回忆主体。①

　　黑格尔的《精神现象学》中的记忆思想也更多地被淹没在绝对精神的光芒中而难以辨识。② 黑格尔在"对自然的观察"中对记忆做出了规定:"所谓记忆就是将那种在现实只以个别的形式现成地存在着的东西以普遍的形式表现出来。"③翻开这本书的最后一段,回忆的分析出现了3次。这显得非常重要,因为整本书回忆概念并没有出现过几次。他指出:"因为精神的完成在于充满地知道它是什么,知道它的实体,所以这种知识就是它深入自身的过程,在这一过程里它抛弃了它的现时存(Dasein)并把它的形态交付给回忆。"④"回忆把经验保存下来了,并且回忆是内在本质,而且事实上是实体的更高的形式。"⑤"目标、绝对知识或知道自己为精神的精神,必须通过对各个精神形态加以回忆的道路,即回忆它们自身是怎样的和怎样完成它们的王国的组织。"⑥黑格尔的《哲学史讲演录》并没有充分体现出这个线索,但是他曾多次讨论过记忆问题;文德尔班的《哲学史教程》中也没有看到太多的论述。罗素的《西方哲学史》中仅仅对柏格森的记忆理论有充分的描述,但是却对洛克没有提及。这一点也很容易理解。如果说哲学是关于认识的学说,那么整个哲学就是关于认识问题、方法以及对象的历史,而记忆则因为其可错性难以被纳入其中。在多数这里所提及的哲学家那里,记忆

---

① 阿莱达·阿斯曼.回忆空间:文化记忆的形式与变迁[M].潘璐,译.北京:北京大学出版社,2016:100-106.
② REBECCA COMAY, JOHN McCUMBER (Editors). Endings: Questions of Memory in Hegel and Heidegger[M]. Evanston: Northwestern University Press, 1999.
③ 黑格尔.精神现象学[M].贺麟、王玖兴,译.北京:商务印书馆,1997:163.黑格尔在这里确立的范畴是:对对象的理解与对对象的记忆。
④ 黑格尔.精神现象学[M].贺麟、王玖兴,译.北京:商务印书馆,1997:274.
⑤ 中文版本指出了"回忆保存了经验"的命题,根据英文版本,这种回忆是 inwardizing re-collection,即内在化的回忆,所以内在化的回忆保存了经验,而不是所有的回忆。此处还提出一个命题,回忆是实体的高级形式。
⑥ 黑格尔.精神现象学[M].贺麟、王玖兴,译.北京:商务印书馆,1997:275.

几乎被看成是意识现象，与认知相并列的意识现象之一，[①]但是从层级看，要比认知更为低级。这种状况甚至一直持续到梅洛·庞蒂那里。

20世纪初记忆问题又开始浮现。胡塞尔、柏格森、哈布瓦赫、保罗·利科等人都对记忆做过分析和研究，但依然没有引起关注。在胡塞尔的著作中，知识问题的影响依然很强；柏格森的最终关注点在于时间问题。[②]很多学者在记忆问题上不加区分"对象"与"条件"。当哲学家对灵魂、意识、理性进行研究的时候，无形之中预设了"作为灵魂构成部分的记忆"或者"作为意识状态的记忆"，这种预设受到认识论框架的影响。但是，记忆的另外一个规定性却被完全忽略，这就是记忆是意识体验得以对象化的条件。这一点在现象学视域中才是可以把握的。布伦塔诺是个不可忽视的学者，他将记忆看作是意识得以成为对象的前提条件。这让我们想到康德，他将时间和空间看成是先天直观形式。但是，作为时间现象的记忆能否作为直观形式却没有在他的体系中显示出来。我们看到的仅仅是在布伦塔诺这里，他指出，意识要成为对象必须能够作为内部感知对象存在，而记忆恰恰使得意识体验成为可感知的对象。另外一个就是胡塞尔，他也接受了布伦塔诺在这个问题上的影响，记忆是一种当下化的体验，使得过去的知觉体验重新变得鲜活。于是记忆表现成为意识显现自身的一种条件。当然，他更为重要的是批判了当时哲学家在"对象"与"内容"之间的不加区分，而这造成了记忆问题研究上的错误，即记忆仅仅被看作是过去内容之间的连接行为，而事实上记忆是不同于知觉体验的活动行为。

我们最终所关注的问题并不是有哪些哲学家对记忆进行过研究，而是记忆话题为什么会远离了哲学领地？哲学为什么能够重新有机会关注记忆？前一个问题在上面已经阐述，这与其内在追求真理的品质相关，与人们把对象与条件不加区分有关。这种解释是内在论的解释。但是哲学为什么有机会重新关注记忆现象？这一问题还有待于澄清。

首先要归功于布伦塔诺。布伦塔诺以及现象学的出现使得我们将记忆看作是对象构成的条件。这样在对象以及对象条件之间做出区分就具备了可能。

其次是现代科学技术发展外部因素作用的结果。当人类能够借助成像技术

[①] 英国哲学家赖尔在《新的概念》中批判了这种看法，他指出，人们时常把记忆看作一种认识机能或能力而与知觉或推理相提并论，或者把回忆当作一种认识活动或过程而与感知和推论相提并论。这是错误的观点。记忆既不是认识的来源也不是认识的方法。(《新的概念》，第八章"想象"(七)记忆，p288)。

[②] 当大多数哲学家们对此考察不屑一顾，而只关注认识与真理的时候，心理学家已经开始了记忆研究，不远千里地追溯到亚里士多德的时候，从而奠定了记忆研究中心理学成为主要形式的基础。

看到意识现象的物质基础时,已经走进了打开记忆现象的大门。fMRI 成像技术使得人们能够对大脑神经元的活动进行成像,这对于意识研究来说是一个极大进步。但是这一技术最近也受到很多质疑。来自技术上的质疑是关于 fMRI 的技术缺陷。① 瑞典学者安德鲁·艾昆德(Anders Eklund)指出:"虽然功能磁共振成像已经 25 岁了,但令人惊讶的是这种技术最常见统计方法未经过真实数据的检验。"② 在他看来,这一项技术存在 2 项缺陷,其一是极高的假阳性率,相关文章 2010 年 PNAS 发表文章,而这直接影响记忆问题的研究;其二是软件包中的缺陷:当使用调试版本的时候,能够减少 10% 的假阳性率。哲学上的质疑来自其假设,这项成像技术主要是将大脑分成许多小单元(voxels),然后利用软件对这些小单元进行测量归类,寻找相似活动的区域,其假设是具体文字与大脑活动之间的对应表征关系。这里明显存在着逻辑实证主义的理论设定,图像与实体彼此对应,呈现出同构的表征关系。我们在维特根斯坦那里,也可以看到类似的论述。此外就是光遗传技术的出现,这项技术主要是起中介开关作用,一种通过光激活神经元活动的方法。这一技术完全克服了 fMRI 的技术缺陷,能够最大限度地解释记忆现象的神经机制。这些技术使得记忆现象的研究凸显出来。而神经科学发展所带来的就是记忆神经元理论的突破,比如记忆的激活、取回、删除等。尽管取得这些理论上的成就,但是对于记忆如何存储在大脑中以及如何取回却没有最终的答案。而这些发展无疑会激发记忆的哲学研究。另外,数字时代中虚拟现实技术、数字技术等新兴体验技术形式的出现,更是成为压垮哲学内在反思记忆现象研究障碍的最后一根稻草。

还有哲学内在反思的必然性所导致的结果。数字技术的出现,不仅赋予古老的哲学问题以新的形式,而且带来了新的问题有待于回答。当然,哲学再次关注记忆并非偶然的、外在因素推动的结果,而是其内在必然性的要求。20 世纪初出现了哲学终结的现象,即哲学的话题逐渐消散在生物学、心理学、神经科学、社会学、历史学和文学等不同学科中。作为古老哲学对象的记忆现象也不能除外:记忆逐渐成为上述学科的研究对象,在不同的学科中被分裂研究,从局部

① EKLUND A, NICHOLS TE, KNUTSSON H. Cluster failure:Why fMRI inferences for spatial extent have inflated falsed-positive rates[J]. Proc Natl Acad Sci USA, 2016:ii.
② EKLUND A, NICHOLS TE, KNUTSSON H. Cluster failure:Why fMRI inferences for spatial extent have inflated falsed-positive rates[EB/OL]. (2016 - 06 - 28)[2020 - 09 - 06]http://www.pnas.org/content/113/28/7900.full. 另一篇相关的文章见 JESSE RISSMANA, HENRY T. GREELYB, ANTHONY D. WAGNER. Detecting individual memories through the neural decoding of memory states and past experience[EB/OL]. (2010 - 1 - 26)[2020 - 09 - 07]http://rissmanlab.psych.ucla.edu/rissmanlab/Publications_files/Rissman_PNAS_2010.pdf.

的、分析的角度得到解释。尽管提出了一些具有价值的观点和命题,但是也存在一些问题,如整体意义模糊不清、本体论承诺互相冲突、记忆本质界定矛盾和记忆概念所指与能指不明等。从哲学角度研究记忆现象则是哲学自我反思的必然性表现形式。

三、记忆问题的哲学之源

法国学者曾经从记忆范围讨论过记忆的哲学之源,尤其是对不同哲学家理解"记住意味着什么"的问题做出了分析和阐述,这一分析主要着眼于记忆本身。本文探讨的角度则偏重记忆问题,即从记忆问题的演变逻辑来阐述哲学之源。这一演变逻辑可以概括为从内容到行动再到主体、从理论到实践的转变。在阐述记忆问题的演变逻辑之前,我们依然需要对记忆的首要问题做出说明。这种说明不是从记忆本身,而是从记忆空间性问题切入。

1. 记忆的空间性问题

记忆的空间性问题也就是"记忆存储在何处"的问题。这个问题是各个科学领域一直关心的问题,也一直成为一个难题。自然科学与哲学的观点完全不同,自然科学领域将定位问题看作是物理空间问题,即记忆存储在哪里。关于记忆的空间位置有着三个阶段的表述。古希腊时期认为"记忆在心脏之中",这一观点影响了上千年。在 20 世纪初,这个问题逐渐成为一个生物学问题。萨门提出了记忆痕迹理论,即记忆位于有机体中。"大多数科学家已经接受了一个严格的、明确的个体性获得印迹的位置——生理学家和心理学家的记忆图像,对人和高级的脊椎动物而言,它们在大脑皮质中。"[1]20 世纪 50 年代,当脑外科手术成为现实的时候,记忆的定位问题得到了进一步的解决。布兰德·米勒(Brenda Milner)等人的研究最终表明,情景记忆存储在海马体中。但是,由于受到技术的限制,这个问题停滞了下来。2000 年以来科学家对关联记忆、空间记忆的神经定位进行的研究取得了明显突破,关于记忆定位及其改造的研究取得了显著成果。2000 年诺贝尔生物学奖获得者艾瑞克·凯德尔、2014 年诺贝尔奖获得者约翰·欧基夫、梅-布里特·莫索尔和爱德华·莫索尔[2]确立了动物空间记忆的神经基础,也就是为动物的空间记忆找到了神经之家。接着由于光遗传技术的

---

① SEMON R. The Mnene[M]. London: George Allen & Unwin Ltd, 1921: 119.
② 这两个人是夫妻,梅·布里特·莫索尔(1963—)与爱德华·莫索尔(1962—)都是挪威心理学家、神经科学家;约翰·奥·欧基夫(John O'Keefe),1939—,拥有美国、英国双重国籍,伦敦学院大学。他们共同的成就是"发现了记忆与认知有关的大脑神经网络"。O'KEEFE J, NADEL L. The Hippocampus as a Cognitive Map[M]. Oxford: Oxford University Press, 1978.

发展，记忆的神经基础得到了更为精准地揭示。自然科学的研究出于如下生物学假设：①记忆主要是指某种信息，但是是否与过去相关，并不做规定；②作为信息，被存储在生物体中。所以，对于第一个前提，自然科学主要是在内容角度讨论论记忆问题，而这一信息内容的时间性被忽略，而表征关系被强调了出来。表征意味着某种与事件对应的关系。对于第二个前提，自然科学主要是从功能角度进行讨论。纵观一百年来的发展，从生物体功能到神经元功能等这个变化是从生物体整体到其基本构成单元功能的讨论，明显有着还原主义的特征和物理主义的特征。但是，至于信息是如何被存储到物理实体中这个问题成为未解之谜。所以，自然科学研究强调记忆过程的一个模式：信息编码——信息存储——信息取回。而在整个模式实现过程中，物理载体——或者是生物体或者是功能细胞——就显得异常重要。因为信息必须基于物质，而缺乏物质的话，信息是无从存在及传递的。所以，自然科学的研究也就集中在这里，向人们揭示着神经元如何完成上述与记忆过程有关的功能及其关联建立。

对于哲学而言，定位问题体现为灵魂的构成问题，而更体现为时间问题，之所以与空间有关，是因为记忆属于灵魂的构成部分，所以记忆的居所也就是灵魂的居所。"除了获得记忆与回忆的准确定义，争论的一个对象也是记忆和回忆的精确位置和他们的对象。"①在哲学史上，无论是灵魂的二分法还是三分法，记忆多被放在灵魂的理性部分中。②在哲学看来，记忆不但与内容有关，而且与时间有关。与记忆有关的时间就是过去。所以加上时间维度，哲学中所讨论的记忆就是与过去有关的内容及其事件。"将来是不可能记忆的，因为将来是猜想和希冀的对象（甚至会有某种有关希冀的知识，如果有些人认为存在着有关预测的知识）；对现在也无可记忆，而只能感觉，因为对将来和过去我们都无法靠感觉来认识，只有对现在才能这样。记忆属于过去，而对当下的现在则无法记忆。"③如此，记忆的定位问题需要突破科学理解的限制了。在胡塞尔现象学中，即表现为

①　KNUUTTILA S, SIHVOLA, J. Sourcebook for the history of the philosophy of mind: philosophical psychology from Plato to Kant[M]. Dordrecht: Springer, 2013: 206.
②　具体见表 2.1 比如三分法中，柏拉图指出灵魂的三个部分是理性、精神和欲望，而奥古斯丁则认为三个部分是概念、判断和意志。尽管具体区分不同，但是记忆属于理性部分。对于柏拉图而言，知识与回忆密切联系在一起，回忆是知识的来源；对于奥古斯丁来说，记忆属于概念部分。但是遗憾的是，文德尔班的分析中却没有对奥古斯丁的记忆与概念的关联分析欠缺。此外，亚里士多德的情况比较复杂。大卫·布洛科（David Bloch）指出，一般情况下，亚里士多德把记忆看作是灵魂感性能力，但是也有些学者将记忆看作是灵魂的理智能力；另一方面，新柏拉图主义者和奥古斯丁认为有两类记忆，一类是由感性对象构成，另一类是理智对象构成，阿威森纳（Averroes）和阿威罗斯（Averroes）同意亚里士多德的观点。而拉丁学派接受了奥古斯丁的观点（第 206 页）。
③　苗力田主编.亚里士多德全集：第三卷[M].中国人民大学出版社，2015：135.

过去的时间时刻或者时间段。当面对这一问题的时候,时间的理解就显得至关重要了。过去并不是某种逐渐积累的东西,过去的内容始终保留在那里,有待于发现。一般的时间观念有效地支撑了自然科学中的记忆定位。

因此,存在于科学和哲学之间关于记忆定位的思考的区别就在于:科学将记忆的居所看作是物理的或者心理的,而心理的最终也还原到物理的,也就是生物学意义上的物理性居所。也正是这种亲缘关系,很容易理解为什么自然科学的记忆研究的出发点是心理学,而心理学又来源于生物学的这种有趣关系。哲学对记忆居所的研究则放入到时间、心灵或者意识之中。这一问题最终所引出的是过去的居所。而一旦从时间角度去追问记忆,那么一个广阔的天地被带出来。"过去"成为一个有趣的问题,过去的本质、过去意识的结构、如何将当前与过去联结、如何构建过去等等的问题就涌现了出来,这一发问方式直接影响到了历史、文学等人文学科。

2. 记忆内容问题

在记忆内容的理解上代表性观点认为"记忆是印痕"。印痕说最早源自柏拉图、亚里士多德的图章比喻、19 世纪末得到了生物学的支持,如萨门(1921)、卡尔·拉舍尔(Karl Lashely)(1950)、刘旭(2014)。可以区分为两类印痕说:古代印痕说和现代印迹说。古代印痕说主要是指亚里士多德所提出的图章比喻。"图章比喻"是他留给人类的记忆理论。"图像保存在灵魂中"就像用图章盖印一样,"所产生的刺激要留下某种和感觉相似的印象,就像人们用图章戒指盖印一样"。① 所以,坏的记忆也就是这样一种情况,或者接受面太过坚硬,印痕难以刻入或者如同用图章拍击流水一样。当然,这种说法当中多少都有感性的成分在其中。古代印痕说观点强调灵魂可以借助外界刺激产生印迹。现代印迹说主要是指萨门所提出的生物印痕理论,他的理论主要是为了摆脱活力论(vitalism)和神学目的论(theology)。在谈到印迹时他指出这是与生物体密切相关的。"在我们记忆现象的分析中,我们更倾向于考虑有机体个体生命期间获得的印迹,仅仅我们偶然地把印迹考虑为从祖先那里遗传过来的有机体暗含的东西。"②随着神经科学的发展,神经科学家把印迹载体看作是神经元细胞,所揭示的就是细胞层面接受刺激以后所产生的变化,如突出了生物体、神经细胞后者对刺激的被动接受性,如印迹细胞的感光性(刘旭,2014)。事实上,从古代印痕观点到现代印迹观点之间有着一种分裂:古代印痕观点更多的是强调了灵魂与物质之间的关

① 苗力田主编.亚里士多德全集:第三卷[M].北京:中国人民大学出版社,2015:133.
② SEMON R. The Mnene, London: George Allen & Unwin Ltd, 1921:57.

系,而现代印迹说则分裂了这种关联,这无疑丧失了古代学说的关系性,让记忆的理解具有很强的还原主义与自然主义预设。

3. 记忆行为问题

不同于印痕说强调记忆内容及其载体,行为说则强调记忆是一种行为。但是在行为的理解上,出现了多种分歧,如描述心理学认为记忆是联想行为;认知心理学认为记忆是表征行为,对过去内容进行表征的行为(Dudai,H. L. 2007);自然科学认为记忆是信息内容编码、存储和取回的行为;哲学的看法完全的不同,如认为记忆是意识构成活动(胡塞尔,1905),不同于知觉与想象的活动。行为说相比印痕说更关注记忆行为本身。

4. 记忆主体问题

这个观点认为记忆是灵魂的一种结构成分,也经历着一种变迁,比如古代观点认为记忆是实体(灵魂)的构成成分,而现代生物学观点则认为记忆是实体(神经细胞)的活动,涉及信息的编码、存储和取回(Roediger III,2007)。编码即所接受信息被注册、感知以及转化为记忆中合适的表征格式;存储即表征内容或者编码信息内容跨时间的保存;取回即当生物体需要的时候存储信息被快速地、有选择地取回。实体说观点有着内在局限,如果记忆是指某种实体的构成部分,那么记忆生产似乎就成为构成部分的变化,但是会遇到某种障碍。因为生产是某种时间性现象,而作为实体构成部分的记忆则与此完全矛盾。所以很难理解记忆生产从何种意义上谈起。如果记忆是指某种实体的能力,比如心灵的能力,记忆生产就变成了这种能力的变化。这一点是可以站得住脚的。记忆力就是这样的概念,这种能力是可以培养的,而这个培养的过程就是记忆生产过程;如果记忆是某种实体的活动,那么记忆生产就表现这种活动的独特形式。

5. "集体记忆"问题

尼古拉斯·卢塞尔(Nicolas Russell)提出集体记忆的术语出现在 20 世纪以后,但是相应的概念却存在了很多世纪。他将哈布瓦赫的集体记忆概念与法国历史上 16 世纪到 18 世纪的集体记忆概念做出了比较。[①] 作者认为:"这些表达以及 mémoire 语词的使用显示出在哈布瓦赫生活时代之前,记忆已经经常被看作是独立于'个体大脑'的存在;早期集体记忆的说明完全不同于哈布瓦赫描述的概念。"[②]他从法国诗人、哲学家的著作中找到根据。如 Jean-

---

① RUSSELL N. Collective Memory before and after Halbwachs[J]. The French Review, 2006, 79(4): 792-804.

② RUSSELL N. Collective Memory before and after Halbwachs[J]. The French Review, 2006, 79(4): 793.

Baptiste d'Argens① 的 Letters Juives、蒙田(Michel Montaigne)②、彼埃尔·德·龙沙(Pierre de Ronsard)③、皮埃尔·高乃依(Pierre Corneille)④、卢梭(Jean-Jacques Rousseau)、André Marie Chénier⑤。在他看来,法国早期的集体记忆主要是强调其自我维持、不屈从于人类生存与人类记忆的暂时本质,即集体记忆是永恒的以及通过远离人类时间性的连续性来保留下来,而哈布瓦赫的集体记忆则强调主体性,即群体和集体体验形成它的集体记忆,谁记住以及如何发生是所有问题的核心。为了更好地说明这一观点,他运用心理学记忆类型的划分来区分二者。"我所提到的早期集体记忆更大地与语义记忆相似……它不是作为体验而是作为抽象信息起作用……相反,哈布瓦赫的集体记忆与情景记忆相似,它属于特定族群,把活的体验作为对象,是族群认同的一部分,不能从一个族群到另外一个族群转移。"⑥他所提到的 Marquis d'Argens、蒙田等人都是那个时期的哲学家,当然这种影响有多大,还需要进一步的考察。此外,作者还提及了记忆类型的划分,他指出当代认知科学中提出的记忆三分法在奥古斯丁、阿奎那和柏格森等西方传统中可以找到非常相似的地方。⑦"相似的区分在 20 世纪心灵哲学和知识论中被提出,托尔文勾勒了一些。例如罗素,157—87;赖尔(Gilbert Ryle),727—79;艾耶尔,149—98;和马尔康姆(Norman Malcom),203—21;⑧早期区分的例子见奥古斯丁《忏悔录》10.8—12;阿奎那《神学大全》,1a79.6;柏格森,《材料与记忆》,83—96。道格拉斯·豪尔曼(Douglas Herrman)列出了这一区分的许多书目。"⑨卢塞尔对记忆类型区分的哲学之源做出的分析突出了中世纪,而且偏重英美知识论分析哲学的传统,但明显忽略了德国现象学传统。胡塞尔在《内时间意识现象学》中区分了原初记忆(primary memory)与

---

① Jean-Baptiste d'Argens, 1704—1771,法国哲学家。
② Michel Montaigne, 1533—1592,法国文艺复兴时期的哲学家。对培根、笛卡尔、帕斯卡、卢梭、尼采等人都有影响。
③ Pierre de Ronsard, 1524—1585,法国诗人,被当时代的人称为"诗歌王子"。
④ Pierre Corneille, 1606—1684,法国诗人,法国古典主义悲剧的奠基人,与莫里哀(Molière, 1622—1673)、拉辛(Jean Racine, 1639—1699)并称法国古典戏剧三杰。主要作品有《熙德》《西拿》《波利耶克特》和《贺拉斯》等。
⑤ André Marie Chénier, 1762—1794,法国诗人,浪漫主义的前锋,法国大革命的受害者。
⑥ Russell, N. Collective Memory before and after Halbwachs[J]. The French Review, 2006, 79(4): 798.
⑦ 三分法即把记忆区分为过程记忆(procedural memory)、语义记忆(semantic memory)和情景记忆(episodic memory)。Endel Tulving 区分了语义记忆与情景记忆,这个区分后来在认知科学中广为接受。见托尔文《场景与语义记忆》(1992)、《语义记忆的元素》(1985)等文章。
⑧ 这里所提到的著作是赖尔的《心的概念》(1949)、艾耶尔的《知识问题》(1956)和马尔康姆的《知识与确定性》(1963)。上述作者所列为英文版页码,中译本如下:赖尔.心的概念[M].刘建荣,译,上海:上海译文出版社,1988.,第 8 章"想象"第 7 节"记忆",第 287—293 页。其他未见中文译本。
⑨ RUSSELL N. Collective Memory before and after Halbwachs[J]. The French Review, 2006, 79(4): 802.

次生记忆(secondary memory)很显然被他忽视。而现象学在记忆学说史中起着重要的作用,它揭示了记忆体验的构成,回到了记忆现象本身。

四、理论与实践:记忆研究中的一对话语范畴

在记忆研究的流派中,很多人区分了理论研究与实践研究,而这种做法源自哲学中理论与实践划分的结果。保罗·利科将记忆研究划分为理论路径与实践路径。

以诺拉的记忆理论为例,其提出了记忆之场的概念,但是却将记忆之场用于法国国民社会意识的构建之中。在谈及"记忆之场"的概念时,他指出:"记忆之场这一概念由本书首创,由雅克·朗在富凯(Fouquet's)餐厅事件之时推而广之。"①这一概念的价值就在于使得场所非物质化,使之成为象征性工具。所以,记忆之场成为一个核心的理论概念;而这一概念成为法国民族记忆实践的理论基础。最终我们看到了诺拉组织 120 位作者利用 10 年的时间编著的《记忆之场:法国国民意识的文化社会史》,里面涵盖了各类记忆对象,如庆典(国庆日)、建筑(埃菲尔铁塔)、歌曲(马赛曲)、比赛(环法自行车赛)、人物(贞德、马塞尔·普鲁斯特)、书籍(《法国史》)等多个方面的记忆对象。诺拉的理论逐渐成为一种被广为接受的范式,甚至在中国历史学界开始使用。但是,这一理论却是建立在对象及其空间场域的基础上,而这是一种地方的、固定的记忆形式。

欧洲学者也开始关注新的实践问题。德国法兰克福歌德大学的阿斯特德·艾瑞尔(Astrid Erill)教授在 2016 年 9 月在一次题为"地方化记忆与去地方化记忆:欧洲跨文化记忆的追寻"会议,主要讨论的问题是:通过生产、流转和接受等过程记忆被定位以及脱位的方式。其中包括:(1)考虑到记忆在地区、区域和跨国层面上的动力学,记忆如何、何时以及在哪儿定位和定义?(2)在定位与定义中伦理挑战是什么?(3)记忆持续性脱位的方式是什么?在大移民时代,记忆如何被自身脱位的共同体产生?被定位或者脱位的记忆对象如何成为特定共同体定位以及脱位的指称?对这些问题有什么样的新方法论出现?这一研究非常明显的全球化、文化研究的特点。只是在这里文化研究的对象变成了独特的记忆现象。他们所关注的是由流动人群所带来的记忆话题。如殖民记忆就是流动记忆的典型表现形式、此外还有全球化中的技术移民以及当前备受关注的流动难民问题。这种在流动中产生的特定群体的记忆会对原住国民产生怎样的冲

---

① 皮埃尔.诺拉.记忆之场[M].黄艳红等,译,南京:南京大学出版社,2015:60.

击？留下怎样的记忆印象将会成为一个重要的记忆实践话题。而德国学者所找寻到的理论是"跨文化记忆"，一种强调从 A 文化到 B 文化的记忆形式，强调流动的记忆类型。

在澳大利亚，实践研究更加突出。澳大利亚已经成为南半球记忆研究的中心地带。他们反思着法国诺拉的记忆之场这一概念，而对之进行反思批判，提出了与全球化时代有关的记忆概念——跨文化记忆（transcultural memory）。这一概念的提出质疑了记忆之场的一个非常重要的规定性——固定的空间，而提出了流动空间的概念。

对当代记忆研究的主要人物和流派做出分析之后可以看到，从历史学、文化研究等角度偏重经验实践研究已经成为一个重要特征。而这一研究逐渐走向了偏重后者的研究，他们也尝试着超越已有的记忆范畴。当然还需要说明的是，经验研究取得如此明显的成果得益于其记忆理论研究的古老传统。这更多的和哲学联系在一起，只是在后来的发展过程中，哲学逐步淡出。

五、回到记忆现象本身

在上面的梳理中，我们已经整理出来了三类基本观点：（1）记忆是一种意识状态、心理或者心灵状态的表征行为；（2）记忆是大脑（海马体）的功能呈现；（3）记忆是一种意识得以显现的直观形式。要回到记忆的事情本身，首先要做的是悬置上述三类观点，宣称其是无效的，但却不是从证伪意义上进行验证，而是借助现象学方法实现的结果。前两种观点我们可以看作是二元论模式中的两个端点。

第一种观点强调的记忆是精神性的因素。在哲学演变中，从古代灵魂到今天的心理、意识和心灵，都是精神实体的众多形式。而记忆则成为精神实体的属性或者构成成分或者能力表达形式，尤其是属于认知，这尤以斯宾塞为主要代表。而在这种形式中，记忆被看成是认知判断的基础，相当于提供一种供意识在当前与过去之间做出比较的质料基础。而不同的是，维科（Giovanni Battista Vico）把"记忆理解为在想象力和创造力之外的人类三种精神能力的一种"。[①]康德给哲学史带来的是一种结构性的框架，他把古代希腊哲学分为三个部分：物理学、伦理学和逻辑学。在这样的框架中，记忆只是构成这样的科学体系的众多基石之一，被认知、道德和推理所掩盖。所以需要悬置的是这种优先性本身。

---

① 阿莱达.阿斯曼.回忆空间：文化记忆的形式与变迁[M].潘璐，译.北京：北京大学出版社,2016：24.

第二种观点强调的是物质性的因素。构成大脑的最基本单元——神经元，神经元之间运作的机制。"机制"作为一种解释模式超越了"结构"。相比之下，"机制"解释偏重基本单元之间的相互作用，关注动态的过程；而"结构"解释强调的则是基本元素之间的关系方式，关注一种稳定的模式。但是无论怎样这二者在本体论上有着物质主义的，在方法论上有着明显的还原主义特点，在问题上有着机制主义的特点。

第三种观点已经接近我们所要的观点了。这个来自布伦塔诺的观点无疑为记忆体验的阐述提供了最牢固的基础。心理状态（意识）成为内感知的对象的显现条件。布伦塔诺的贡献在于他奠定了意识现象的意向性本质规定性，但问题是正如胡塞尔所说，他混淆了对象与内容、对意向行为的理解还在很大程度上受制于联想主义等描述心理学的影响。所以，从胡塞尔这里，我们能够走出来，从而直面记忆现象本身。

但是，要回到记忆现象本身，仍然需要一些预备性的梳理。比如对象与条件、对象与内容的区分以及将知觉与记忆看作是哲学记忆研究的三个起点。对象与条件的区分正如上面的分析已经指出，对象显现以及对象现象之条件的区分是非常必要的，在这一点上，布伦塔诺的贡献很大，他让意识及其特征能够显现出来，而记忆是这样一种条件；对象与内容的区分来自胡塞尔现象学的贡献，这对区分让我们对意向性以及意向相关项有了更加准确的把握，从而能够对记忆体验及其对象有了更明确的认识，足以正面提出"记忆在哪里？""过去在哪里？"等问题。

在记忆历史研究上，历史学家们确立了自身最清晰的出发点：历史与记忆的区分。① 在区分中，体验成为根本。历史是外在化、普遍化的体验形式；记忆则是内在的、个体的体验形式。对于历史研究而言，基于体验的区分就足够了。但是对于哲学而言，就要突破这种限制。现象学无疑提供了可能的出路，当胡塞尔、梅洛·庞蒂等人将知觉作为首要条件呈现出来的时候，我们也从心灵的演化史中看到认知如何强大地遮蔽了记忆。这两者碰撞后的结果就成为记忆哲学研究的可能起点：知觉与记忆的关系。"我记得对象（事件等等）A，等同于如下假设：我记得我知觉过 A。"②胡塞尔所阐述的结论基本上是属于笛卡尔传统的。

---

① 阿莱达·阿斯曼在《回忆空间》一书中概括了3种立场：（1）历史与记忆的对立，如诺拉（2）历史与记忆的等量齐观，如丹·戴纳尔、耶尔恩·吕森；他自己则坚持不同的观点，认为记忆与历史是回忆的两种模式，彼此并不一定对立、排斥。（第146页）

② HUSSERL E. Phantasy, Image Consciousness, and Memory[M]. Translated by Brough, J. B. Dordrecht：Springer, 2005：234.

记忆以知觉为基础。"知觉 A 意味着将 A 掌握为当下的；记忆 A 意味着把 A 掌握为曾经是当下的。"①但是，他的阐述中存在的问题是："'知觉'不能完全概括主体与对象的关系，而且缺少了历史性的表达。而在历史性的表达里，我们就可以看到主体与对象的关系。我在老屋里居住了很多年，若干年后，当我回忆老屋的时候，我与老屋的关系并非认识论意义上的知觉，而是生存意义上的经历，我无法回忆起全部知觉细节，而且这也无必要，而更多的感受到由知觉转化而来的浓浓的记忆，以及这种记忆所带来的情感认同。当我回想起老屋，那种依恋是难以忘怀的。为了解决这个问题，不能只把家宅当作'对象'，用判断和梦想作用于它。对于现象学家、精神分析学家、心理学家来说（这三种看问题的角度是按照重要性的递减顺序排列的），问题不在于描述家宅，详述它的各种面貌，分析它的舒适度。相反，我们应该超越描述层面上的问题——不论这种描述是客观的、主观的，谈论的是事实还是印象，从而达到原初的特性，也就是认同感产生的地方，这种认同与居住的原初功能有着天然的联系。"②此处，"知觉"并非刺激-反应意义上的知觉，而是作为原初体验的知觉规定，对于老屋、家宅这样的记忆而言，我记起他们并非是想起曾经的知觉，而是老屋给予的认同之源。如此一来，记忆作为一种对象呈现之视域的可能性开始确立起来，这也是回到记忆本身所关注的。这一起点的确立，最终将为记忆的实践研究奠定更为稳固的基础。

① HUSSERL E. Phantasy, Image Consciousness, and Memory[M]. Translated by Brough, J. B. Dordrecht：Springer, 2005：234.
② 加斯东·巴什拉.空间的诗学[M].张逸婧，译，上海：上海译文出版社，2009：2.

第三章　当代记忆研究的多重逻辑

第一节　记忆研究的总体逻辑

"科学"一直是一个复杂的词汇,难以界定。最常用的方式通过对象加以界定,将现象区分为自然现象、社会现象和心灵现象,与此相对应,科学也就区分为三类:自然科学、社会科学与人文科学。这种分类的起源难以追溯。这里的自然科学主要是指物理生物学、生理学、物理学等传统科学与认知科学、神经科学等现代科学。心理学是一个独特的学科领域,处于自然科学与人文科学之间,之所以有如此尴尬的局面仅仅是因为心灵现象具有独特的本体论地位,但是随着心灵现象被自然化,心理学的自然科学特性越加明显。在本著作中,记忆科学研究主要是指对记忆的自然科学研究,将心理学成果考虑在内,但是较少涉及其他社会科学的成果。从自然科学角度看,对人类记忆的研究主要将心理现象自然化。这个历史可以追溯到 200 多年前亥姆霍兹。自然科学的研究在心理现象的生物学机制和神经机制上取得了许多成果,这些成果有效地帮助我们理解了记忆现象,比如将记忆存储、记忆巩固和记忆提取的神经机制等。[①] 根据 20 世纪

---

① "机制"概念源自希腊语,最初是指与机器有关的构造和运动原理,现主要是指有机体各部位之间的关系,最早是 17 世纪使用。根据斯坦福大学哲学词典的解释,21 世纪以来的科学哲学新的解释框架是新机制哲学的出现,科学典范是生物学;而整个 20 世纪科学哲学解释框架是逻辑实证主义,科学典范是物理学。通过这些框架面对古老的科学哲学问题,如因果性、层次、解释、自然律、还原和发现。一般说来,对机制存在三种解释:MDC 解释、Glennan 解释和 Bechtel and Abrahamsen 解释。这些解释的共同点是:(1) 现象;(2) 部分;(3) 导致;(4) 组织。所以,机制是分解式的,即作为整体的系统的行为可以被分解为不同部分活动之间有组织的相互作用。所以,从这些解释可以看出,机制是还原主义的,即系统整体可以还原为不同部分;是因果性的,即部分之间的相互作用导致了现象的出现;是相互作用的,即不同部分之间必须存在相互作用来维持整体系统的存在。Carl Craver 等人绘制了一幅图来说明其机制(Mechanisms in Science. [EB/OL]. (2015 - 1 - 18)[2020 - 09 - 07]https://plato.stanford.edu/entries/science-mechanisms/):

（转下页）

80 年代以来的研究,科学家普遍认为,通过预先存在联接的长时增强(long-term potentiation,LTP)和长时抑制(long-term depression,LTD),突触力量的永久修改是记忆形成的原初机制。从心理学角度看,不断揭示出心理现象的心理联结机制,如联想主义(associationism)①、联结主义(connectionism)②。在心理学研究中很多自然科学新的技术被普遍运用,比如功能核磁共振(fMRI)、神经图像方法(neruroimaging)和光遗传学(optogenetics),这些技术的进步及其运用有效地推动了人类记忆科学的发展。

如果对 20 世纪 60 年代以来的记忆科学发展的整体形态作出描述,有一个比喻能够很好地说明这一点。我们采用"河流"的比喻。这条河流的起源是在古老的哲学中,然后生发出两条大的支流(心理学、遗传学),中间汇集成一道水流(神经科学),在入海口出以多条支流的形式汇入到大海中(认知科学、脑科学、计算机科学,以及后来受到影响的历史学、文学、社会学和档案学等)。

1. 哲学:记忆研究古老的源头

汉语中"记忆"对应的英语词汇有 mnemonic,来源于希腊词汇。另外一个词是 memory,但是这个词就显得普通而且近期了。从人类文化的发展历程看,记忆的研究经历了一个从神话到哲学再到其他科学的过程,所以把神话看作是记忆研究的源头。这一观点可以从三个方面理解。

（接上页）

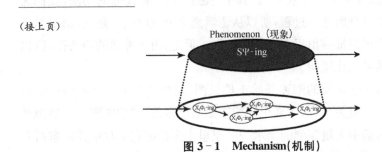

图 3-1　Mechanism(机制)

根据作者的解释,顶部是现象,一些系统 S 表现出行为 y;这是作为整体的机制行为;底部是部分和它们的行为;点状的垂直线反映了这样的事实:在行为中,部分和活动被包含在机制内,或者是构成了机制。这一解释应该说还是比较清楚。

① 根据《剑桥哲学词典》(第二版)的解释,"联想主义是心理学的原则,联想是学习还有智力思想和行为的唯一或者原初基础。当一个思想、概念或者行为的类型出现或者靠另一个思想、概念或者行为以及外部事件,第二个事件以某种意义方式与第二个联系在一起。联想主义者认为,复杂心灵状态和精神过程可以被分为被联想的元素。复合体是新的,可是构成元素都是过去联想的产物"。联想主义者主要是近代哲学家,如休谟、哈特利、J. S.穆勒和爱德华·桑戴克(E. L. Thorndike)、布伦塔诺等。

② 同上的解释,联接主义是神经科学领域出现的哲学概念。"一种模式化认知系统的方法,主要是使用由神经系统的基本单元所引发的简单处理单元"。这种方法出现在 1940—1965 年,由弗兰克·罗森布莱特(Frank Rosenblatt)等人提出,并被广泛应用于人工智能、神经科学、物理学和心理学等领域。联结主义的主要作用是很好地解释了学习的能力。但是,这一模式也存在着一些问题。

（1）时间意义上的起源

在人类文化多种形式发展中，神话与宗教、巫术等联系在一起，是与原始社会对应的文化形式。在这种最早形式中，记忆一词的形象早就存在着。谟涅摩叙涅（Mnemosyne）是记忆女神的名字。她是乌拉诺斯与盖亚的女儿，同时她又生了9个女儿，分别是音乐、舞蹈、诗歌等艺术女神和历史之神。这一点在《赫西俄德》中表现出来："在皮埃里亚与克罗诺斯之子相爱之后，住在厄琉塞尔山丘的谟涅摩叙涅生下他们……同生下同心同意的九个女儿……克利俄、欧特耳佩、塔莱阿、墨尔珀墨涅、忒耳普克索瑞、厄拉托、波吕姆尼阿、乌腊尼亚，还有卡利俄佩：她是最出众的，总陪伴这受人尊敬的国王们。"[①]另外在柏拉图所描述的神话故事中，也有关于记忆现象的讨论。这些都说明，记忆在神话那里有其自身的源头。

（2）内容描述上的起源

从神话内容看，记忆女神诞生了9个缪斯女儿，所以记忆女神是艺术与科学的源头；此外，延伸的解释中有一点是值得关注的，记忆与情绪密不可分。记忆女神生出了缪斯女儿，而缪斯掌管情绪。厄拉托（Erato）掌管爱以及与爱有关的诗歌，他就是爱神。

（3）逻辑意义上的起源

比如"谟涅摩叙涅生了9个女儿"。其中"生了"是一种比喻的用法，我们无法从自然生物的角度理解这一过程，所以从逻辑意义上理解这一现象，结果是记忆先于缪斯。这样可以推演出很多有趣的结果。但是，由于神话的特殊性，所以神话缺乏对记忆的系统化说明。

古希腊哲学对记忆现象的阐述开始于柏拉图、亚里士多德。这种阐述的情况大体吻合二者的一贯关系，即体系化开始于亚里士多德。"柏拉图……的声誉靠的是他的各篇对话中大量深刻的暗示……亚里士多德把它所收集到的东西系统化。他继承了柏拉图，将其纳入他自己的体系结构中。"[②]因此他们对记忆问题的讨论已经成为很多学科的问题源头。心理学领域最为明显，心理学家完全承认了心理学中情景记忆与语义记忆的区分可以追溯到柏拉图。由此，柏拉图的记忆多体现在对话录中，多暗示、隐喻而缺乏分析色彩，而亚里士多德对其加以体系化。他在《论记忆与回忆》的著作中讨论了记忆的三大问题：构成问题、起源问题和本体问题。这段时期的贡献是将记忆看作是灵魂的能力看待，将记

---

① 吴雅凌.神谱笺释[M].北京：华夏出版社，2010.
② 怀特海.思维方式[M].刘放桐，译.北京：商务印书馆，2004：4.

忆看作是灵魂的印痕。但是随着哲学自身认识论传统的发展,记忆逐渐被遮蔽、掩盖在认知的光芒中,记忆不再是灵魂的能力,而是成为与心灵、心理有关的现象,成为意识的诸多状态之一。这种转变意味着记忆的河流自身越来越枯竭,并逐渐退出了人们的视野。这种状况一直延续到20世纪初。

德国现象学与法国哲学的出现让记忆的话题重新回到人们的视野中。胡塞尔的现象学从意识构成角度讨论了记忆现象,而柏格森(Henri Bergson,1859—1941)的哲学则从本体角度讨论了记忆在连接主体与客体中所起到的作用。不同于灵魂被动印痕,他们逐渐将记忆看作是主动构成的结果。"印痕"概念逐渐被"表征"概念所取代。不幸的是,这些成就随着心理学、生物学、神经科学等学科的崛起,逐渐被遗忘。但是重要的是记忆问题获得了其起点,并且在这种源头的作用下继续前行。

2. 记忆研究的两大支流的形成

记忆在哲学中被遗忘并没有使得记忆研究停止,反而在别的学科获得了发展。从学科上看,记忆研究后来在心理学、生物学中形成了独特的风景,我们把此比喻为两大支流。

(1) 心理学支流

从哲学中分离出来的心理学的发展经历了联想心理学、描述心理学、实验心理学和神经心理学等重要阶段。在这个发展过程中,心理现象逐步获得独立的本体论地位以及变成了经验观察的对象。这也就是现象学家胡塞尔所指出"意识自然化"的过程。我们在其中可以看到记忆现象如何成为重要的研究对象。

联想心理学的分离在学理上表现为对笛卡尔内在观念的脱离,在体制上表现为现代大学中独立的心理学系的出现。联想心理学的源头可以追溯到亚里士多德的联想心理学。美国心理学家乔治·曼德尔(George Mandler,1924—2016)描述了联想心理学从亚里士多德到拜耳(Alexander Bain,1818—1903)的发展过程。首次将联想心理学作为概念提出的是戴维·哈特利(David Hartley,1705—1757)。这出现在近代联想心理学传统中,也就是从洛克、休谟和霍布斯等人开始的联想心理学。"英国经验主义者经常被称为英国联想主义者,因为他们的著作基于心理生活的基本原理——理念的联接。"[1]这一阶段主要是强调心理的联结,一种联想机制从而保证了心理活动的连续性。[2] 这种说法一直持续

---

[1]　GEORGE MANDLER, A History of Modern Experimental Psychology, Cambridge:The MIT Press, 2007:18.
[2]　物理学家马赫把联想看作是分析和综合的基础(《认识与谬误》,第43页)。

到 20 世纪 30 年代左右。"意识根源于再现和联想：它们的丰富性、容易、速度、活跃和秩序决定了意识的水平。意识不在于特殊的质，而在于质之间的特殊的关联。"①

描述心理学来自奥地利心理学家布伦塔诺（Franz Brentano，1838—1919）。在这之后，描述心理学旨在描述心理的本质结构，尤其是意向性特征。也正是因此，他把心理学划分为描述心理学和发展心理学两种类型。"描述心理学是纯粹心理学而且本质上不同于发生心理学。"②这两个阶段心理学主要采取的是反思方法，心理学家采用这种方法来描述记忆、认知等行为的结构。但是描述心理学的发展却成为意识现象学发展的源头，在心理学上却没有产生太大的影响。这倒是出乎意料的。但是有一点是肯定的，布伦塔诺将心理现象作为内感知的对象确立起来。但是将心理现象变成为外感知对象则是实验心理学的功绩。

实验心理学的出现意味着新的实验方法在心理学中获得广泛运用，意味着心理现象称为外感知的对象。"实验心理学可以追溯其根源到 19 世纪中叶的德国科学家。费希钠（Gustav Fechner，1801—1887）、亥姆霍兹③、冯特（Wilhelm Wundt，1832—1920）就是那些人的努力为科学心理学铺路中的少数人。"④实验心理学最初只关心感觉与知觉，尤其以亥姆霍兹为主。"亥姆霍兹关于知觉的经验起源研究涉及三个问题：被动性原理、知觉经验论和无意识推理三个问题予以论述。"⑤而对于较高层次的心灵活动，如记忆、思考、解决问题诸如此类的活动是不关注的。"如果冯特打开了新的心理学，他也把他限制在这样的状况中：实验过程不能应用于高级心理过程。"⑥在记忆研究上逐渐走出了两条不同的路径。一条是基于社会学实验的路径。另一条是基于科学实验的路径。

社会学实验的路径是指实验方法是借助经验观察、问卷调查和统计学的社会学方法。早期心理学实验都是这种类别的。对记忆展开研究的主要人物是艾宾浩斯（Hermann Ebbingaus，1850—1909），被称为"记忆研究的先锋"。他对

---

① 恩斯特·马赫.认识与谬误[M].李醒民，译.北京：商务印书馆，2007：51.

② BRENTANO F. Descriptive Psychology [M]. translated and edited by Benito muller. London：Routledge，2002：4.

③ 亥姆霍兹在 1885 年时让冯特成为他的助手，做助手时期冯特并没有写关于普遍生理学的著作。

④ DANIEL L. SCHACTER. Forgotten ideas, neglected pioneers：Richard Semon and the story of Memory[M]. London：Routledge，2001：140.世界上第一个心理学实验室由冯特建立于 1897 年；1890 年，美国心理学家威廉·詹姆斯发表《心理学原理》，这标志着实验心理学的诞生。在曼德尔看来，现代心理学诞生与这两个人分不开的，另外艾宾浩斯也是一个重要的人物（A History of Modern Experimental Psychology，p51－76）。

⑤ 许良.亥姆霍兹与西方科学哲学的发展[M].复旦大学出版社，2014，80.

⑥ MANDLER G. A History of Modern Experimental Psychology[M]. Cambridge：The MIT Press，2007：77.

记忆与遗忘的心理规律进行了研究,并提出著名的遗忘曲线。

艾宾浩斯的实验方法是传统的心理学实验方法——无意义的音节(the nonsense syllable),有点类似于问卷法。简单说来即提供一张含有 2 000 多个无意义的字,然后让被试者学习和记忆,最后测试这些字母被记住的时间变化情况。[1] 可惜的是 1885 年以后他的兴趣转移到别的问题上。值得注意的是,德国的心理学发展思辨的成分极大,这影响到了他们对于实验方法的接受。"19 世纪末、20 世纪初心理学主要集中在 7 个问题上:重复效应、遗忘曲线、刺激特性与表现模式、个体差异、干涉与抑制、学习方法和识别与效应"。[2] 在二战前后,实验心理学与道德科学、哲学、逻辑学和伦理学联姻在一起。而且,在英国心理学地位非常微弱。而在大洋彼岸,美国、加拿大的实验心理学与生物学、神经科学联姻并且迅速发展起来。当然,这种方法并没有消失,我们依然看到心理学界对这种方法还是比较看重。

2013 年《心理科学》杂志发表了一篇题为《修改记忆:博物馆旅游中通过再激活记忆来选择性提升和更新个人记忆》(*Modifying Memory: Selectively Enhancing and Updating Personal Memories for a Museum Tour by Reactvating Them*)的文章。[3] 这篇文章的观点是记忆在被激活的时候会被修改,激活因此使得记忆可以被选择性提升或者扭曲,而这进一步支持了记忆具有动态的、弹性的本质。2016 年 11 月,《科学》刊发了一篇题为《在突然压力下提取实践保护记忆》(*Retrieval practice protects memory against acute stress*)的文章。[4] 这篇文章对传统的观点——压力对于记忆提取具有负面影响——进行了批判。文章指出:"几个先前的研究在以下方面是共同的:在后压力延迟之后测量,记忆被压力削弱。我们的结果是反对这种粗糙发现。尽管我们发现:当信息通过再学习进行解码,在被延迟的压力反应期间记忆提取削弱了,当信息被提取实践解码的时候,削弱开始消失。因此,我们认为当更强的记忆表征在解码

① EBBINGHAUS H. Über das Gedchtnis: Untersuchungen zur experimentellen Psychologie [M]. Leipzig: Duncker & Humblot, 1885; the English edition is EBBINGHAUS H. Memory: A Contribution to Experimental Psychology [M]. New York: Teachers College, 1913; Columbia University (Reprinted Bristol: Thoemmes Press, 1999).

② L. SCHACTER D. L. Forgotten ideas, neglected pioneers: Richard Semon and the story of Memory [M]. London: Routledge, 2001: 143.

③ St. JACQUES P. L. S, SCHACTER D. L. Modifying Memory: Selectively Enhancing and Updating Personal Memories for a Museum Tour by Reactvating Them[J]. Psychology Science. 2013, 24(4): 537 - 543.

④ SMITH A. M, FLOERKE, V. A, THOMAS A. K. Retrieval practice protects memory against acute stress[J]. Science, 2016, 354(6315): 1046 - 1048.

期间被创造时,压力可能不会削弱记忆。未来的研究应该指向通过提取实践保护压力之下的记忆来确定认知机制。这一结果有潜力改变研究者看待在压力和记忆之间关系的方式。"①

这个实验由两个测试组成:测试 1 主要是在压力开始时立刻测量;测试 2 是在压力产生 25 分钟后进行测量。SP 代表学习实践(study practice),"参试者四次研究刺激源的学习技巧";而 RP 代表提取实践(retrieval practice),即"参试者研究刺激源并且做出连续三次的回想测试"。

这个实验招募了 120 名测试者研究 30 个具体的名词或者 30 个名词的图像。一次研究一个条目。每列条目的一般是负面价值取向而另一半是中立价值取向。其中 60 个参试者从事学习实践(SP),其中他们研究 30 个条目。另外 60 名参试者参与提取实践(RP),其中让他们尽可能回想起他们所能记住的条目。不给予提取组任何的反馈。然后,学习组再次研究所有 60 个刺激源,而提取组尝试回想词语和图像。在短暂的错误选择任务之后,学习组再次研究 60 个对象,而提取组尝试回想所有的对象。24 小时后,在压力诱导下,30 个学习组和 30 个提取组成员完成有时间要求的非压力测试。如此,区分为四种情况:非压力的学习组、压力下的学习组、非压力的提取组和压力下的提取组。5 分钟进入压力诱导或者控制任务,参与者完成 2 个测试。测试 1 主要是让他们回想几天前研究过的词语和图像,其目的是测试直接压力反应期间的记忆;20 分钟后,开始进行测试 2 其目的是回想在测试 1 中没有想到的条目。测试 2 的目的是检查被延迟压力反应中的记忆(图 3-2)。

自然科学实验路径是指心理学心理学的发展不能与生理学发展脱离开来。这在 20 世纪初是一个普遍被接受的观念。"可再现的和可联想的感觉经验的记忆印痕,对于我们心理生活的整体而言是重要的;它同时表明,不能把心理学的和生理学的探究分开,因为它们即使在要素之内也是密切地联系在一起的。"③这一路径的主要形式是神经心理学。

神经心理学源头追溯到 18 世纪时的哈特利、20 世纪的唐纳德·赫伯(Donald Hebb,1904—1985)以及他的学生米勒。哈特利尝试为心理学理论奠定一个粗糙的神经科学基础,他把联想律与肌肉运动联系在一起。赫伯于 1949

---

① SMITH A. M, FLOERKE V. A, THOMAS A. K. Retrieval practice protects memory against acute stress[J]. Science, 2016, 354(6315): 1047.

② SMITH A. M, FLOERKE V. A, THOMAS A. K. Retrieval practice protects memory against acute stress[J]. Science, 2016, 354(6315): 1046.

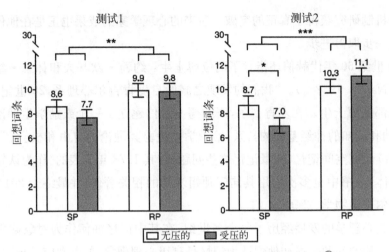

图 3－2　测试 1 和测试 2 中准确回忆词条的平均数[1]

年出版《行为的组织》，专门从脑功能角度解释行为并提出了影响深远的赫伯命题或者赫伯理论即"神经突触可塑理论"。米勒是赫伯最为得意的弟子之一。她在记忆研究以及大脑颞叶和记忆研究上做出了标志性成果。米勒是伦敦皇家学会和加拿大皇家学会（the Royal Society）的会员，美国国家科学专业外国联合会成员（Foreign Association of the National Academy of Science）。2004 年获得美国国际科学会的神经科学奖。1939 年，她在剑桥大学获得研究生学位，1952年后在加拿大麦肯吉尔大学由赫伯教授的指导下完成博士论文。[2] 后来在蒙特利尔神经所、麦基尔大学神经学与神经外科学系任职。其经历非常有趣。他的父母是音乐家，曾经希望她学习音乐。但是米勒小的时候对文学有兴趣，随着年龄的增长开始对语言、数学和物理学更感兴趣。尽管她喜欢数学遭到了讥讽，但是她依然坚持着自己的爱好，甚至在 1936 年的时候在剑桥学习数学。在这个时期，米勒从数学转移到心理学的变化让她的母亲彻底心碎。但是，很快她在剑桥拿到了学士学位，之后她进入到雷达实验室工作。1944 年的时候，因为丈夫工作缘故，他们一起移居到加拿大蒙特利尔工作。在蒙特利尔大学的时候，她主要从事动物行为学和记忆实验心理学的科研与教学工作。1953 年，她博士论文完成，并且开始从事心理学的教学与科研工作。而正是由于米勒的工作，关于记忆

① 恩斯特·马赫.认识与谬误[M].李醒民，译.北京：商务印书馆，2007：50.
② 赫伯被称为神经心理学之父，在记忆研究上是非常重要的人物。他的主要著作是 1949 年的《行为的组织》（Hebb, D. O. The Organization of Behavior[M]. New York：John Wiley & Sons, Inc., N. Y, 1949.）行为的问题是科学家和哲学家非常感兴趣的话题，法国哲学家梅洛·庞蒂在 1938 年写作《行为的结构》于 1942 年出版。

的神经机制研究获得了真正的突破。后来的心理学家的成果也正是在他们的基础上进一步取得进步。

20世纪60年代赫伯还指导了两位博士生：约翰·欧基夫和林恩·纳德尔（Lynn Nadel，1942—）。"我们的发现之旅始自麦肯吉尔心理系，20世纪60年代我们都是博士生。在麦肯吉尔，唐纳德·赫伯建立了一个鼓励学生理论化知觉、运动和认知的神经基础的科系，给予学生检验其理论的自由和机会。"①前者后来持续研究空间记忆、情景记忆这些问题，在其1978年发表的《作为认知地图的海马体》一书中也多次引用其同门师姐米勒的相关著作，并最终于2014年获得诺贝尔奖生物学或医学奖。

实验心理学的发展经历了一个多世纪，在其中记忆如何作为对象确立起来是一个有趣的问题。最初他们认为记忆是高级心理现象，所以理应被排除在外。尽管艾宾浩斯打破了这一限制，但是我们依然可以看出，他们做法中存在的根本问题在于：记忆是外感知的对象。知觉作为外感知对象是完全可以理解的，因为知觉是当下的。但是记忆作为外感知对象的根本问题是记忆是过去的现象，而过去如何在当下呈现出来成为一个难题。

（2）生物遗传学

生物学的发展历史中，曾经出现的一个生物学家对记忆与遗传问题进行了比较深入的研究。他就是德国的生物学家萨门提出了记忆印迹的理论（心理-生理平行论），受其影响，哲学家罗素提出了"记忆因果关系"（mnemic causation）的范畴，将记忆还原到神经物质上，但是很快被淹没在进化论强大的解释力中。

萨门是进化论的支持者海克尔的学生。受其影响，他在海克尔的理论框架内抓住了生物遗传过程中的一个问题：一些已获得的东西的代代相传如何解释？如此一个记忆与遗传的关系问题从而形成。为了更好地解释这个问题，他采用了生物印痕的概念来说明遗传的问题。②后来学者肯定了他的影响，如物理学家恩斯特·马赫（Ernst Mach，1838—1916）把他称作阐明遗传与记忆之间关系的第一人。"如果我们把连接更充分地适应重现的过程特性归之于有机体，那么我们可以辨认，通常称为一般有机现象的一部分的记忆是什么：也就是说，

---

① O'KEFEE J.，NADEL L. The hippocampus as a cognitive map[M]. Oxford：Oxford University Press，1978：vii.

② 根据记载，萨门最早采用印迹（engram）这一概念，后来美国心理学家拉舍雷接受了这一概念，但是他在大脑皮层寻找记忆印迹却失败，后来汤姆森（Richard F. Thompson）在小脑处寻找记忆印迹也并不成功，后来在海马体部位确定了记忆印迹细胞所在，2012年以来，MIT的利根川进团队在此基础上做了诸多研究。

就其直接地是意识而言，是对周期性的过程的适应。于是，遗传、本能之类的东西，可以说是达到超越个体的记忆。萨门也许是第一个尝试科学地阐明遗传和记忆之间的关系。"①马赫总结了20世纪20年代前后大脑与意识之间的关联，而这一观点在当时极为流行。"大脑功能之间的关联的暂时或永久的失调相应地干扰意识。比较一下解剖学、生理学的和精神病理学的事实，我们被迫假定，意识的完整依赖于大脑叶的完整为转移。皮质的不同部分保留着不同感官刺激（视觉的、听觉的、触觉的等）印迹。不同的皮质区域通过'联想纤维'多种多样地联系起来。无论何时一个区域不再起作用或联系被切断，心理失调就伴随发生。"②马赫在《认识与谬误》中举到了两个与记忆有关的病例：一个是心盲的例子和一个妇女的例子。一个人具有出色的视觉记忆，但是他的听觉记忆很差。在经历一段时期后，他的视觉记忆完全丧失：这个人重游一个小镇的时候，始终以为是新的；他的妻子和孩子对他来说是陌生人；甚至他在镜子里看到他自己时，也认为看到了陌生人。妇女的例子则是她突然精神崩溃，此后被看作是盲人，因为她无法辨认她周围的任何人。除了逐渐增加的视觉领域的挛缩外，发作只留下视觉记忆的丧失，病人完全意识到这一点。这两个例子都是出自一个名叫维尔布兰德（Julius B. F. A. Wilbrand，1839—1906）的人③。马赫对此的解释也是非常恰当的。"大脑的一部分对应于每一个部分的记忆，它们中的一些甚至现在可以相当准确地定位。"④他也列举了其他的几个案例，如产后健忘症的女人和睡醒后失忆的女人。

可以说，马赫的研究是值得关注的，他所举到的例子"睡醒后失忆的女人"后来就出现了一个真实案例。此外，他所提到的大脑的一部分对应每一部分的记忆的观念在21世纪的神经科学处得到了恢复，这个学科则走得更深，他们所面对的神经元细胞，而非模糊的功能区域。

真正推进这二者结合的是加拿大的神经心理学家米勒。米勒的导师赫伯是一个创新者，他把生理学和心理学很好地结合在一起，而米勒继续推进把神经生理学和实验心理学联系在一起的工作。米勒之所以这样做也是其在剑桥大学受到的影响。剑桥大学有着很好的传统，心理学开始生物学化。

他们开始研究外科手术后出现严重记忆损伤的病人，对一些病人的研究开

① 恩斯特.马赫.认识与谬误[M].李醒民，译.北京：商务印书馆，2007：56.
② 恩斯特.马赫.认识与谬误[M].李醒民，译.北京：商务印书馆，2007：51.
③ 维尔布兰德，德国化学家。
④ 恩斯特.马赫.认识与谬误[M].李醒民，译.北京：商务印书馆，2007：54.

启了重要的路程。在当时主要是通过颞叶手术来治疗癫痫,那个时期的设备极其简陋,大量使用 X 射线,而 EEG 非常原始,并没有引起太多的变革。她研究了两批病人。第一批是 PB 和 FC。PB 是一个美国工程师,医生在 1941 年摘除了左颞叶。后来出现问题,又做了第二次外科手术。米勒主要是在第二次手术后检测 PB。这个病人并没有引起太多的关注。他出现了一些记忆方面的障碍,他的智力是中等水平,直接记忆周期、老的记忆都没有问题。但是他很难记住日常的事情。这是他遭遇的独特的记忆损伤。另外一个病人 FC 也出现了相同的情况。医生移除了他的左海马体,结果出现了类似的记忆损伤。1954 年的时候,他们在美国神经学学会会议公布了数据和假设。会后,他们的论文引起了另外一个医生威廉姆·斯考分利(William Scoville, 1906—1984)的关注。斯考分利医生刚刚给一个精神分裂症病人做完手术,也看到了类似的现象。那个时候,科学家主要讨论内侧颞叶区域(medial temporal regions)和眼窝前额皮质(the orbito-frontal cortex)的关联。[①]

对第二个病人 Henry Molaison(HM)的研究带来了革命性的结果。[②] HM 不是精神分裂,他被一种说不出的病源学困扰,这种病也不是颞叶癫痫(temporal-lobe epilepsy)。但是有着很明显的癫痫表现。斯考分利认为如果他的颞叶手术有帮助,这样他可以帮他解除病痛并意识到海马体区域的癫痫基因属性。最后手术做了。其结果是:就癫痫而言,斯考分利的判断是对的,手术后 HM 的癫痫明显好转。但是出现了新的情况,因为手术,HM 很快遭受了强大的冲击,他的记忆严重受损。HM 知道如何行为以及保持礼貌,但是他无法学会去浴室,记不住医院人员的名字,他只记得斯考分利的名字。斯考分利第一次碰到了记忆损伤的情况。当斯考分利看到威尔德·潘尼菲尔德(Wilder Graves Penfield, 1891—1976)和米勒的 1954 年的会议论文,他邀请他们过来研究 HM。米勒投入到对 HM 的研究中,所关心的问题是他的记忆受损程度以及成因。这一研究的结果是导致记忆损伤与颞叶之间关系的重新认识,即颞叶是记忆存储的地方。

心理学与生物学是记忆研究过程中的两大支流。从 1900 年到 2016 年这100 多年的历史中,心理学家不自觉地向生理学靠拢,生理科学家也不由自主地

---

① SCOVILLE W. B., MILLER B. Loss of recent memory after bilateral hippocampal lesions[J]. Journal of Neurology Neurosurgery and Psychiatry, 1957(20): 11-21.

② Henry Gustav Molaison 出生于 1926 年 2 月。当他 7 岁的时候经历过一次自行车事故,此后他患了癫痫,并逐渐恶化。1953 年,著名的神经外科医生斯考分利给他实施了颞叶切除手术。

呼唤心理学家,二者形成了比较有趣的彼此呼应。比如心理学领域中曼德尔就指出了他所在实验室的做法。从 1970 年开始,他的实验室研究人类识别记忆的本质,他们在 70 年代末到 80 年代初提出识别中包含着两个过程:相似性与回想。2003 年以来,他们利用 fMRI 等技术手段研究了这两个过程的神经生理学机制。另外,在神经科学领域,麦克高夫一直致力于记忆巩固的神经机制研究,他们研究了哪些物质会影响到作为记忆巩固的神经元过程。他在 2015 年的一篇《巩固记忆》的论文中回顾了他所在实验室的做法。从早期关注药物如何提升记忆、压力激素如何提升记忆,在今天关注情感唤起体验如何影响神经系统从而影响记忆巩固等问题。[①] 对于二者的关系曼德尔给出了"双向道"的比喻,"今天心理学与神经科学界面是一个双向道,心理学现象激活了对于它们神经基础的研究,而后者导出了对心理学概念的证实"。[②] 这种描述非常恰当。1969 年,《自然》杂志刊发了一篇题为《记忆:心理学对生理学》(*Memory: Psychology versus Physiology*)的综述提到了英国心理学家布鲁德本特(D.E.Broadbent)博士的重要观点,他阐述了二者的关系:在记忆研究上,心理学在 60 年代对生理学的研究影响并不明显。[③]

3. 记忆研究的汇集地

当记忆研究在两大支流——心理学和生理学那里短暂停留,凝聚了力量,等待着技术上的突破。此时的技术还停留在传统的手术解剖、电极刺激的阶段。一些新的技术手段的出现导致了理论上的突破,从而形成了多股支流汹涌入海的局面。这正是我们在 2005 年光遗传学出现后的状况。2005 年到 2016 年的 10 多年里,记忆研究从多个领域迸发出来,形成了蔚为壮观的局面。

从根本上看,神经科学属于交叉学科,发生在 20 世纪 70 年代左右。"传统上,神经科学来源于生理学、生物化学、生物物理学、药理学、解剖学、胚胎学、神

① McGAUGH J. L. Consolidating Memories[J]. Annual Review of Psychology, 2015, 66: 1-24.
② MANDLER G. A History of Modern Experimental Psychology[M]. Cambridge: The MIT Press, 2007: 238.
③ Memory: Psychology versus Physiology[J]. Nature, 1969: 224, 645.这篇文章没有明确的作者,只是一个信息综述,文章提到了 1969 年 12 月 5 日,英国心理学家布鲁德本特(D. E. Broadbent)博士在伦敦 Bedford College 的 Stevenson 讲座的报告内容,Broadbent 指出,在记忆机制的理解上,生理学的解释并不彻底,可以借助心理学的成果加以补充。他把生物学上的长短记忆解释称为湿性形体理论(wet concrete theory),即记忆起初是脆弱的、易逝的,然后进入到长时记忆阶段。这一理论包含了这样一个前提:记忆有着从短时到长时的转变过程,信息从 RNA 转为蛋白质。心理学则认为长短记忆的差别在于信息的组织方式,主要的证据来自主体回想相似声音的效率的变化中,这不同于具有相同意义的词语。Broadbent 博士的一个观点值得关注,即在 20 世纪 60 年代,心理学的记忆研究理论对生理学的研究并没有明显影响。

经病学和精神病学。在70年代初神经科学形成单独的学科，到80年代定型。分子生物学、遗传学、影像学、计算网络（神经网络）和认知科学等对神经科学的促进在近10到20年很为明显。从国际科技界看，早在20世纪60年代，一批控制论的先驱就注重神经系统。从60年代起，一批分子生物学的开创者，包括DNA结构发现者、英国科学家克里克，纷纷转向神经科学的研究领域。"①其研究对象主要是控制神经系统，尤其是脑神经系统。1979年神经科学家弗朗西斯·克里克(Francis Crick, 1916—2004)指出了这一任务，如何做到对某一个特定类别的神经元进行控制，但是并不影响周围其他的神经元细胞。他指出了电极刺激和药物刺激的缺陷，并且尝试了用光进行控制的可能，但是鉴于当时的技术限制，神经科学家对此并没有太多的知识实现这一技术手段。② 2005年以后神经科学家卡尔·德赛若斯(Karl Deisseroth, 1971—)突出了这一障碍，他采用了光遗传技术实现了这一设想。很快，在记忆研究方向上，MIT以利根川进团队为主，利用这一技术在这一方向上做出了诸多成果。

2016年，中国科学院的蒲慕明研究员召开了一次题为"什么是记忆?"的高层次论坛，该论坛囊括了世界范围内记忆研究的顶级团队，MIT的利根川进团队也在其中。这次会议的主题指向记忆现象的神经机制。可以说，此次会议的召开显示了神经科学在此问题的研究上进入一个新的阶段。

正如论坛主持者蒲慕明指出，在生物学领域，记忆的机制称为一个重要问题，而这一问题主要依赖于记忆印迹细胞机制的研究。在具体的研究上，存在两个相对独立的追问路径：其一是自上而下路径(the top-down approach)，这一路径主要是研究动物与记忆习得、巩固和提取有关的行为，还有作为这些过程基础的大脑区域。其二是自下而上路径(the bottom-up approach)，这一路径通过检查神经放电模式和突触传递的有效性来研究记忆的分子和回路机制。③ 这一路径可以追溯到亥姆霍兹(H.Helmholtz)。神经科学家凯德尔描述了两条和信息有关的路径：自上而下和自下而上。在他看来，自上而下信息是指"例如注意、图像、预期和学习型视觉连接等认知影响和高阶精神功能"。而自下而上信息是指"由内在于大脑回路中的计算所提供的"。④ 这里所提到的两个路径非常有

---

①　饶毅.神经科学：脑研究的综合学科[EB/OL].http://blog.sciencenet.cn/blog－2237－3431.html.

②　KARL DEISSEROTH. Optogenetics[J]. Nature Methods, 2011(8)：26－29.

③　MU-MING POO etc. What is memory? The present state of the engram[J/OL]. BMC Biology, 2016. https://bmcbiol.biomedcentral.com/articles/10.1186/s12915－016－0261－6.

④　ERIC KANDEL. Reductionism in Art and Brain Science: Bridging the Two Cultures[M]. New York: Columbia University Press, 2016.

趣,简单说来,自上而下路径解决的是从高级行为到基本构成物的问题,也就是从行为走向基本单元的过程;而自下而上则是反过来的,从基本单元走向高级行为的过程。如果用解释来理解这一过程,前者就是通过为高级行为找寻到其根据;而后者路径则是从基础因素解释高级行为产生的原因。

现象学提供了另外的路径来解释这一现象。"被动的-主动的"称为其主要的概念范畴,不同的是,现象学是没有包括作为超越物的质料,他们更多的关注作为被动形式的意识行为,如知觉、回忆和想象,这些行为作为主动行为如判断的基础。这一对范畴更多的是停留在意识行为领域,而不像神经科学中沟通了高级意识行为与低级神经质料之间的鸿沟。当然,存在着同样的问题,如高级的主动行为如何产生于基础的被动的神经元作用?[①]

我们可以看出两种完全不同的路径:其一是对大脑区域及其意识的关系研究。比如感觉、情感以及记忆的神经基础研究。美国神经生物学家、心理学家麦克高夫专门从事学习与记忆的神经生物学研究。其二是从精神疾病入手探讨其神经基础。在第一种研究路径中,我们可以感受到主要是为了解释心理现象的生理基础。在记忆的研究上,有着很明显的变化。1957年,斯考分利和米勒揭示出新的记忆获得必须依靠颞叶(the medial temporal lobes)和海马体(hippocampus);视觉空间记忆与右海马体有关,而文字或者叙事记忆与左海马体有关(弗雷斯科、米勒,1990)。后来,学者揭示出情景记忆与海马体有关[②];空间记忆与海马体有关(欧基夫、纳德尔,1978)。在这些研究中,欧基夫的研究至关重要。他在名为《人类海马体与空间和情景记忆》一文中指出,神经心理学、行为学和神经影像关于海马体介入到空间记忆的研究主要集中在三个重要概念上:空间框架(spatial framework)、维度(dimensionality)和方向与自我-运动(orientation and self-motion)。[③]后来莫索尔夫妇在题为《内侧内嗅层的空间表征》一文中指出在背尾端中部的内侧内嗅层感觉输入转化为周期性的非自我中心的内部空间表征。[④]他们相关的研究获得了2014年诺贝尔生物学或医学奖,

---

① 凯德尔曾经描述过构成有机体的物质单元层级,从中央神经系统到分子。从其空间长度来看,中央神经系统长达1米,然后是脑区10厘米,网络1毫米,神经元100微米,突触1微米,分子1埃米。这种划分非常明显,是物理长度,也就是通常所说的"小"。在机制解释过程中,必须通过更小单位块解释上一级单位块之间的作用,一直上升到行为。

② O'KEFEE J., NADEL L. The hippocampus as a cognitive map[M]. Oxford: Oxford University Press, 1978.

③ NEIL BURGESS, ELEANOR A. MAGUIRE, JOHN O'KEEFE. The Human Hippocampus and Spatial and Episodic Memory[J]. Neuron, 2002, 35: 625 – 641.

④ FYHN M., MOLDEN S., WITTER M. P., MOSER E. I. M, MOSER M. B.. Spatial Representationinthe Entorhinal Cortex[J]. Science, 2004(305): 1258 – 1263.

主要是奖励他们发现了空间记忆的神经基础。

大脑中杏仁核与情绪状态有关。"我们的情绪状态部分地被名为杏仁核的微小的大脑结构成分控制,它们负责处理积极诸如快乐的正面情绪和诸如恐惧和焦虑的负面情绪。一项来自 MIT 的研究发现:这些情绪被两组神经元群控制,从遗传学角度看,它们被设计成解码恐惧或愉快事件的记忆。而且,这些细胞集彼此抑制,这显示了这些细胞群之间的不平衡可能为诸如抑郁和后创伤压力紊乱负责。"[1]而记忆与海马体相关。传统认为,中央杏仁核主要负责情绪和动机。但是,2017 年关于中央杏仁核(central amygdala)的一项研究更改了对于这一部分的功能认识。美国伊瓦·德·阿若吉(Ivan de Araujo)在一篇题为《中央杏仁核对猎食行为的整合调控》(*Integrated Control of Predatory Hunting by the Central Nucleus of the Amygdala*)中指出,中央杏仁核能够调控猎食行为。[2] 这篇报道受到关注,甚至有媒体报道,科学家使用光将老鼠变成冷酷杀手。[3] 这一研究意义重大,甚至有学者评论这是一个突破性的研究。

海马体是另一个复杂的部位。解剖学家阿拉纳兹(Giulio Cesare Aranzi,1529—1589)首先使用海马体一词形容这一大脑器官,源于此部位貌似海马。这一部位最初被认为司控嗅觉。俄国学者贝克特瑞福(Vladimir Bekhterev,1857—1927)于 1900 年左右基于对一位有严重记忆紊乱的病患者的长期观察,首先提出海马与记忆相关。但是,其后的很长时间,学界习惯上关于海马的作用都被认为和其他大脑边缘系统一样,司控情绪,所以海马体与记忆的关系被忽视。1957 年斯考分利与米勒关于著名的病人 HM 的病例报告引起了众多科学家的关注,并重新使人开始认识到海马对记忆起重要作用。通常情况下术语上的"海马结构"指的是齿状回(DG)、CA1 - CA3 部位(或 CA4,常称为 hilus 区并被认为是齿状回的一部分)以及脑下脚(另见阿蒙神之角)。情景记忆(episodic memory)和空间记忆(spatial memory)的形成过程中海马体起到很重要的作用。

---

① 此新闻来自利根川进团队的研究成果,Neuroscientists identify two neuron populations that encode happy or fearful memories[EB/OL]. (2016 - 10 - 18)[2020 - 09 - 05]https://tonegawalab.mit.edu.

② WENFEI HAN, LUIS A. TELLEZ, MIGUEL J. RANGEL Jr., SIMONE C. MOTTA, XIAOBING ZHANG, ISAAC O. PEREZ, NEWTON S. CANTERAS, SARA J. SHAMMAH-LAGNADO, ANTHONY N. van den POL, IVAN E. de ARAUJO. Integrated Control of Predatory Hunting by the Central Nucleus of the Amygdala[J]. Cell, 2017, 168(1): 311 - 324.e18.

③ 根据《自然》杂志报道,激光激发老鼠体内的杀手本能,Lasers activate killer instinct in mice[EB/OL]. (2017 - 01 - 12)[2020 - 09 - 05]http://www.nature.com/news/lasers-activate-killer-instinct-in-mice-1.21292.

近年来,关于海马体功能的研究也越来越多地出现了新的成果。比如 CA1 和内侧内嗅皮层(entorhinal cortex,EC)。大多数神经科学家揭示 CA1 在记忆构成中的作用,其中如利根川进团队在 2016 年 9 月发布了论文指出,在名为腹部 CA1 的海马体区域的细胞存储着社会记忆,而这有助于老鼠与其他老鼠交往的行为。2017 年另外一项研究揭示了 CA1 在目标空间定位中的作用。在这篇题为《蝙蝠海马体中空间目标的向量表征》(*Vectorial representation of spatial goals in the hippocampus of bats*)中,美国一所医学研究院的艾耶特·撒赖尔(Ayelet Sarel)阐述了如何抵达目标对象的问题。比如我们从 A 点到 B 点。在这个过程中,神经科学家已经充分地揭示了当我们在 A 点时,位置细胞在大脑中显示的地图情况,但是对于 B 点的情况却很少揭晓。撒赖尔等人的研究发现了一群细胞专门负责调整指向目标的方向,还有一些细胞负责解码抵达目标的距离。目标指向与目标距离信号构成了空间目标的向量表征,这显示了先前未被认识的关于目标导向导航的神经机制。[①]

关于内侧内嗅皮层的功能揭示刚刚起步。2017 年,一项最新的研究揭示了内侧内嗅皮层与海马体的活动相互独立,激发空间记忆和情景记忆。奥地利科学技术协会(IST Austria)的约瑟夫·塞西赛瓦(Jozsef Csicsvari)教授在篇为《内侧内嗅皮层浅层与海马体的神经活动独立重演》(*Superficial layers of the medial entorhinal cortex replay independently of the hippocampus*)的文章中指出,内嗅皮层可以重放与移动在独立于海马体的迷宫相关的射击模式,内嗅皮层可能形成了一个平行于海马体的新记忆系统。第一作者和博士后约瑟夫·奥尼尔(Joseph O'Neill)进一步解释了这个观点,即内嗅皮质和海马可能是记忆形成和记忆的两个系统,尽管是相互关联的,这两个区域可能并行工作,他们可能招募不同的途径,在记忆中扮演不同的角色。[②] 这个研究成果更清楚准确地地揭示了空间记忆与情景记忆构成的神经机制。

莫索尔夫妇(2005)在《海马体神经元群中空间和情景记忆的独立代码》(*Independent Codes for Spatial and Episodic Memory in Hippocampal Neuronal Ensembles*)中探讨了海马体与空间和情景记忆的关系。他们提出这样一个问题,"海马体神经元群活动在空间和非空间的情景记忆的建立中扮演着

---

① AYELET SAREL, ARSENY FINKELSTEIN, LIORA LAS, NACHUM ULANOVSKY. Vectorial representation of spatial goals in the hippocampus of bats[J]. Science, 2017, 355(6321): 176-180.

② J. O'NEILL, C. N. BOCCARA, F. STELLA, P. SCHOENENBERGER†, J. CSICSVARI. Superficial layers of the medial entorhinal cortex replay independently of the hippocampus[J]. Science, 2017, 355(6321): 184-188.

重要作用,然而围绕这些参数中哪些能够概括记忆过程中海马体形成的作用上存在着很长的争议"。① 在这篇文章中他们提出了如下观点:"在如下两种情景中,海马体神经元活动被记录下来。一是记录盒变化但是它的位置保持不变;二是同一个记录盒在不同的地方出现。神经元模式分离的两种形式出现:在变化的线索稳定的地方条件中,活跃细胞的激活率变化,通常高于量级秩序,然而激活的位置保持不变。在变化的位置不变的线索条件中,地点和激活率变化,因此在记录盒中给定位置的神经元载体在统计学上是独立的。这些独立的编码的设计使得同时的空间和情景记忆信息的表征变得可能。"②

4. 关于记忆回路的研究

不同于特定的神经元回路元素的研究,新的研究逐渐开始转向神经回路活动的动力模式的研究。目前主要是集中在与治疗有关的回路动力的定位上。③

在第二种路径中,主要是出于病理学的考虑。尤其是针对诸如癫痫、精神分裂、帕金森症、阿兹海默症等精神疾病。在这个方面医学尤其表现的明显。20世纪60年代的科学家采用传统的脑外科手术来完成相应的治疗。后来接受电极刺激、电磁刺激等方法对神经活动进行激活或者抑制。2005年以后,光遗传学技术获得发展。其提出者德赛若斯就是这样一个科学家。他谈到了对这些疾病的治疗,而光遗传的发展无疑是为人类解决这方面的问题提供了可能。

关于记忆回路的研究最重要的是内侧内嗅皮层与海马体共同构成了一个回路,被称为"海马体-内侧内嗅回路"(The hippocampal-entorhinal circuit)。"在MTL内部,内侧内嗅皮层和海马体(包括DG,CA1,CA2,CA3等分区)组成了一个良好特征的回路,其中EC层通过the perforant path投射到DG;通过苔状纤维投射到CA3;通过schaffer collaterals投射到CA3,最后返回到EC的深层。我们知道这个回路对记忆来说很重要,就像海马体对记忆编码和支持记忆的其他过程一样,包括异常检测或者模式分离和完善。然而,关于这些功能对于内侧内嗅-海马体路径的测绘而言是不完整的。"④具体回路如图3-3。

① LEUTGEB S., et al. Independent Codes for Spatial and Episodic Memory in Hippocampal Neuronal Ensembles[J]. Science, 2005, 309(5734): 619-623.
② LEUTGEB S., et al. Independent Codes for Spatial and Episodic Memory in Hippocampal Neuronal Ensembles[J]. Science, 2005, 309(5734): 619.
③ RAJASETHUPATHY P., FERENCZI E., DEISSEROTH K. Targeting Neural Circuits[J]. Cell, 2016(165): 524-534.
④ EMILIE REAS. Mapping Memory Circuits with High-Field FMRI[EB/OL]. (2015-01-13)[2020-09-05]. http://blogs.plos.org/neuro/2015/01/13/mapping-memory-circuits-with-high-field-fmri/

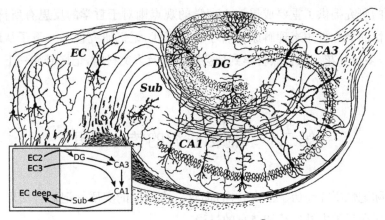

图 3 - 3　内嗅-海马回路图①

　　这个回路图很好地描述了记忆信息存储的路线及机制。当然，这里的描述是对 2004 年的模式的完善。2004 年，戴维·比理科（David K. Bilkey）在《在地方空间》（*In the Place Space*）中也给出了这个回路的描述，但是相比起来，有些简单了。更为准确地说，这个回路是描述近期记忆的基础。"记忆被认为最初存储在海马体-内嗅皮层（HPC - EC）网络（近期记忆），随着时间的流逝，永久存储则慢慢地在新皮层中完成（长远记忆）。"②隆北村（Takashi Kitamura）等人发表的这篇文章探讨了作为新皮层记忆形成与成熟基础的特定的神经回路机制，其中新皮层记忆与 HPC - EC 网络相互作用，构成了一个较为完整的整体。这一成果的发表其意义重大，从系统的角度解释了记忆巩固之后变为永久记忆的神经机制。

　　5. 多元的支流汇成记忆研究洪流

　　多元的支流是记忆研究在当代一个繁盛景象。这主要是指基于某些固定的模式从而通过各个领域所展现出来的一种局面。可以说，心理学与神经科学起到了重要作用。心理学利用 fMRI 等技术对大脑进行成像，观测与人类记忆行为相平行的大脑特定区域活动情况；而神经科学则利用光遗传技术实现了对大脑特定区域的特定细胞的控制。这些研究提供了必要的方法论根据和观点，为多元局面的形成提供了可能。比如神经科学关于社会记忆、记忆提取、记忆消除

---

① EMILIE REAS. Mapping Memory Circuits with High-Field FMRI[EB/OL]. 2015 - 01 - 13[2020 - 09 - 05] http://blogs.plos.org/neuro/2015/01/13/mapping-memory-circuits-with-high-field-fmri/

② KITAMURA T, et al. Engrams and circuits crucial for systems consolidation of a memory[J]. Science, 2017, 356(6333): 73 - 78. 这一观点出现在 1971 年左右，然后逐渐发展起来，主要学者有 D. Marr、拉里·斯奎尔（L. R. Squire）、J. J. Kim、J. L. McClelland、L. Nadel。

等问题的研究提供了重要成果。心理学的观点则对于哲学的反思有所裨益,如情景记忆的概念被用来理解康德哲学。在当代,记忆研究似乎一下子从地下冒了出来,多点开花。从自然科学到社会科学以及人文科学,记忆研究一下子繁盛起来。

第二节 记忆研究的转向逻辑

国际记忆研究经历了三次转向,而这三次转向的实质是记忆合法形态的扩展和记忆在哲学中被遮蔽和遗忘的过程。

第一次转向发生在 20 世纪之前,主要表现为不同学科之间的转向。以哲学为问题源头,经历了从哲学到心理学再到生物学、神经科学的转变;在转向过程中,激活了不同领域,从而形成了多元的合法形态;但也是记忆被遗忘的过程。记忆研究的首次空间转向有着两种形式:内部的转向(实体分化的结果)与外部转向(方法分化的结果)。在哲学中,记忆被理解为实体(灵魂、心理或意识)的能力与行为(柏拉图、亚里士多德、洛克、黑格尔、柏格森、胡塞尔等)。古希腊时期亚里士多德提出记忆是灵魂的构成部分及其原初问题。这个观点影响贯穿整个哲学史一直到 19 世纪末。由于哲学自身强大的认识论传统,记忆逐渐被看作"心理现象"。也有学者认为记忆不是一种独特的心理现象,是其他心理现象的内感知成为可能的条件,但是这一观点被忽略。哲学自身对于心理现象的研究催生了以内省和联想为主要方法的联想心理学的发展。联想心理学强化了这样的框架:记忆被看作是心理现象,其任务是发现和解释心理现象背后的联想机制。这种传统一直持续到 20 世纪初描述心理学(现象学心理学)出现之前。这次变化所确立的观点是"记忆被看作是心理现象,需要通过意向性加以理解"。但这些都需要借助实验对记忆心理现象的连接机制加以验证。在实验方法出现之后,心理学经验化要求记忆研究进入实验心理学阶段,即提出和解释记忆心理机制的物质基础。当从物质层面进入记忆研究的时候必然会与生物学发展产生融合。19 世纪末的实验生物学旨在研究记忆背后的物质机制,从而走出了将记忆现象还原到神经物质的路径。德国的生物学家萨门(1921)提出了记忆印迹的理论(心理-生理平行论),受其影响,哲学家罗素提出了"记忆因果关系"(mnemic causation)的范畴,将记忆还原到神经物质上,但是很快被淹没在进化论强大的解释力中。后来学者肯定了他的影响,认为他是阐明遗传与记忆之间关系的第一人(马赫,1926)。认为他提出了重要的印迹概念(拉舍雷,1950;斯卡特,2001)。更有一些学者受其影响,提出了"社会记忆""集体记忆"的概念(阿贝·瓦尔布格,1923;哈布瓦赫,1950)。随着神经科学技术自身的突破,出现了神经科学与哲学、心理学、生物学等学科交叉融合的阶段,传统的生物学问题成为研究的主要问题。从研究问题看,近年来,神经科学研究所关注的记忆的定位、记忆的存储与形成、记忆的生成与修改等这些问题都是古老哲学提出的问题,但是它们的解决取决于相关技术的发展。2010年以前,受技术限制,主要是对记忆方位的研究和记忆类型的分类;2010年以后,随着光遗传学(optogentics)技术的发展,记忆的消除、激活和改造等方面的研究取得了很大突破(费诺等,2011;高什,2014)。以神经科学、脑科学为主要代表的自然科学借助神经元标记、记录、光遗传学等技术,对低等动物如蠕虫、老鼠等记忆行为的神经机制做出揭示,可以说取得了丰硕的成果。2000年诺贝尔生物学奖获得者凯德尔、2014年诺贝尔奖获得者欧基夫、莫索尔夫妇确立了动物空间记忆的神经基础。刘旭等神经科学家(2014)年发展了记忆印迹细胞的生产与激活等问题。神经心理学主要是心理学与神经科学融合的结果。神经心理学家米勒(1955)解释了特殊病人不同记忆的神经基础;斯卡特等神经心理学家(2013)探讨成像技术对于情景记忆及其规律的研究贡献等问题。这种转向从哲学角度看,是哲学自我消解的具体表现,对于记忆而言,当记忆话题转移到心理学与自然科学等领域,意味着记忆被哲学遮蔽遗忘。

　　第二次转向发生在20世纪中叶的转向,主要是集中在人文社会科学领域中。由于对人类共同历史命运有关的重大历史事件——战争、技术、灾难等为触发点的记忆现象的反思,诸多学者遗忘了上述记忆的合法性形态的多样性,而仅仅强调来自历史学、文学记忆研究的合法形态。围绕上述事件西方学者提出了历史记忆与文化记忆、功能记忆与存储记忆等理论范畴,围绕历史与记忆的关系、记忆与遗忘的关系等问题展开了比较深入的研究(扬·阿斯曼、阿莱达·阿斯曼、保罗·利科),并形成了各种不同的学术观点,如耶尔恩·吕森(Jorn Rusen, 1938—)的历史从认知走向记忆的策略转变;阿斯曼夫妇的日常记忆、历史记忆与文化记忆;利科的记忆与遗忘的亲缘性。这些共同导致了记忆两种合法形式(历史学和文学)的观念的兴起(诺拉,1984),当然也有个别学者提及记忆话语从生物学框架转入到文化框架中的体现(扬·阿斯曼,1995)。可以说,这段时期,西方记忆研究提出的范畴与构建的体系与欧洲人持续反思战争等历史事件的经历有密切的关系,也能够成了独特的病理学与诊疗学方案(利科、斯蒂格勒）。事实上，记忆的合法形式表现为多种可能性，如哲学类型、心理学类型以及科学类型，更有甚者艺术学领域中出现了艺术记忆。这种现象从 20 世纪 80 年代开始，主要艺术家如安娜和帕特里克·普瓦里埃（1972）、安塞姆·基弗（1985）、西格丽德·西古德森（1989）等人，在这些艺术家这里，艺术记忆成为提醒人类关注自身即将丧失的文化能力（阿莱达·阿斯曼，1998）。当代艺术中记忆作品的分析阐述记忆何以成为问题这一问题（吉布森，2007）。到此为止，哲学已经完全消散在上述不同学科中，这种消散导致了两种结果，其一是形成了多样化的合法类型；其二形成了不同学科记忆研究的各自为政的局面。但是，哲学的内在反思诉求并没有随着哲学问题的消解而消失，由于数字技术的出现，使得内在反思获得了新的中介，继而开始提出自身的要求。

第三次转向发生在 20 世纪 80 年代以后的数字时代以及与之相关的技术领域，主要是指计算机技术、信息技术、数字技术以及光遗传学等技术的取得长足发展，使得记忆研究取得了新的方法，让人们深入到记忆的细胞层面并且能够对之进行刻画和改造。"信息""数字"等概念的使用使得人们可以从新的角度理解记忆的本质，记忆不再表现为印痕，而是信息的存储和交换，表现为信息的编码（encoding）、存储（storage）和提取（retrieval）等过程，使得记忆的类型发生了变化，出现了第三记忆（斯蒂格勒）。尤其是数字技术的出现带来了身体存在形式、显现方式以及他者关系建构的转变，更是把老的问题带入新的时代，也引发了新的问题。

所以，当前记忆研究的合法形态呈现为多样的形态，这同时也是记忆研究的多元学科路径。但是，这些多元路径具有共同点，也具有各自特点，当然也存在内在的局限有待于解决。其共同点是：

第一，从研究的角度看，不同科学的研究都是局部的、单一的研究，主要是关于记忆的机制的揭示。记忆科学研究问题存在差异如记忆的定位、记忆的存储与形成、记忆的生成与修改等都是从各自学科兴趣点出发的结果，但是其共同点是解释问题背后的机制过程。如心理学揭示了记忆现象的心理机制、生物学揭示了记忆现象的生理机制、神经科学揭示记忆行为的细胞机制等。甚至历史学、文学也受其影响，试图揭示的是集体记忆、历史记忆与文化记忆的构成、生产与再生产机制。这些都是局部、细部的研究，在一定程度上弱化了研究自身的价值。

第二，从问题演变看，不同学科都经历了从记忆内容到记忆行为的变化，这是其共同之处。围绕记忆内容主要是聚焦在印痕上，也就是记忆信息的编码、存储和提取；围绕记忆行为即探讨对过去内容的一种关系，如表征过去的事件、建构过去的事件。有关记忆内容的研究历史悠久，也是日常生活中最易接受的方式，记忆主要是指"关于……的记忆""记住……"；在科学领域，哲学、生物学、心理学、认知科学、神经科学等都较为关注这一问题，如哲学对于印象（impression）、印痕（trace）的研究，生物学对于印迹的研究等都属于此类。从记忆内容转向记忆行为的转变也在多个学科内容中表现出来。比如心理学中出现的变化是开始转向记忆行为的研究，如记忆表征、编码-存储-提取、生产-植入等问题；在哲学领域这种变化是从意识行为开始的，如柏格森、胡塞尔等人关注记忆行为的构成、记忆对象的构建、过去对象的构成等问题。

当然，不同研究也具有各自特点，其局限有待于克服。

首先，传统西方哲学的记忆研究特点是以实体为基础，由于自身强大的认识论传统，这直接导致了记忆"被掩盖在认识和认知之中"（保罗·利科，2004；萨顿，2010）。所以，传统记忆研究来说仅仅是提出了真正的、重要的问题，如记忆的本质、构成和起源，将记忆看作是灵魂实体的行为和功能进行研究，但由于单一的、思辨的方法限制和认识论传统却无益于记忆问题的解决。尽管柏格森、罗素等哲学家借助新的科学材料通过研究记忆解决哲学问题，但因为所处时代自然科学以及实体形而上学立场的限制而受到抑制。

其次，心理学的记忆研究经历了联想心理学、描述心理学、实验心理学和神经心理学等重要阶段，主要将记忆看作心理现象，经历着从心理印痕向心理表征的转变，其主要研究记忆背后的心理机制以及生理机制。20世纪以来心理学的研究提出了很重要的观点（记忆类型、记忆的定位），也使用了很多神经科学的研究方法，进入到心理现象的神经层面开始记忆研究，其主要问题是实体预设、自然主义和还原主义。实体预设意味着将记忆的载体看作是心灵或者神经细胞实体；物理主义意味着从物理层面解释记忆现象、遗忘现象的产生、变化等问题；还原主义意味着将记忆的载体还原到构成实体的基本单元上。

第三，自然科学的研究主要特征是从物理实体——如大脑、神经细胞等角度探讨记忆现象，其探讨的主要问题是经历了实体-属性、机制-功能的转变，其局限是远离了人的问题，更多探讨的是物理实体本身的属性、机制与功能，本体论预设中的物理主义和还原主义明显。尽管自然科学使用了"记忆"这个概念，但是严格来说，自然科学如生物学、神经科学所说的记忆只是实体的行为，是对于不同层面物理对象研究的结果，并不是心理学中所说的心理现象。其研究的主要特点如下：研究路径上表现为还原主义，即对记忆载体基本构成单元的还原，从生物体还原到大脑、神经细胞；研究问题上围绕生物有机体及其属性、大脑及其属性、神经细胞机制及其功能等问题展开；研究方法上技术引领理论前行，如 fMRI、光遗传学技术的出现推进了记忆细胞的理论研究成果。

第四，人文社会科学的研究其主要特征是从历史学、文学等角度研究记忆现象，把记忆当作文化现象而不是个体现象，此外依赖于自然科学的记忆假设。应该说，人文科学的记忆研究主要聚焦在重大历史事件及其意义的反思上，揭示了历史性记忆内容、挖掘了地方性记忆场所和规范了记忆行为，当然，所存在的问题也很明显，如研究视角上过于狭隘，诺拉与扬他们所指的记忆话语转变框架忽视了以往记忆研究的情况以及当前发展的某些新迹象；研究预设上以自然科学的记忆假设，如从生物学记忆印迹概念中发展出集体记忆、记忆因果性等概念；研究方法上偏重历史文本分析、田野调查、口述分析、话语分析等，忽略了当前数字方法的使用；研究问题上偏重记忆内容的表征与构建、记忆行为的伦理或意识形态性，而忽略了记忆主体和他者主体在其中的作用。

这些不同学科之间研究存在的问题是：

第一，多种记忆合法形态之间的关系显得尚不明晰，有待于澄清。在这个问题上，除了记忆印迹之外，这些合法形态之间的关系比较清晰，其他就显得模糊不清。哲学家以比喻、类比的方式提出了灵魂印痕的观念，并且也与不同身体相关（亚里士多德）。这一观念影响到 19 世纪末。随着生物学的发展，生物印迹的观念开始出现（萨门，1921），但是被进化论观念完全遮蔽。20 世纪 60 年代，印痕观念开始在心理学中被普遍接受，神经科学的进步使得印迹细胞被揭示出来（刘旭，2014）。所以，在记忆印迹上，自然科学的研究来源于哲学，并且通过生物学影响到了心理学。但是，在记忆其他问题上，二者的关系似乎不是那么明显。如记忆的时间性问题上就存在着明显的断裂。对于哲学而言，记忆是关于过去的现象（亚里士多德、胡塞尔），是过去内容的表征与构建。但是这一问题并没有成为自然科学问题的根基，自然科学中时间性维度基本上消失不见，更多关注的是细胞之间的信息编码、存储和提取。此外互相依靠关系较多，如 1921 年，记忆的生物学研究（如萨门）让哲学家提出了诸如记忆因果性（罗素）、集体记忆（哈布瓦赫）等重要概念；关于记忆的神经科学研究、认知科学研究对于当代哲学的影响已经显示，如用历时记忆去解释康德想象力概念。这种影响能够充分体现记忆科学研究的价值以及让哲学更进一步反思自身。所以，这种意义需要进一步探讨。心理学则采取了诸多成对概念，如长时记忆与短时记忆、外隐记忆与内隐记忆、语义记忆与情景记忆（托尔文，1972）等。但是自然科学并没有采取哲学的记忆类型理论，而是依靠心理学的类型理论。而艺术记忆的研究依靠自然科学的记忆模式。

第二，多种路向之间存在严重分歧，缺乏明确的指向。在上述记忆研究的多元路径中，各自学科由于本体论预设、研究方法、关注问题等各方面的差异，使得记忆研究成果各自为政，彼此之间存在着分歧。比如物理主义与心灵主义的二元分歧只能使得自然科学与心灵哲学的记忆研究越加分裂，实体方法与关系方法也使得对记忆本质的理解趋于矛盾。[①] 此外，各自学科的记忆研究仅仅将记忆看作是某一个孤立的、片面的现象，从而更加忘记了记忆是使得一切心理现象成为可能的前提、记忆构成认识、感知和认知的前提的这种规定性，从而忘记了记忆的最为重要的时间规定性——与过去相关。

第三，从认知、知觉、理性传统等理论角度关注记忆现象，而从记忆主体、他者的角度关注较少，这直接导致了记忆实践话语的衰落。随着对记忆行为的先验性反思的深入，开始引发对记忆主体的关注。这种关注也是顺着两条线索完成的：首先是萨门引发法国哲学家哈布瓦赫（1950/1980）提出集体记忆，保罗·利科（2004）受其启发，改变了哲学中从意识行为角度研究记忆的方向，开启了记忆主体的哲学研究，逐渐形成诸如公众记忆、集体记忆、共同体记忆、国家记忆、民族记忆等等的研究。其次，随着当代大数据、信息、成像等技术的发展，作为后人类的记忆主体呼之欲出。

第四，对数字技术本质的理解并不准确，尤其是对数字技术所凸显出的新问题估计不足。目前诸多学科领域，数字技术仅仅被看作是方法工具，如数据整理、文本转化、内容表达、话语传统的方法中介，这样对于数字时代之于记忆研究的关联理解局限多了一种方法，但是多忽视了数字技术与记忆现象的内在关联点——体验现象与体验技术。此外对于数字时代所凸显的新问题估计不足，除了对研究方法有足够的估计外，对于其他方面如本体论预设、研究理念、研究观点的影响估计不足。而在自然科学中，相关研究已经取得一定的成效。比如虚

---

① 目前，对记忆本质的理解自然科学研究提出了值得关注的观点，在 2017 年的一项研究成果中，作者指出，神经元或者神经系统的适应性的、时间性的调整功能是我们通常所说的记忆本质（Memory takes time, 2017）。所以，这一观点可以看作是物理主义的终极形式。将记忆看作是物质系统的自身功能。如此，记忆可以从自然科学获得一丝洞见，而且可以用于社会科学中记忆的研究。在人文科学中，将记忆看成是精神现象或者与体验有关的现象；但是在自然科学中，把其看成是系统自身的调整性功能。

拟体验技术对于人类空间感知的影响。其中沉浸体验成为一个切入口。"在VR 环境中,沉浸或感觉在场的程度,例如使用者把它当作真实世界以及以相似方式行为的程度,明显是一个重要的关注点。"①2000 年,布鲁克斯(B.M.Brooks)的研究提出 VR 有助于人类遗忘症的治疗。"在 VR 环境中的训练可能证明给严重记忆损伤的病人教授新信息的有效方法。"②这个实验是面对具有遗忘症的病人,病人在训练前无法完成真实环境中 10 条简单的路线任务,但是经过 VR内 2 条路线三周的训练后,病人可以完成真实环境中的任务并且记住这些信息。2013 年,《空间方位感丧失的神经学康复中的虚拟现实》(Virtual reality in neurologic rehabilitation of spatial disorientation)得出了基本相似的结论。"在VR 中文字性被动导航训练提升了空间方位感丧失的神经病人的一般空间识别,还有在健康控制方面的能力,因此在与拓扑性空间方位感丧失有关的空间缺失的康复方面可能会有帮助。"③

第三节　记忆研究的进化逻辑

转向逻辑与进化逻辑存在的最大不同是:转向逻辑更偏重空间性,而进化逻辑强调时间性。所以我们在转向逻辑的分析中看到的是记忆研究从不同学科领域向不同学科的转移。研究纲领进化逻辑,即记忆科学研究纲领的内核及其保护带命题的变化情况。根据拉卡托斯的理论,"纲领由一些方法论规则构成:一些规则告诉我们要避免哪些研究道路(反面启示法),另一些告诉我们要寻求哪些道路(正面启示法)"。④ "一切科学研究纲领都在其硬核上有明显区别。纲领的反面启示法禁止我们将否定后件式对准这一硬核,相反,我们必须运用我们的独创性来阐明、甚至发明'辅助假说',这些辅助假说围绕该核形成一个保护带,而我们必须把否定后件式转向这些辅助假说。正是这一辅助假说保护带,必须在检验中首当其冲,调整、再调整、甚至被全部替换,以保卫因而硬化了的内

①　BURGESS N, MAGUIRE EA, O'KEEFE, J. The human hippocampus and spatial and episodic memory[J]. Neuron, 2002, 35(4): 625.

②　BROOKS B. M. Route Learning in a Case of Amnesia: A Preliminary Investigation into the Efficacy of Training in a Virtual Environment[J]. Neuropsychological Rehabilitation, 1999(1): 63-76.

③　SILVIA ERIKA KOBER, corresponding author GUILHERME WOOD, DANIELA HOFER, WALTER KREUZIG, MANFRED KIEFER, CHRISTA NEUPER. Virtual reality in neurologic rehabilitation of spatial disorientation[J]. Neuropsychological Rehabilitation, 2013(10): 17.

④　拉卡托斯.科学研究纲领方法论[M].兰征,译.上海:上海译文出版社,1999:66.

核。这一切如果导致了进步的问题转换,那么一个研究纲领就是成功的。如果导致了退化的问题转化,它就是失败的。"①如此,我们来分析记忆理论的进化逻辑。

1. 进化的整体逻辑

从转向逻辑的阐述中,我们已经看到,存在三个阶段:第一个阶段是记忆研究从哲学到心理学再到生物学、神经科学的转变;第二个阶段是人文社会科学领域内的转变;第三个阶段是出现在数字技术及其他技术领域内的转向。那么这种不同空间的转化中有着怎样的内在逻辑呢?从哲学本身来看,记忆被看作是与灵魂密切相关的现象,这一点在柏拉图、亚里士多德那里已经确立起来。但是心理学始终隐藏于哲学之中,在这个过程中,心理学已经开始潜行,"心理现象"和"物理现象"的论证使得心理学开始逐步获得自身的独立地位。这一独立地位的获得是两方面力量努力的结果。一方面来自哲学心理学努力的结果。随着狄尔泰(Wilhelm Dilthey, 1833—1911)、布伦塔诺等人的论证,心理现象获得了不同于自然现象的本体论地位和特征,狄尔泰将解释确立为精神现象的根本特征;布伦塔诺将意向性确立为心理现象的根本特征。另一方面来自实验心理学努力的结果。如早期实验心理学创始人冯特,"冯特没有把实验限制在自然科学,而是看作精确的心灵或者社会科学的重要部分,这样把客观方法与自我观察联系起来"。② 还有拜耳更是如此。"拜耳也原创地提出表征概念,他把体验谈论为意识到原初状态——作为原初的状态和他们作为表征复活的状态。"③这两种路径有所不同,而前者更为重要。"他们研究的对象是他们自己的心灵;科学家使用他自己作为自己的实验室,存在着大量局限和令人迷惑的地方。局限取决于通过这种方法可被观察到某物。"④经过不同路径的共同努力,心理学获得了独立于哲学的地位。在这种独立地位的获得中,实验心理学起到了关键作用,而且随着后来的发展,天平越加偏向实验心理学。其贡献是"心理学大约从哲学束缚中松绑,观察和证实取代了反思模式"。⑤

① 拉卡托斯.科学研究纲领方法论[M].兰征,译.上海译文出版社,1999,66.
② MANDLER G. A History of Modern Experimental Psychology[M]. Cambridge:The MIT Press, 2007:54.
③ MANDLER G. A History of Modern Experimental Psychology[M]. Cambridge:The MIT Press, 2007:35.
④ MANDLER G. A History of Modern Experimental Psychology[M]. Cambridge:The MIT Press, 2007:35.
⑤ MANDLER G. A History of Modern Experimental Psychology[M]. Cambridge:The MIT Press, 2007:34.

　　在这个过程中,心理学与其他学科的联姻越加明确。这个过程从亥姆霍兹开始,直到麦克高夫等人那里,表现更为明显。所以,在这样的转化逻辑中,心理现象获得独立的本体论地位是根本的,而它又展现为两种形式:一方面是心理现象成为科学对象,即心理现象得以自然化成为根本的东西。另一方面,心理现象摆脱灵魂的实体特性,而与行为联系在一起,学习与记忆、认知等成为心理学重要的关注问题。至于后来的人文社会科学领域、技术领域的转化,基本上也是在这一基础上一步步走来。或者是批判,或者是接受了心理学的内在区分框架。

　　2. 记忆研究纲领的进化的内核表现

　　(1)记忆分类逐步完善

　　早期,记忆类型一直很模糊,语义记忆与情景记忆是比较早点分类,而且可以追溯到柏拉图。但是将记忆类型完善起来的则是 20 世纪以后的事情了。所以,记忆研究进化逻辑之一就表现为记忆类型区分的不断清晰,使得记忆类型获得比较系统的分类。这也是记忆研究进步的明显表现,而且这也构成了记忆研究纲领的硬核部分。我们可以从如下方面来看待不同分类:

　　第一种从时间上把记忆区分为短时记忆、长时记忆和工作记忆。这种分类主要是从信息保持时间的长度上来区分记忆,日常生活中经常会碰到这种分类结果。比如我们能够记住五六岁发生的事情,一直到生命的终结。但是有时候我们记忆一些单词,只能记住一段时间,然后慢慢忘记。对日常记忆的系统化分析也是晚近的事情。

　　短时记忆:1970 年由美国心理学家缪勒(George A. Miller,1920—2012)提出,他认为人先需要一部分短暂的记忆空间去保存接收到的信息,然后再转为长时记忆存储。但这个概念仅仅是理论推导的结果,缺乏足够的实证证据。

　　长时记忆:长时记忆的机制研究已经非常清楚,比如某种蛋白质调节着长期记忆。Petti T. Pang(2004)等人研究进一步分析了影响长期记忆的两种蛋白质之间的关系。[①] 凯德尔认为长时记忆的神经机制不同于短时记忆。他认为,短期记忆包含着 cAMP 和 PKA 的激活;长期记忆包括 PKA 和 MAP 以及 CREB-1 这三类物质的位置改变。此外,还有一系列成果陆续出来。2017 年,一项名为《为长期联想记忆奠基的神经群动力机制》(Neural ensemble dynamics

──────────

① PANG P. T, et al. Cleavage of proBDNF by tPA/Plasmin Is Essential for Long-Term Hippocampal Plasticity[J]. Science, 2004(306): 487-491.

underlying a long-term associative memory)的研究指出,大脑联想不同刺激的能力对于长期记忆非常重要,但是在编码联结记忆中,神经元群的作用如何成为难题。作者利用极小荧光显微镜(miniature fluorescence microscope)技术研究了基底外侧杏仁核部位(BLA)细胞群如何编码条件刺激与非条件刺激(CS,US)的联结。这一实验记录了BLA区域6天来3 600个神经元的活动。整个实验表明:神经元群编码CS-US联结的力量预见了每只老鼠的行为条件水平。这些发现支持了被监管性学习模式(a supervised learning model),即US表征的激活引导CS表征的转换。"这儿的数据自然地显示出一种关于联结信息如何被存储和表征的抽象解释,即BLA神经元群完成了一种监管式学习算法,以便对CS-US联结编码。而以前的研究则提出US在细胞水平的传授信号起作用。"①

工作记忆:1974年英国心理学家艾伦·巴德里(Alan Baddeley,1934—)和Hitch在短时记忆的基础上提出的替代性概念,其指对信息进行短暂加工和存储的能量有限的记忆系统。② 二者的关系是短时记忆是组成工作记忆的元件。与长时记忆的关系是从长时记忆中提出出来的,并且缺乏独立的结构,只是长时记忆中被当时激活的一部分。短时记忆被称为"高速内存",而长时记忆是"超量硬盘"。黄扬名博士将人类记忆过程划分为"输入-感知记忆-工作记忆-长时记忆"等过程。所以在这个描述中,工作记忆逐渐替代了短时记忆。

2008年,一项题为《人类视力中限制性工作记忆的动力转换》(*Dynamic Shifts of Limited Working Memory Resources in Human Vision*)的研究指出,记住所看之物能力的限制是受制于视觉视野中所有物体之间动态分配的有限资源。而这个资源能够在物体间随意转化,而且基于选择性注意力的分配以及朝向即将出现在眼球运动前的目标。资源分配给每一个物体的比例决定了它被记住的准确性,向我们显示的关系是受小力定律(simple power law)统治,允许在视野中从量上估算资源分配。③

工作记忆的原理(图3-4)。

---

① BENJAMIN F. GREWE et al. Neural ensemble dynamics underlying a long-term associative memory [J]. Nature, 2017(543): 674.

② BADDELEY A,. Working memory: Theories, Models, and Controversies [J]. Annual Review of Psychology, 2012(63): 1 - 29.

③ BAYS P. M, HUSAIN M. Dynamic Shifts of Limited Working Memory Resources in Human Vision [J]. Science, 2008(321): 851 - 854.

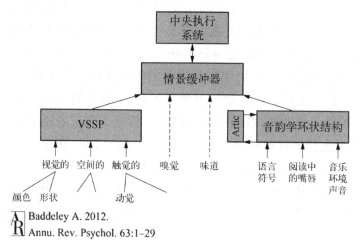

Baddeley A. 2012.
Annu. Rev. Psychol. 63:1–29

图 3 - 4   工作记忆的原理图[①]

这种分类理论也解释了不同记忆类型之间的关系。我们区分为两种主要立场：

一是转化过渡说：这是美国心理学家阿特金森(Jeremy Atkinson)提出的思路：短时记忆必须经过强化才能够转化为长时记忆。这种观念与日常认识较为符合。到目前为止，形成了两种比较认可的模式：① 标准模式与多印迹模式。标准模式提出：短期记忆最初形成和存储在海马体中，然后逐渐转移为长期记忆，存储在新皮层以及从海马体中消失。② 多印迹模式。此模式提出情景记忆的印痕保留在海马体中。这些印痕可能存储了记忆的细节，然而更多的一般轮廓则存储在新皮层(neocortex)。比如在神经科学家纳达尔(Karim Nader)[②]看来，"记忆通常通过时间来界定，学习之后的短时间内，记忆处在一个易变阶段(短时记忆 STM)，很容易被破坏。随后，记忆进入到一个稳定形式(长期记忆 LTM)，对同样的破坏因素并不敏感"。[③] 凯德尔也关注这一问题，他和团队的问题是：什么基因被激活使得短期记忆过程转化为长期记忆过程，什么基因对于长期记忆过程的维持至关重要？他们的研究表明：一种叫作 PKA(protein Kinase)的物质在短期记忆转为长期记忆的过程中起着

---

① BADDELEY A,. Working memory：Theories，Models，and Controversies[J]. Annual Review of Psychology，2012(63)：1 - 29.

② 纳达尔，加拿大麦肯基尔大学心理学系教授，长期从事长期记忆及其巩固问题研究。

③ KARIM NADER, GLENN E. Schafe & Joseph E. LeDoux. Reply — Reconsolidation：The labile nature of consolidation theory[J]. Nature Reviews Neuroscience，2000(1)：216 - 219.

关键作用。[①]

2017年7月，一种新的科学解释出现了，主要是从时间角度解释了这种转化。在一篇题为《记忆带来时间》(Memory takes Time)的文章中，作者提出，短时记忆转为长期的过程可以通过集体改变大脑状态的时间窗口的时间阶梯序列来解释。[②]为了更好地理解这一点，他举了声音的例子。"就像被听觉系统切割成许多具体的但是同时被感知的频率块的声音一样，作为整体的体验被脑部分解为许多集中表达过去的时间窗口。"[③]在他们看来，有机体的大脑——如人类和海洋鼻涕虫——具有以多种时间规模表征体验的能力，同时回想起多年、多个小时和毫秒以前的事件。他们最为重要的观点是：记忆并不是限制在确定的对象或状态上，相反在时间领域内它被基础性构造出来。时间是大脑从外部时间遗传的唯一物理变量，记忆必须是由时间构成或者更准确地说，由外部刺激之间的时间关系构成。记忆的许多时间规模表征了过去体验的时间规模以及必须同时对有机体来说是有用的。所以这篇文章的意义可以深入挖掘。在论文摘要部分，他们指出，记忆是对过去事件特定时间属性的适应，例如刺激发生的频率或者多种刺激的相遇。在神经元中，这种适应可以通过细胞或者分子时间窗口的序列系统，它们集中保留来自过去的信息。这个系统制造了许多过去体验的时间窗口，这些是为了同时有利于未来行为的调节。从更为一般的角度来说，识别和反应能力为神经系统的记忆编码和存储奠定了基础。所以，从他们的分析中看出，记忆是对过去事件的时间序列适应的结果。

但是却在一些临床中出现了问题，有些失忆症病人，其短期记忆是坏的，长期记忆却是好的。因此，针对这些异常现象，不同区域说的理论开始提出。

二是分离区域说：这种观念认为短时记忆与长时记忆不是一个简单的转化过渡说，而是由不同的记忆系统进行控制。在这一基础上，巴德里提出了"工作记忆"，取代了"短期记忆"的概念。此外，还有一个学者纳尔逊·科文(Nelson

---

① 见凯德尔在2000年诺贝尔奖大会上的报告。蛋白激酶A(Protein kinase A,简称PKA)，也称为环磷酸腺苷依赖蛋白激酶(cAMP-dependent protein kinase、简称cAPK)。是一种酶，其活性依赖于细胞中环磷酸腺苷(cAMP)的含量。

② NIKOLAY VADIMOVICH KUKUSHKIN, THOMAS JAMES CAREW. Memory Takes Time [J]. Neuron, 2017, 95(2): 259-279.

③ Mapping Memory Circuits with High-Field FMRI[EB/OL]. (2015-01-13)[2020-09-05]https://www. nyu. edu/about/news-publications/news/2017/july/memory-takes-time—researchers-conclude. html.

Cowan)在 2008 年提出了相似的记忆类型。

在巴德里的观点中,情景缓冲器(episodic buffer)是一个值得关注的概念。这一概念主要提到一些重建过程。"工作记忆就表征了这么一种可能性:人的大脑从长期记忆提取之时,本身就会重新激发(rebuilding)信息。"所以它不是一个纯粹的信息存储仓库。记忆不是一个复制、死的过程,而是一个活的存在。这一观点验证了哲学与心理学的某种亲缘性。在胡塞尔现象学中,专门指出记忆不是一个复制的过程,而是一个再造(reproduction)。哲学中的"再造"与心理学的"重新激发"相得益彰。

第二种从存在方式上,将记忆区分为内隐记忆和外显记忆。在心理学中,记忆通常被区分为内隐记忆和外显记忆。外显记忆也被称为陈述记忆;内隐记忆被称为非陈述记忆。这种划分的前提是内隐与外显的区分。心理学家曼德拉曾经指出:"最显眼的两个区分是内隐/外显和陈述/程序的二分法。内隐/外显最初由阿瑟·瑞贝尔(Arthur S. Reber)引入,一般用来指无意识相对意识获得而言以及对认知内容或者过程的使用上——例如,内隐地使用语法或者外显地发现一些历史知识。而陈述/程序的区分指'知道什么'与'知道怎样相对'。例如知道打牌中大王价值要高于小王,一个人知道如何洗牌。"[①]瑞贝尔(1967)做出内隐/外显的区分主要是探讨人工语法问题的时候得出的。文章是对吉布森1955 年的观点反思,他指出,内隐学习本质上与吉布森赞成的知觉学习过程的差异相似。[②]

第三种从内容上区分为语义记忆、程序记忆和情景记忆。一般说来,心理学家给予长时记忆较多关注,他们从记忆内容上区分为上述三类记忆。语义记忆主要是指知识、信息;而程序记忆主要是指技能;情景记忆则是指事件。前两类较早出现,而后者区分较为晚出。加拿大心理学家托尔文在《情景记忆与语义记忆》中提出了情景记忆的概念,后来在 1983 年的《情景记忆的元素》一书中加以完善。自此这个概念成为记忆研究领域中最为重要的基础,也很深地影响到了神经科学中记忆研究的实验设计。托尔文后来一直完善自己的概念。2002 年,发表"情景记忆"的总结性文章。[③] 为了更好地表达记忆类别的区分,如图 3-5 所示:

---

① GEORGE MANDLER. A History of Modern Experimental Psychology, Cambridge: The MIT Press, 2007: 229-230.
② ARTHUR S. REBER. Implicit learning of artificial grammars. Journal of Verbal Learning and Verbal Behavior, 1967, 6(6): 855-863.
③ TULIVING E. Episodic memory: From mind to brain. Annual Review of Psychology, 2002, 53(1): 1-25.

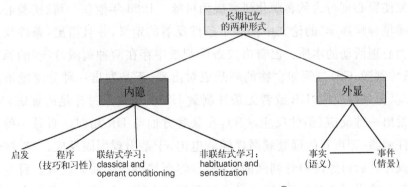

图 3-5　显性记忆与隐性记忆[1]

　　情景记忆不仅在心理学、神经科学中大受欢迎，在哲学领域也是如此。在神经科学中，恐惧情景记忆成为一个非常重要的实验范式，很多实验就是基于这样的概念之上设计的，在情景记忆的神经机制、记忆删除、提取等问题上非常明显。心理学中关于情绪与记忆、压力与记忆等也都是基于情景记忆之上完成的实验。在哲学中，比如记忆的因果关系这一问题中，事件与记忆成为一个重要问题。比如早期的因果关系的支持者马丁（Martin, C. B）和杜特舍（Deutscher，M）认为，记忆印痕与过去事件之间存在着同构关系。[2] 当前的支持者如贝内克等人认为，记忆印痕并非是过去事件的同构，而是事件特征的分布模式。[3] 在一篇《表征过去：记忆印痕与记忆的因果理论》一文中，作者罗宾斯指出分布式记忆将成为因果关系模式的例外。这些分析就是基于情景记忆概念之上展开的。国内学者曾经借用这一对概念分析了康德哲学中的想象力问题。[4]

　　（2）自然科学研究中形成的独特记忆范式

　　巴普洛夫（Ivan Petrovich Pavlov，1849—1936）对条件反射进行了研究，他

① 此图来自凯德尔的研究成果《神经科学原理》。埃里克.R.坎德尔，神经科学原理：5ed[M].北京：机械工业出版社，2013：1447.另外，2004 年 Yasushi Miyashita 在一篇《认知记忆：分子和网络机器以及它们自上向下的控制》文章中描述了近似的分类："长期记忆被分为外显记忆（陈述）和内隐记忆（非陈述）。内隐记忆无需觉知而影响行为，外显记忆则进一步被划分为语义记忆（表示关于世界的一般知识）和情景记忆（表征一个人过去的知识）。这种形式直接运用于人类记忆系统。相似的谱系也可以用于动物记忆，尽管缺乏一些人类记忆的显著特征。因此，诸如类语义或者类情景记忆用来指动物记忆系统。"MIYASHITA Y. Cognitive Memory：Cellular and Network Machineries and Their Top-Down Control[J]. Science，2004(306)：435-440.
② MARTIN C. B.，DEUTSCHER M. Remembering[J]. Philosophical Review，1966(75)：161-196.
③ BERNECKER S. Memory：A philosophical study[M]. Oxford：Oxford University Press，2010.
④ 张祥龙.想象力与历时记忆——内时间意识到分层[J].现代哲学，2013(1)：65-71.

的研究使得心理行为的客观化研究成为可能。1903 年他在一篇《实验心理学和动物精神病理学》的论文中描述了条件反射的定义，并且指出，条件反射应该作为心理活动的本质。巴普洛夫条件刺激中存在两种刺激，声音的原初刺激（条件刺激，CS）与例如食物的刺激成对出现，于是发出一种分泌唾液的反射反应（无条件反应，UR 或者无条件刺激 US）。于是经过充足的训练，当 CS 能够发出一种反应（条件反应，CR），在某些方面与 UR 相似。而另一种是恐惧条件刺激，即声音的远处刺激伴随着电击，于是出现僵固反应。经过学习，当老鼠在其后再经历声音刺激的时候，自然而然会产生僵固反应。目前科学研究已经给出了充分证据，这个学习过程发生在杏仁核区域。发生在这个区域的一个重要理由是涉及恐惧情感。这一条件实验成为神经科学中非常普遍的实验形式。2005 年，瑞姆普（Rumpel）撰文分析了这个过程的神经机制，恐惧条件驱使感受器进入到背部杏仁核（lateral amygdala）35％的细胞神经突触中。[①] 那么这一条件反应如何成为自然科学中学习与记忆研究的基本范式呢？

恐惧条件（fear conditioning，FC）是生物学、神经科学中研究哺乳动物的学习与记忆研究过程中经常采取的实验范式。所谓恐惧条件是有机体学习预见令人厌恶事件的行为范式。它是一种学习形式，其中令人厌恶的刺激（如电击）与特定的神经元语境（如房间）或者神经元刺激（如声音）相联系，从而导致对原初的神经刺激或语境刺激产生特定的恐惧反应。这可以通过将神经刺激与令人厌恶的刺激成对出现（如电击、噪声、气味）。最后，单独的神经刺激可以产生恐惧行为。在古典条件的词汇中，神经刺激或者语境刺激是条件刺激（conditional stimulus，CS），令人厌恶的刺激是非条件刺激（non-conditional stimulus，US），恐惧刺激是条件反应（conditional response，CR）。在科学研究中，关于人类的恐惧条件研究主要是通过文字刺激或者皮肤电或者一些生理反应（如心跳、血压、呼吸等）；而关于动物的恐惧条件研究主要是通过电击完成。

我们可以看到诸多团队如 MIT 的利根川进教授、复旦大学脑科学团队的成果都是基于这个框架完成。艾拜·高什（Inbal Goshen）专门讨论了这种研究范式。如图 3-6：

---

① RUMPEL S., et al. Postsynaptic receptor trafficking underlying a form of associative learning [J]. Science(308): 83-88.

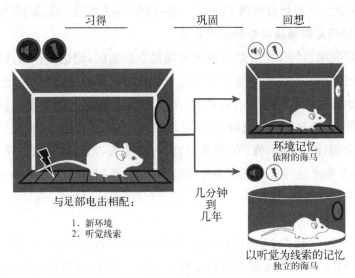

图 3-6　恐惧记忆诱导和测试[①]

　　这一实验的主要目的是测试老鼠的学习与记忆行为。实验首先同时提供两种刺激,一个是中立条件刺激(neutral conditioned stimulus,CS),另一个是厌恶无条件刺激(aversive unconditioned stimulus,US),这两个刺激提供带有恐惧性质的中立刺激。所以,即便后来中立刺激独立出现的时候,也会出现恐惧的条件反应。长期科学实践表明:FC很容易形成,并且能够持续很长时间。在实验中,两个中立的CS(一个是语境的、另一个是听觉的线索)成对出现,同时伴随着轻微电击作为US。随后进行这样的实验,提供任何一种CS,即便没有US出现,小老鼠都会发出恐惧反应(通过测量其僵住)。这一调节过程本身是有杏仁核调节,使用不同类型的CS能够在依靠海马体记忆(语境线索)与独立海马体记忆(听觉线索)之间做出区分。为了检测语境记忆,动物被放到原先条件的笼子里并且测量僵住的程度。回忆主要是依靠海马体和杏仁核完好无损的功能(创造语境的精神表征)。为了检测听觉记忆,在不同形式的语境中呈现该音调。越简单的任务单独需要杏仁核以及不受海马体损伤的影响。当光遗传技术与这一范式结合起来的时候,出现了一些新的成果。如MIT的利根川进团队对恐惧记忆的激活、提取、植入和替代等方面的研究。

　　当然,如何看待这一范式?为什么唯独恐惧成为上述范式的内核观念?那么与此相对的快乐为什么不能成为一种范式?作为情感现象之一的恐惧为什么会成

① GOSHEN I. The Optogenetic revolution in memory research[J]. Trends Neurosci., 2014, 37(9): 515.

为主导的观念？一旦触及情感，我们马上会碰到哲学上难题：情感的模糊性。

3. 记忆研究纲领辅助带的逐步建立

记忆研究纲领的保护带是由诸多命题建立起来的，记忆的存储就成为一个重要的表现方面。记忆的空间性主要是指记忆的存储位置，也就是记忆存储在大脑什么地方这样的问题。在自然科学中，空间性问题主要表现为物理居所。在这个问题上，有着不同的理解，逐步呈现出一种进步取向。20 世纪以后，至少经历了拉舍雷、潘尼菲尔德、W. 米勒、约翰·欧基夫、刘旭等阶段。其历史时间主要以 1957 年米勒等人的研究为分水岭。所以，我们称之为前米勒时期、米勒时期和后米勒时期。

（1）前米勒时期

20 世纪 20 年代左右，弗朗兹提出了额叶（the frontal lobe）负责学习和滞留的功能。但是她的结论却很少得到实验的验证。后来，获得遗传学方面的博士学位的拉舍雷后来对巴普洛夫条件反射的神经生理基质问题感兴趣，最后向弗朗兹（Shepherd Ivory Franz, 1874—1933）靠拢并且在其实验室里工作。随后他们俩一起做了一些关于学习的大脑基础的实验。"它通过一次选择的迷宫老鼠以及斜面问题检查了在多种脑皮层区域中学习和滞留的损伤效应。迷宫老鼠并没有被皮层受损所影响。斜面问题的滞留被额叶伤害削弱，尽管削弱独立于额叶损伤出现的地方"。[①] 1950 年，美国心理学家拉舍雷发表了《找寻印迹》（In Search of the Engram）一文[②]，主要讨论了两个问题：一是记忆不是定位某个地方而是分布在大脑皮质的功能区域（functional areas of the cortex）；二是记忆印迹不是孤立的、输入与输出间的皮质联结。[③] "弥漫说"观点很快被推翻，但是其中"印痕"概念后来被接受下来。2015 年，约瑟林（Josselyn, S. A.）发表了一篇类似纪念性文章《找到印迹》（Finding the engram），算是向前辈致敬。[④]

（2）米勒时期

米勒的研究指出，内侧颞叶（MTL）特别是海马体在新的记忆获取上有着作

① BRUCE D. Fifty Years Since Lashley's In Search of the Engram: Refutations and Conjectures [J]. Journal of the History of the Neuroscience, 2001, 10(3): 310.

② LASHLEY K. S. In Search of the Engram. Society of Experimental Biology[C]. Symposium No. 4: Psysiological mechanisms in animal behaviour, Cmbridge: Cambridge University Press, 1950: 454 - 482.

③ BRUCE D. Fifty Years Since Lashley's In Search of the Engram: Refutations and Conjectures [J]. Journal of the History of the Neuroscience, 2001, 10(3): 308 - 318.

④ JOSSELYN S. A., KOHLER S. and Frankland, P. W. Finding the engram[J]. Nature Reviews Neuroscience, 2015(16): 521 - 534.

用。① 他们的成果是在病人 H. M 的经历基础上研究出来的。这个病人接受了双侧海马体摘除手术，从而出现了一些记忆问题。1957 年他们发表了相应的成果，并且开启了记忆研究的新的阶段。后来随着脑电图（EEG）、脑磁图（MEG）、功能性磁共振（fMRI）等成像技术的运用，大大推进了这一研究。其中欧基夫在他的一篇文章的导言中精炼地描述了在这个问题上科学家的认识过程。"由于诸如阿兹海默症之类的进展的病理学，空间和情景记忆的削弱经常是 MTL 损伤病人经历的第一个症状（例如科布和威肖，1996）。MTL 和海马体在新记忆的获取上有着重要意义（斯考分利和米勒，1957），还有与右半球相连的视觉-空间记忆（史密斯和米勒，1981），文字和描述记忆与左半球有关（福瑞斯科和米勒，1990）。"②目前在科学家那里形成了一种普遍的认同：情景记忆的形成离不开海马体。而这个理论的形成经历着大约半个世纪的时间。1981 年米勒推进了相关研究，指出视觉-空间记忆明显与右半球相联系（史密斯和米勒，1981）。③

　　但是真正对空间记忆的推进是由他的师弟欧基夫做出的。欧基夫是英国伦敦大学学院的教授，一个有趣的科学家。他对空间的思考受到康德的影响。他非常喜欢康德如下观点："空间无非是外感官的一切显现的条件，也就是说，是感性的主观条件，唯有在这一条件下外部直观对我们来说才是可能的。如今，由于主体的被对象刺激的感受性以必然的方式先于这些客体的所有直观，因此可以理解，一切显像的形式如何能够在一切现实的知觉之前、从而先天地在心灵中被给予，以及它如何能够作为一切对象必须在其中被规定的纯直观在一切经验之前就包含着对象诸般关系的原则。"④但是他认为自己是新康德主义者，对康德空间观点改造的结果体现在他 1978 年《作为认知地图的海马体》（*The Hippocampus as a Cognitive Map*）文中的观点。他特别强调了这本书中的 2 个主要观点：一是三维欧式空间是心灵加于体验的形式；二是这种独特的框架，传递了一个所有包含的、持续的空间，对于对象及其运动是必要前提。⑤ 在 2008 年的神经科学奖、2014 年的诺贝尔颁奖会议的报告上，他多次重申了他与康德

① SCOVILLE W. B., MILNER B. Loss of recent memory after bilateral hippocampal lesions[J]. Neurol. Neurosurg. Psychiatry, 1957(20): 11-21.
② BURGESS N, MAGUIRE EA, O'KEEFE J. The human hippocampus and spatial and episodic memory[J]. Neuron, 2002, 35(4): 625.
③ SMITH M. L., MILNER B. The role of the right hippocampus in the recall of spatial location [J]. Neuropsychologia, 1981(19): 781-793.
④ 康德.纯粹理性批判.李秋零,译注.北京: 中国人民大学出版社,2011: 57.
⑤ O'KEEFE J, NADEL. The Hippocampus as a Cognitive Map[M]. Oxford: Oxford University Press, 1978: 23-24.

观点的关联。

　　欧基夫的科学发现历程可以概括为：1971 年他在大脑的海马体发现了一种特殊的神经细胞，当小老鼠跑到一个特定区域时，这些细胞总是显示激活状态，而当它跑到另一个区域时，另一些细胞就会激活。因此，他发表论文，将在海马体里发现的这种对位置敏感的神经细胞命名为位置细胞（place cell）。[①] 1978年，针对海马体在空间记忆的认知地图（cognitive map for spatial memory）的大脑认知功能中起到重要角色，他与心理学家纳德尔出版了一本奠基性的著作《作为认知地图的海马体》；1996 年，他和他的学生尼尔·博格斯（Neil Burgess）分析了位置细胞。[②] 当然，关于头部方向细胞的研究是由瑞克（Ranck J. B.）在1984 年发现的。[③] 2002 年欧基夫的团队发表了题为《人类海马体与空间和情景记忆》（*The Human Hippocampus and Spatial and Episodic Memory*）的文章。2009 年，边界细胞被欧基夫本人和他的学生 Burgess 发现。[④] 2005 年，网格细胞（Grid Cell）被瑞典科学家莫索尔夫妇（他们也在欧基夫的实验室做过访问学者）和他们的学生哈弗定（Hafting，T）发现。[⑤]

　　在空间记忆中，神经元行为的特征成为一个重要的理论问题。神经科学家爱德华·图尔曼（Edward Tolman，1886—1959）提出的老鼠的空间学习行为，他在 1932 年的实验表明：老鼠能够了解奖励给予的地方以及能够显示出关于测试的原始反应去找到奖励物。但是对于记忆来说，情况如何呢？2011 年利根川进等人的研究表明：休息状态的老鼠也可以在以前从未到过的环境中预演（preplay）作为接下来活动的前兆的活动序列。[⑥] 这个研究提出了非常有趣的"预演"概念，但是这个研究并没有关注到记忆因素的作用。同年莫索尔夫妇在一篇题为《看到未来》的论文中探讨了老鼠在空间中神经元的运动特征。整个文章是基于一个实验展开，如图 3 - 7 所示。

①　O'KEEFE J. The hippocampus as a spatial map. Preliminary evidence from unit activity in the freely-moving rat[J]. Brain Research, 1971, 34(1): 171 - 175.

②　O'KEEFE J., BURGESS N. Geometric determinants of the place fields of hippocampal neurons [J]. Nature, 1996, 381(6581): 425 - 428.

③　RANCK JB. Head direction cells in the deep layer of dorsal presubiculum in freely moving rats. Soc Neurosci Abstr, 1984(10): 599.1990 年 Ranck J. B. 和 Taube J. S. 深入研究了头部方向细胞的问题。

④　LEVER C., BURTON S., JEEWAJEE A., O'KEEFE J., BURGESS N. Boundary Vector Cells in the Subiculum of the Hippocampal Formation[J]. Journal of Neuroscience, 2009, 29(31): 9771 - 9777.

⑤　HAFTING T., FYHN M., MOLDEN S., MOSER M.-B., MOSER E. I. Microstructure of a spatial map in the entorhinal cortex[J]. Nature, 2005(436): 801 - 806.

⑥　DRAGOI G., TONEGAWA S. Preplay of future place cell sequences by hippocampal cellular assemblies[J]. Nature, 2011(469): 397 - 401.

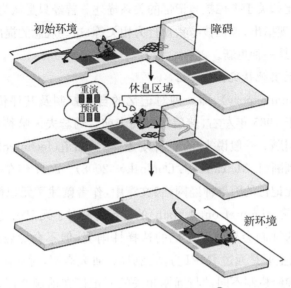

初始环境　障碍　重演/预演　休息区域　新环境

图3-7　空间记忆中的预演[①]

文章指出,老鼠在休息的时候,脑中神经元活动的顺序类似于在先前经验中发生的活动顺序类似,这显示了这种体验被重演,也就是重演行为(replay)。这个概念的提出从理论上进一步完善了空间记忆的理论话语。

另外,对于MTL在记忆中的作用的研究基本上还是在米勒的成果上前行。最近的研究表明:借助高分辨率fMRI技术,人类情景记忆中MTL的子区域的功能得到了进一步的探讨(Jackson C. Liang et al. 2015)。通过遗忘症研究MTL对于人类记忆和知觉的作用(Danielle Douglas et al. 2015)。

(3)后米勒时期

这主要是从2005年光遗传学技术普遍运用后的时期。这一阶段的研究的理论依据成为"印迹细胞",一直可以追溯到萨门的生物印迹概念,而且更偏重对记忆印迹细胞的控制,所以从根本上看,更多的实践应用维度表现出来。2012—2016年利根川进团队围绕记忆的标记、操作与植入做出了比较大的贡献,发表了令人瞩目的研究成果。

这个时期的划分以米勒为标志,主要是她的巨大贡献。但是在其中我们也能够看到保护带命题的不同情况,如拉舍雷的观点被抛弃,而米勒的记忆观点被普遍接受,而逐步被论证完善。事实上,在保护带的命题的更替上,应该说是

---

① MOSER EI, MOSER MB. Seeing into the future[J]. Nature, 2011(469): 304.

比较快速的。比如关于杏仁核与记忆的关系描述。曾经只是认为杏仁核与情绪有关,最近的发现指出,杏仁核与猎食行为相关等,这些观念的提出,不仅仅丰富人们的认识,更是一种更新。

4. 辅助带的其他情况:元记忆

元记忆(metamemory),即一种对记忆的自我控制及其评价的心理过程。这一研究开始于 1965 年左右,然后发展到当前。约瑟夫·哈特(Jospeh Hart)最先讨论这一问题。一般说来,有三种现象,感觉知道(feeling-of-knowing)、舌尖判断和学习判断(J. Metcalfe, J. Dunlosky, 2008)。2017 年在一篇题为《灵长类用于反思的元记忆的因果神经网络》文章中,作者阐述了元记忆的神经机制。文章指出,前额区(the prefrontal brain)的特定区域对于元记忆决断来说是重要的。这一区域的抑制会导致元记忆的选择性削弱,但不会导致记忆自身的削弱。[①] 这一研究主要是通过 fMRI 方法完成的,研究表明,对远期事件和近期事件的元记忆的神经机制不同,"与远期相关的元记忆在前额 9 区,而近期则在 6 区内"。这篇文章对元记忆的理解是"与记忆状态有关的元认知性自我控制"。此外,还有一篇研究甚是有趣。《果蝇中已习得信息的再评价》(*Re-evaluation of learned information in Drosophila*)提出,动物经常评估习得信息的可靠性来最优化自己的行为。在提取阶段,如果习得预测不准确,那么已经巩固的长期记忆可能被消除来失效;反之,如果习得预测是可靠的,被提取的记忆则会被保持。尽管消除和再巩固提供了消灭有问题的人类记忆的机会,但是在理解人类记忆更新上缺乏足够的机制。[②]

元记忆的现象提醒我们注意记忆研究纲领的范围所指,我们通常认为纲领的内核与保护带都是关于记忆的命题,那么元记忆则并非关于记忆本身的,而是阐述对记忆的评价,这属于另一个层次。把它放入到硬核显然不合适,因为硬核部分更多是涉及记忆本身的关键问题,所以只有放入到辅助带,这是一个特殊的地带,它的存在不会影响到记忆研究本身的进展,就像伦理学与元伦理学的关系一样,无法提供一种实践规范,而仅仅是对实践规范的分析反思。

---

① MIYAMOTO K., OSADA T., SETSUIE R., TAKEDA M., TAMURA K., ADACHI Y., MIYASHITA Y. Causal neural network of metamemory for retrospection in primates[J]. Science, 2017, 355(6321): 188-193.

② FELSENBERG J., BARNSTEDT O., COGNIGNI P., SUEWEI LIN, WADDELL S. Re-evaluation of learned information in Drosophila[J]. Nature, 2017(544): 240-244.

第四章　当代记忆研究的
技术与方法

第一节　记忆研究三剑客

在自然科学领域内,有三个人堪称"记忆研究的三剑客"。他们分别是德国生物学家理查德·萨门、美国哥伦比亚大学神经科学家凯德尔教授艾瑞克·凯德尔和英国伦敦大学的约翰·欧基夫教授(John O'Keefe, 1939—)。三剑客中每个人的人生堪称奇迹。萨门受到海克尔和达尔文的影响,通过游历考察世界来追求对人类真理的贡献,但是最后却自杀身亡;凯德尔反思弗洛伊德的心理分析,走向科学巅峰,获得诺贝尔奖,他运用还原论哲学,努力在分裂的两种文化之间架起桥梁;与凯德尔相似,欧基夫毕业于心理学系,他在诺贝尔颁奖大会上讲述了记忆研究中自己如何受到康德的影响以及如何做出科学贡献。这些人带给我们的是一些迷,从他们身上散发出一种混合的精神气质:如果说他是哲学家,但是他本身在做着科学研究,把一生献给了科学事业。如果说他是科学家,他身上却会表现出独特的哲学气质。所以本节旨在阐述三个科学家的人生、记忆理论以及反思科学与哲学的关系。

一、悲情剑客:理查德·萨门

因为从事记忆研究的缘故,笔者搜索文献的过程中看到了理查德·萨门的在 20 世纪早期出版著作《记忆》与《记忆心理学》,不禁欣喜若狂,循着线索去找,但是在网上、在图书馆里始终没有找到这两本书。后来在澳大利亚访学的朋友帮助,说在澳大利亚的墨尔本大学的图书馆里找到了书,而且找书的过程非常神奇。于是,萨门及其著作就以坎坷的方式进入到笔者的研究视野中,逐渐地对这个人以及他的思想有了进一步的了解。

1859 年德国诞生了两位影响人类思想的学者。一位是胡塞尔(E. Husserl,

1859—1938），他的现象学哲学影响到了人类的整个科学范围，并且这种影响力逐步增强，他最后死于肺炎；另一位就是理查德·萨门了，但是他的影响力却表现得极为曲折。萨门是一个身怀抱负的科学家，但是他的科学抱负在当时并没有实现。在他59岁也就是1918年，饮弹自杀。这是一个怎样的人？他为什么自杀？成为了解萨门的一个重要的迷。

萨门出生在一个没落的有钱人家，从小体弱多病，后来师从著名的生物学家海克尔（Ernst Haeckel，1834—1919）学习。海克尔是当时世界一流的生物学家。受海克尔影响，他也希望在生物学领域内有所作为。他在海克尔的理论框架内抓住了生物遗传过程中的一个问题：一些已获得的东西的代代相传如何解释？他试图从记忆角度去解释遗传现象。为了解决这一问题，他甚至到澳大利亚游历两年（1891—1893）。回国后写了《记忆》（1904）和《记忆心理学》（1908）两部著作。可惜的是，这两本著作并没有产生太大的影响，没有为同时代生物学家肯定。他的第一本著作出来，受到当时生物学家的围攻，第二部著作出版后更是无人问津。

1918年，萨门自杀。斯卡特曾经从兴趣点、术语、立场以及证据等角度分析了萨门作品被遗忘的原因，但是对于他为什么自杀却没有做出详细解释。这引起了我的兴趣。萨门自杀有三重原因：一是学术受冷、中年丧妻和理想破灭。萨门自杀的第一个原因是学术受冷。他所处的时代是达尔文进化论风靡一时的时期，导师海克尔更是进化论的支持者。受其影响他也希望在生物学界产生影响，但是这也是其人生悲剧的源头，他作品发表后恰恰是受到了很多支持达尔文思想的人的批判和冷遇。45岁时学术上的连续受冷使得他开始怀疑自身，这让我们想到了胡塞尔在42岁的时候也依然不停地怀疑自己。导致萨门自杀的第二个原因是妻子的病故。萨门和他的妻子关系很好，他们彼此相爱。但是由于他妻子患有癌症，最后死于疾病。这彻底摧毁了他生活的支柱。萨门自杀的第三个原因是政治理想的破灭。他是一个普鲁士主义者，坚信德国崛起的理想。但是随着第一次世界大战的结束，德国战败，四处赔偿。他的政治理想彻底破灭，失去了精神的支柱。在这三重事件的打击下，1918年他用枪指向了自己的脑袋。萨门死的方式充满了理想主义。正如斯卡特在萨门传记中记载的那样，他在卧室的床上整齐地铺好了一面德国国旗，凝视着国旗和他心爱的妻子躺过的地方，然后心里默念着心爱人的名字以及德国的名字，一声枪响过后，一切都结束了。

由于当时学界的不理解，他的这一理论沉睡了近半个世纪。1978年被心理学家斯卡特发现和挖掘,2010年以后被神经科学家利根川进的团队承认。他的成果作为了进一步研究记忆印迹细胞识别、标记和改造的理论根基。

萨门求学的时候受到海克尔的影响。海克尔在哲学上是一个整体主义者,他所追求的是从整体的、统一的原则解释自然现象。这显然是德国古典哲学影响的结果。因此,萨门也开始追求这样一种方式。他关心的问题是遗传学,尤其是生物各代之间遗传的同一问题。为了解决这一问题,他没有采取达尔文式的经验观察方法,而是带有极浓厚的思辨和实验方法。他找到了"记忆"这样一个原则,在他看来这一原则能够解释自然物种之间的遗传同一问题,通过到澳大利亚游历,他能够找到经验证据。在后来出版的著作中他提出了两个重要概念:一个是印迹概念,其定义是"由刺激物产生的存在于应急物质中的持久的然而是原初潜在的变更"。另一个概念是唤起(ecphory),其定义是"将记忆印迹或者印痕从潜在状态中唤醒进入到明显活动的影响"。这两个概念成为他解释所有自然现象的出发点,而这两个概念也成为后来记忆科学研究的出发点。

萨门的著作没有在同时代的生物学家中产生较好的影响,反而是受到极大批判。之所以如此,主要是因为学术共同体范式的不可通约造成的。在19世纪末,达尔文进化论成为生物学领域的标准范式,不同物种之间的竞争、淘汰成为生物进化的主要机制,这一范式对社会科学乃至人文科学的影响也是不可忽视的。社会竞争、狼群社会等都是这种影响的体现。而萨门所提出的通过记忆原则解释自然现象,无疑从两个方面向达尔文范式提出挑战:一方面是记忆作为思辨的、同一的原则无法被经验证实;另一方面是强调了不同生物代际间的遗传同一性。此外,除了挑战权威当红范式之外,更为重要的是,他对同一原则的寻求更是对当时实证精神的一种宣战。如胡塞尔所言,整个时代都是为实证科学精神造就的具有实证精神的人。所以,当他的思想与当红的进化论范式和实证精神产生碰撞时,其结果是可想而知的。

在生物学领域他受冷并不等于其他领域的无视。我们还是可以看到同时代有些学者注意到萨门思想的价值所在。德国物理学家恩斯特·马赫把他称作阐明遗传与记忆之间关系的第一人。"如果我们把连接更充分地适应重现的过程的特性归之于有机体,那么我们可以辨认,通常称为一般有机现象的一部分的记忆是什么,也就是说,就其直接地是意识而言,是对周期性的过程的适应。于是,遗传、本能之类的东西,可以说是达到超越个体的记忆。塞蒙(Die Mneme(《记忆》),Leipzig,1904)也许是第一个尝试科学地阐明遗传和记忆之间的关系"

（《认识与谬误》，p56）。这部1926年出版的著作对萨门的作品给出了一种肯定的评价。受其影响，马赫总结了20世纪20年代前后大脑与意识之间的关联。"大脑功能之间的关联的暂时或永久的失调相应地干扰意识。比较一下解剖学、生理学的和精神病理学的事实，我们被迫假定，意识的完整依赖于大脑叶的完整为转移。皮质的不同部分保留着不同感官刺激（视觉的、听觉的、触觉的等）印迹。不同的皮质区域通过'联想纤维'多种多样地联系起来。无论何时一个区域不再起作用或联系被切断，心理失调就伴随发生。"（《认识与谬误》，p56）他的影响甚至超越了德国。英国哲学家罗素在其记忆印痕观念的影响下，提出了记忆因果性（mnemic causation）的范畴，他将记忆看作是意象和信念。在罗素1921年出版的《心的分析》"心理和物理的因果律""记忆"等篇目中有明显的表现。只是罗素显得有些不地道，并没有明确提到萨门的影响。

当然，在20世纪30年代以后，萨门彻底被遗忘，直到美国心理学家斯卡特发现了他。斯卡特将这个人挖掘出来向心理学界做出了介绍，肯定了他的记忆理论的作用。斯卡特在2001年推出的《被遗忘的理念、被忽视的开拓者：理查德·萨门和记忆故事》一书描述了他的生命和他的理论及其影响。由于学科限制，他并没有注意到心理学之外的影响。

20世纪80年代，生物学界重新肯定了他的贡献。MIT的神经科学家利根川在1987年以后开始使用"记忆印迹细胞"的概念。他在题为《记忆印迹细胞迎来了自己的时代》的报告中指出，记忆存储在大脑的观念可以追溯到柏拉图。但是直到20世纪这个观念才被科学化，而这个过程得益于萨门的"记忆印迹理论"（engram theory）、赫伯的"突触可塑性理论"（synaptic plasticity theory）。在这一概念的指导下，他的团队开展了诸多研究，借助光遗传学技术，在2012—2016年取得诸多成果。2016年，中国科学院神经所（上海）的蒲慕明研究员发表的《什么是记忆？印迹的当前状况》阐述了记忆的神经机制问题。这篇文章再次肯定了萨门理论的重要性。他指出，"德国动物学家理查德·萨门形成了印迹概念，它维持了导致同时刺激的大脑中的联接"。

从个人角度看，萨门是不幸的，因为同时代的学者无法理解他，导致他的学术著作被打入冷宫；因为他心爱的妻子身患绝症，离开了他；因为他的政治理想破灭，最终自绝生命。但是从人类思想史的角度看，萨门又是幸运的。一百多年来，他的著作影响了哲学家、心理学家、物理学家以及神经科学家，尤其是得到了神经科学家的重新肯定。对于哲学而言，他的价值在于让我们多了一个角度思考从记忆角度思考哲学与科学的关系。

对于理解记忆而言,印痕概念是非常重要的。在古代哲学中,柏拉图、亚里士多德提出的"印章比喻"就是印痕理论的哲学源头。这种理论影响到中世纪、近代哲学。当 19 世纪萨门提出"生物体印迹"来解释记忆理论的时候,需要认真思考这一概念是否有助于我们对记忆的本质进行阐述。法国哲学家保罗·利科是一个有意思的哲学家。他在《记忆,历史,遗忘》的著作中特别分析了神经科学中的"记忆印迹"概念。他的切入点非常地恰当。他敏锐地抓住了神经科学最为依赖的"印迹"概念,然后加以批判。当谈到记忆痕迹的时候,他做出了三重区分:书写痕迹、心理痕迹和脑部痕迹。"正如早期柏拉图和亚里士多德提出的蜡块印痕的比喻,我提出要区分三类印痕。书写印痕:在历史操作的层面上变成了文件印痕;心理印痕:被命名为印象而不是印痕,通过标记某个事件在我们心中留下的情感意义上的痕迹;最后脑部印迹:这是神经科学家处理的对象。"[①]他已经开始从现象学角度反思神经科学中记忆研究存在的问题。而且他的分析非常精准,抓住了神经科学的问题所在。当然他的有些概念用法还是不甚准确,比如"脑部印迹"。事实上今天的神经科学家主要是使用"记忆印迹细胞"这样的概念,他们很少使用"脑部印迹"这样粗犷的概念。

所以,如果哲学要在当代记忆研究中出场,必须对萨门及其记忆印迹理论加以重视,这是我们进入记忆内容理解的关键,也是我们完善记忆观念史的必要环节。也只有这样,才能够回到记忆现象本身。

二、天涯剑客:艾瑞克·坎德尔

人类科学史上一直面临着两种分裂:科学自身的分裂和科学与人文的分裂。前者是科学进步的需要,进步就体现为知识细化从而导致的分裂。面对这一状况,部分科学家加以反思,指出结合的必要性。理学家薛定谔曾经指出:"自然科学的范围、目标和价值与人类任何其他知识分支都一样。只有它们结合成整体,而非单独的某一分支,才谈得上范围或价值。"后者是科学与人文的分裂。1959 年,C.P.斯诺提出了西方知识界存在的两种文化——科学主义与人文主义,揭示了两种文化之间存在的鸿沟。他呼吁科学家和人文学者必须在两种文化之间架起沟通的桥梁,这样彼此理解对方的方法和目标,最终提升人类知识以及使得人类社会整体受益。但是近 60 年来,这种鸿沟不仅没有被消除,甚至越来越大。面对这一问题,美国哥伦比亚大学神经科学家艾瑞克·凯德尔从记忆

---

① 保罗·利科.记忆,历史,遗忘[M].李彦岑,陈颖,译.上海:华东师范大学出版社,2018:415.

问题入手,研究记忆存储的神经机制问题,他努力在分裂的两种文化之间架起桥梁。就科学问题而言,他是成功的,在 2000 年获得了诺贝尔医学奖;就弥补鸿沟而言,他借助哲学方法践行着自身的理想。

1929 年,德国哲学家哈贝马斯、法国的鲍德里亚出生。在欧洲维也纳有一位犹太血统的学者悄然诞生,他就是艾瑞克·凯德尔。此时,战争即将爆发。1939 年,希特勒屠杀犹太人,10 岁的凯德尔跟随父母一道移居到美国纽约。此后他一直在美国生活和工作,2000 年,71 岁的凯德尔获得了诺贝尔奖。诺贝尔委员会介绍了他的工作,他"发现了神经系统中信号转导机制"。他的经历异常纯粹,接受大学教育,然后从事科学研究。这段生活都体现在 2006 年发表的传记《追寻记忆的印迹》中。

谈及这段经历他在诺贝尔颁奖大会上说道:"然而,我禁不住想我在维也纳最后一年的经历有助于决定我后来的兴趣,对于心灵,对于人们如何行为,动机的不可预见性和记忆的永恒性。许多年来,我一次一次地返回到这些主题,我的职业兴趣从年轻时对欧洲知识分子历史转移到更加系统地导向精神过程的心理分析,最后转移到我对意识和无意识记忆的兴趣。"这段话成为我们走进他思想之路的钥匙。

10 岁的他深切地感受人类行为的复杂与矛盾,少年时的些许疑惑——"为什么离开家到达一个完全陌生的地方?"转变为理性思考:"一个高度教化、文明的社会,一个培养了海顿、莫扎特和贝多芬的伟大社会怎样在下一个历史时刻坠入到野蛮主义?"在进入哈佛大学后,他选择了历史与文学,他的学士论文是关于德国三位文学作家对国家社会主义态度的研究,他试图从中找到答案。

读书期间他遇到了美国心理学家伯尔赫斯·弗雷德里克·斯金纳(B. F. Skinner, 1904—1990)。这是一位新行为主义的心理学家,他发展出了以行为分析为主的实验研究心理学和以行为主义为特征的科学哲学,被称为"行为主义的先锋"。受其影响,凯德尔对学习与记忆的行为产生了极大兴趣。后来,他又遇到了安娜·克里斯(Anna Kris),他的父母是典型的心理分析家。最终弗洛伊德的心理分析思想又对凯德尔产生了极大影响。因为他想从心理深处理解人类行为的逻辑。但是不同于理论分析,他更喜欢临床心理分析。也正是因为这样,他选择进入医学院成为医生,并且作为心理分析师接受训练。但是很快,他发现了心理分析的不足,"20 世纪 50 年代的心理分析都是采用非生物学语言"。

随后,受到库比(Lawrence Kubie)、奥斯塔(Mortimer Ostow)和马格林(Sydney Margolin)等具有神经学背景的心理分析师的影响,他逐渐开始关注心理现象的生物学基础。1963年以后,他进入哈佛大学、纽约大学、哥伦比亚大学和霍华德休斯研究所(Howard Hughes Medical Institute)工作。从哥伦比亚大学开始,他真正从事着关于行为的生物学研究,这是真正的科学研究而不是心理分析。在描绘他的学术生涯的时候,他使用了"完全的圆圈"(full circle)的说法:从最初人的心理分析和记忆存储的复杂认知问题转移到哺乳动物海马体的研究上,然后退却到海洋蜗牛(Aplysia)的最为简单的记忆形式,后来又到更为复杂的老鼠的记忆上。

关于凯德尔的获奖存在着一些有趣的说法。这个奖属于哪里人的? 有人说是奥地利人的诺贝尔奖,因为凯德尔是一个典型的奥地利人,非常乐观向上、有些虚伪、甚至有些矫情。他本人并不认可。他认为这个奖属于犹太裔美国人的,这种看法里面夹杂了复杂的情绪。对于一个10岁的孩子来说,他无法理解战争意味着什么? 当他到美国后,开始受到教育,并且成长起来获得认可,这无疑成为他自我认同的关键。

凯德尔是典型的学院派,他选择了最具挑战性的科学问题——记忆产生和存储的机制。2015年,《科学》杂志在创刊125周年的时候发布了125个最具挑战性的科学问题,"意识的生物学基础"和"记忆存储和恢复"在这些问题中位于前10位。这一问题的选择显然是多重因素作用的结果:幼年的经历、心理学的影响以及对科学真理的追求精神。

和萨门不同,他关注学习与记忆的问题主要是从神经科学的角度进入。众多问题中,他尤其关注学习如何导致大脑神经网络的变化以及易变的短时记忆如何转变为稳定的长期记忆这两个问题。当然,他并没有用生物学逻辑取代心理学或者心理分析的逻辑,而是把二者整合起来,在细胞信号的生物学与记忆存储的精神心理学之间建立起联接。1970年他因为研究具有简单神经系统的海洋蜗牛而取得突破。他发现当蜗牛学习的时候,化学信号改变了分子之间的联结结构,也就是神经突触,在这里信号被传递和接受。"我们发现学习的所有三种形式——习惯、促进感受化和经典条件——导致特定感觉路径的变化,这些变化与记忆过程的时间进程是平行的。"这一观点在科学哲学上的意义是明显的。无疑是从动态方面对静态性的逻辑原子主义观点给予了补充。当学习的问题获得突破的时候,记忆问题自然而然成为下一个问题:如何解释记忆存储的分子机制? 在记忆研究的问题上,他接受了心理学家艾宾浩斯在长期记忆和短期记忆之间存在区分的前提,并且进一步研究二者区别的神经机制。他研究指出短期记忆和长期记忆的区分与蛋白质合成(protein synthesis)有关,前者不依靠蛋白质合成,而后者依靠蛋白质合成。另一个接受心理学关于记忆区分的假设表现是对隐形记忆和显性记忆的区分,这种区分的生物学基础是海马体是否参与其中。在他看来,隐形记忆如摩托车驾驶技术的回忆不需要海马体的参与,但是关于人、对象、空间等的显性记忆则需要海马体的参与。只是在这条路上,他很孤独。1990 年,60 岁的他独自研究海马体在记忆中的作用。这一研究的贡献与海马体中的空间认知地图有着密切的关系。他提出这样的问题:空间如何表征在海马体中? 这个工作最终与约翰·欧基夫的工作重叠,他于 2014 年获得诺贝尔奖,其成果与空间记忆有着密切关系。

凯德尔解决这一问题的方法论是典型的还原论。凯德尔的还原主义具有两层含义:本体论意义上的还原主义和方法论的还原主义。本体论意义上的还原主义即将现象还原到基本构成单元之上,比如将心理现象还原到神经元就是这种还原主义的表现。他曾经描述过构成有机体的物质单元层级,从中央神经系统到分子。从其长度来看,中央神经系统长达 1 米,然后是脑区 10 厘米,网络 1毫米,神经元 100 微米,突触 1 微米,分子 1 埃米。这种划分根据是物理实体的物理长度,也就是通常所说的"大小"。在机制解释过程中,必须通过更小单位块解释上一级单位块之间的作用,一直上升到行为。然后在此基础上依据机制解释行为发生实质。

方法论的还原主义是指研究方法上采用还原主义的方法,比如将复杂对象还原到简单对象上,然后加以研究。他在题为《记忆存储的分子生物学:基因与突触之间的对话》的获奖感言中说明了这一原则,"研究最复杂的案例,我们需要研究记忆存储的最简单案例,在那些最容易实验化驯服动物的基本反射行为中研究它们"(凯德尔,2000)。他的还原主义建立在一个同一性假设上:人类大脑与行为与更简单动物的神经系统与行为之间存在着同一性。根据这一原理,他选择一种叫作 Aplysia 的巨型海洋蜗牛("最驯服的、容易实验化动物")展开实验。之所以选择这种动物,原因是:(1) 相比人类而言,神经元数量最少,仅有 2万个神经元;(2) 这些神经元尺寸大,可以用裸眼识别,而且只有 10 个解剖单元构成;(3) 许多神经元是可以辨别的,可以把不同的神经元活动标记出来。这种方法论体现在其 2016 年的最新著作《艺术与脑科学中的还原主义:沟通两种文化》中。

可以说,凯德尔是欧洲历史的一个缩影,同时也是美国梦的最佳表现。他出生在犹太家庭,家族烙印带给他的是灾难。10岁那年不得不和父母一道背井离乡,远赴美国。这给一个孩子带来的冲击是非常厉害的。战争造成的结果是让他开始思索人类偶然地、恶的行为的根源。这对于那一代受过纳粹迫害的犹太人来说,这一事件造成了烙印是永恒的、不可抹除的。逃亡美国的犹太科学家爱因斯坦和哲学家马尔库塞、汉娜·阿伦特等人反思纳粹主义产生的根源。年轻的凯德尔随家人逃亡美国时也就是个少年,他不可能理性地反思这件事情,更多的是困惑。在他内心中,乡愁与他的关系恐怕难以说清,这种关联不是个体与国家的关联,而是个人与民族之间的关联,"犹太"成为他的家园。所以在谈及他的获奖时,他说属于"犹太-美国人"。当他到达美国后,接受了正统的美国教育,受到了美国心理学派的深刻影响。最后进入科学领域,通过自己与团队的共同努力,摘取了科学高峰的明珠——诺贝尔医学或生物学奖。这无疑是美国梦实现的最好素材。从整个人类整体看,科学家、文学家、哲学家在美国能够继续他们的思考和研究。

在凯德尔身上,我们可以明显地看到哲学对于他的影响,他善于使用哲学原则,还原主义方法在他手里得到了艺术般地运用。在对象的选取上,他选择神经系统最简单的海洋蜗牛作为他的研究对象;在方法运用上,他遵循着从复杂到简单的原则;更为有趣的是,他努力通过这种原则来沟通两种文化之间的鸿沟。早期的时候,他试图在记忆的心理理解和生物学理解之间架桥一座桥梁;后来他努力沟通艺术与科学之间的鸿沟。

对于理解记忆而言,他给予的是一种解释机制。正如上面所说的,他成功地解答了记忆存储的神经机制、短期记忆转变为长期记忆的神经机制。在他的解答中,我们能够明显感受到他所触及的哲学基本问题——物质与精神的关系问题。在二者关系的认识上,他的立场表现出平行论的特点。在他看来,行为与心灵是平行的,而心灵与神经是平行的。所以要理解行为,必须要到回到作为基础的、平行的物质层面。但是,正如胡塞尔指出了的,自然科学的认识面临着一个无法克服的悖论:"但现在认识如何能够确定它与被认识的客体一致,它如何能够超越自身去准确地切中它的客体?"这对于凯德尔而言,的确是一个未加反思的问题。

在科学层面,他能够为记忆问题找寻到扎实的科学根据。这不仅仅是任意选择的结果,正如我们幸运地看到,这是他年轻时的体验,理解人类行为最终导致的结果。这无疑显示了哲思的另一种根基:困惑。来自对生活自身的情绪所导致的,只是他面对这一问题选择了科学的方式。

三、古典剑客：约翰·欧基夫

欧基夫之所以被我们称之为古典剑客，是因为在他身上有着强烈的古典哲学家的气质。关于他在记忆研究上的科学贡献用他自己的话来说，海马体结构提供了熟悉环境的认知地图，这被用来辨别动物当前的位置以及完成从一个地方到另一个地方的导航。此处，我们更关心的是他身上所表现出来的哲学气质，我们感受到的是康德的影响。他认为自己是新康德主义者，对康德空间观点改造的结果体现在他对记忆的理解之中。

正如他在《作为认知地图的海马体》书中（*The Hippocampus as a Cognitive Map*）中提到的，他提出了这样的观点："在书中我们将采取新康德主义的观点，并且开始两个观点的论证：① 三维欧式空间是心灵加于体验的形式；② 这种独特的框架，传递了一个所有包含的、持续的空间，对于对象及其运动是必要前提。"[1]当然这一观点也可以推广到人类身上，所以在他看来，在人类中有一个相似的空间系统提供情景记忆的基础。他首先回顾了空间理论的历史，并分析了牛顿、莱布尼兹和贝克莱的观点，接着分析了康德及其之后的相关理论。"然而，牛顿、莱布尼兹和贝克莱在物理空间本质的看法上不同，他们同意心理空间是相对的，来自经验。而康德宣称心理空间是绝对的和先天的。在本章其他部分，我们将顺着经验主义者、先天论者和康德路径追寻他们不同的心理空间理论直到当前由现代心理学家如赫尔（Clark L. Hull Hullian）、埃莉诺·吉布森（Eleanor Jack Gibson）以及皮亚杰（Jean Piaget）等人的结构理论上。"[2]"地方空间是非自我中心的，我们同意康德的是在这个空间中体现的关系是被称为知识之物的内容，用赖尔（1949）的术语来说，与'知道如何'相反。"[3]

"那些使用欧式特征的物理空间地图允许针对地图中不同实体之间关系的推演，这超越了通常的逻辑规律。当然，这是康德所指的称之为先验综合空间（space a synthetic a priori）。因此，我们可以说从屋顶落到地上的石头必须要通过干扰性空间。我们的地图不会特殊化这些被占据或者没有占据

① O'KEFEE J., NADEL L. The hippocampus as a cognitive map[M]. Oxford: Oxford University Press, 1978: 23-24.
② O'KEFEE J., NADEL L. The hippocampus as a cognitive map[M]. Oxford: Oxford University Press, 1978: 10.
③ O'KEFEE J., NADEL L. The hippocampus as a cognitive map[M]. Oxford: Oxford University Press, 1978: 61.

的位置……"①

"我们把这些语义地图放置在人类海马体中,将右侧海马体中物理事件的表征放在一起,它们形成了通常所指的长期记忆、用于情景和描述的特殊语境记忆的基础。"②

2014年的诺贝尔颁奖会议的报告上,他正式重申了他与康德观点的关联。他引用了康德在《纯粹理性批判》的一段文字:"空间无非是外感官的一切显现的条件,也就是说,是感性的主观条件,唯有在这一条件下外部直观对我们来说才是可能的。如今,由于主体的被对象刺激的感受性以必然的方式先于这些客体的所有直观,因此可以理解,一切显像的形式如何能够在一切现实的知觉之前、从而先天地在心灵中被给予,以及它如何能够作为一切对象必须在其中被规定的纯直观在一切经验之前就包含着对象诸般关系的原则。"③

回看萨门、坎德尔和欧基夫等三位记忆研究的剑客,我们会发现在他们身上所体现出来的与哲学的有趣关系,这更主要通过一种理论研究方法体现出来。对于萨门来说,他没有现代的实验方法,而是采取了一种原始的旅游式方法和哲学反思式的方式,从而提出了记忆印迹和提取的理论概念。对于欧基夫来说,他对哲学的依赖最为明显。他对空间理论的梳理上遵循了物理空间和心理空间的区分,并且回到哲学史中,对牛顿到康德的空间理论做出了描述,并在此基础上有效地利用了康德的空间理论。而对于坎德尔来说,更多借助了神经科学技术方法,他利用了现代神经科学方法对记忆的神经基础进行了深入探索。相比之下,他身上的哲学气质最少。

第二节　记忆研究技术演变

由于记忆科学与技术的发展与神经科学的发展密切相关。确定与记忆相关的大脑神经活动的准确的位置成为研究的一个主要任务,这对于医疗技术的发展也至关重要。主要有如下三种方式:

一,成像方式(imaging technology)。如 fMRI 和 PET 可以对大脑进行成

---

① O'KEFEE J., NADEL L. The hippocampus as a cognitive map[M]. Oxford: Oxford University Press, 1978: 409.

② O'KEFEE J., NADEL L. The hippocampus as a cognitive map[M]. Oxford: Oxford University Press, 1978: 410.

③ 康德.纯粹理性批判[M].李秋零,译注.北京:中国人民大学出版社,2011:57.

像。于是可以通过这种方式测定记忆的位置所在。

二，脑部损伤(brain lesion)。动物大脑的某个部位被手术移除或者其他方式进行抑制或者激活，这样可以检测移除是否会影响到记忆系统。

三，大脑病变或者损伤。科学家利用脑病变的病人进行研究，诸如癫痫、精神分裂等病人。为了治疗疾病，这些病人通常都会接受脑部手术，从而成为记忆科学研究的对象之一。

这三种方法在解决记忆的问题上经历了从不精确到精确的过程。不精确主要是技术手段上，比如外科摘除等手术。精确方法主要是通过一些特定技术来获得精确定位，比如主要三种方法：电子的、遗传学的和药理学的方法。"在过去半个世纪以来，电子的、遗传学的和药理学的干涉已经发展起来并且被用于获得关于神经系统活动功能意义的知识"。[①] 在治疗历程上，新的治疗手段如电磁治疗技术(TMS, transcranial magnetic stimulation)和深度脑刺激(DBS, deep brain stimulation)都相继使用。[②]

一、不精确的方法：传统脑外科手术

20 世纪 60 年代之前，关于记忆研究的技术主要是脑外科手术，主要来自医学领域。在医学上，癫痫(epliepsy)与神经分裂成为两个困扰人类的疾病。当时的知识表明：癫痫与神经分裂与脑部病变有密切的关系。所以要进行摘除外科手术。医生一直这样做。但是，"当记忆损伤出现，事情就变了"。[③] 这种手术就是治疗癫痫的颞叶手术(temporal-lobe operation)，"这不同于某人脑部长有肿瘤或者血管损伤，你尽力挽救他们的生命。在那种情况下，病人一旦瘫痪，丧失了他们的语言或者记忆，至少他们还活着。但是对于癫痫就不同了。如果病人遭遇了严重的记忆损伤，这是实际的灾难"。[④]

所以在癫痫手术的过程中，医生潘尼菲尔德遇到了记忆损伤的真实案例，其特长是单侧颞叶摘除(unilateral temporal lobectomy)。1941 年，PB 接受了从左颞叶移除掉脑皮层的手术。1951 年再次接受了脑叶切除术，而且第二次手术中摘除了内侧结构。结果后来出现了记忆损伤，这个病人无法记住日常

---

① RAJASETHUPATHY P., FERENCZI E., DEISSEROTH K. Targeting Neural Circuits[J]. Cell, 2016(165): 524.

② TMS 用于抑郁治疗，而 DBS 用于帕金森症的治疗。20 世纪 60 年代人们开始用慢性脑深部刺激 (deep brain stimulation, DBS)治疗顽固性疼痛。80 年代这项治疗技术在美国合法化。

③④ CHEN JIE XIA. Understanding the human brain: A lifetime of dedicated pursuit[J], MJM, 2006, 9(2): 166.

生活的事情。同一时期，FC 接受了左颞叶摘除手术，出现了同样的症状。后来发现是因为摘除了部分海马体。"之所以会强调海马体的作用是因为在 PB 的第二次手术后我们只看到了记忆损伤，这次手术只涉及左颞叶的内侧结构"。[①]

另外一个医生是美国人威廉姆·斯考分利。他主要是治疗精神分裂病（schizophrenia）。"在精神分裂症中，切除双边颞叶手术可能是由作用。因为在当时每一个人都在讨论内侧颞叶区与眼窝前额皮层之间的关系"。而斯考分利医生技术娴熟，他可以轻松地进行类似手术。"斯考分利医生的技术是双边内侧颞叶切除（bilateral medial excision），专门针对精神分裂病人"。他的病人 HM 遭遇到了一种奇怪的情况，"记忆丧失，但是保留了生活的礼貌，即他可以保持礼貌以及知道如何行动，但是无法学习去浴室的方法以及无法记住医院医护人员的名字，他只记得斯考分利的名字"。[②]再后来，心理学家米勒碰到了一些少量的额叶癫痫（frontal lobe epilepsy）案例。后来她找到了美国威斯康星大学的实验心理学家 David Grant，借助其帮助，对额叶损伤的案例有更多的了解。再后来，她碰到了 KM 这样一个病人，他是一个工人，在工作中受到了脑损伤，双额叶近 1/3 受损。因此他出现了后创伤癫痫（post-traumatic epilepsy）。这个人后来接受了双额叶手术，完全清楚了创伤。后来对他术前和术后智力检测，没有发现异常。所以，科学家们普遍形成了这样一个观点：额叶对于成人智力行为影响并不大。"当你长大时候，你需要额叶发展你的智力和技巧，但是一旦达到某个水平，你可以常规地运用技巧，额叶只扮演微小的作用了"。[③]

这些病人后来成为心理学家米勒的研究对象，即研究为什么他们会出现记忆损伤的问题。最后研究的结果表明：记忆损伤与海马体有着密切的关系。

二、功能核磁共振技术[④]

功能核磁共振技术（fMRI）出现在 1992 年，到目前应用已经有 20 多年的历史。其原理是神经活动需要消耗能量，消耗掉的能量需要补充。这意味着新近活跃的脑区的血流量会增加。而电磁能够测量流到大脑不同区域的血流中的氧的含量，高分辨率的 MRI 图像可以得到这种血流量数据，研究人员借此识别执

---

①②③　CHEN JIE XIA. Understanding the human brain: A lifetime of dedicated pursuit[J]. MJM, 2006，9(2)：167-169.

④　EEG 和 MET 测量大脑中电的和磁的活动情况。它们更多提供的是时间毫秒内的情况，而不提供确定的空间信息。而 fMRI 和 PET 提供血流变化信息，与相对精确的空间定位有关的神经活动的情况，但是时间分辨率却稍弱。

行某项任务时被激活的脑结构。它主要是将大脑划分为许多小的单元 voxels，然后基此检测大脑活性，利用对这些小单元分类，寻找相似的活性区域。由于体素非常之小，软件必须对整体进行检查，找寻"聚群"（clustering）——一群行为相似的相邻体素。尽管历史很短，却产生了极大影响，出现在 12 000 多篇的科学论文中。

这项技术的原理是"大脑在执行某项任务时会产生一种图像"，所以其主要目的是提供与某一活动相平行的大脑图像，当然这些图像是与特定的神经元群相关的。而要实现这一点，统计方法变得很重要。在成像的情况上，这种类型的图获得 100—2 000 次，每张图大概由 10 万个 voxels 组成。大量的 voxels 成了背景噪声，而有意义的数据需要被分析出来。"fMRI 在过去几年里经历了快速增长，在许多领域中发现在应用，如神经科学、心理学、经济学和政治科学"。[①]所以他们是通过图像来推演、验证大脑的某种活动，如图 4－1。

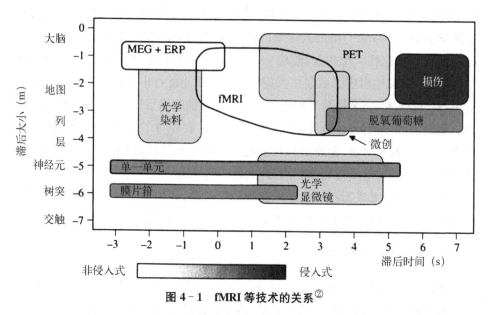

图 4－1　fMRI 等技术的关系[②]

功能核磁共振技术（fMRI）和诸如 EEG/MFG 等技术在过去的二十年里对人类记忆研究起着比较重要的作用。"功能神经成像技术，例如功能核磁共振（fMRI）和脑电图/脑磁图（EEG/MEG）在近二十年来对人类记忆研究产生了主

---

① LINDQUIST MA. The Statistical Analysis of fMRI Data[J]. Statistical Science，2008，23(4)：440.

② Neuroimaging.jpg(2013－06－06)［2020－09－05］http://scarlet.stanford.edu/teach/index.php/File：Neuroimaging.jpg.

要影响"。① 这些技术导致了很多成果,如功能位置(functional localization)和大脑地图(brain mapping),这些进展为我们理解记忆奠定了扎实基础。后来还出现了高分辨率的 fMRI 技术。

在 2015 年出版的《记忆的认知神经科学》一书中,集合了全世界最新的运用这项技术研究人类记忆的成果。从其研究对象看,工作记忆(working memory)、内隐记忆(implicit memory)、错误记忆(false memory)、情景记忆成为主要的研究问题,这些区分源自心理学传统。从记忆问题看,诸如记忆的提取、记忆的神经基础、病人的记忆问题等各方面的问题都得到了研究。

尽管如此,这项技术也需要反思。来自科学的反思、来自哲学的反思都指向了这项技术。首先是来自科学自身的反思,至少这项技术存在两个方面的缺陷。2009 年一项实验证明了这一方法的缺陷。② 根据 2010 年的一篇文章指出,fMRI 可以探测记忆,但是受假阳性影响。2016 年另一篇文章指出:"fMRI 数据处理最常用的软件包产生的假阳性率高达 70%,这令其产生的 40 000 项研究受到质疑……梅斯医学编辑在 pubmed 上检索发现,至少 34 928 篇文献使用了fMRI 技术的关键词。"③根据研究,fMRI 无法精确绘制神经回路。另外其无法特定地控制确定的神经元群。"直到最近,主要的障碍是在动物完成认知任务的时候,无法特定地从基因上在实时中控制确定的神经群。随着光遗传技术的出现,看似不可能的需求变成了现实——允许在毫秒的精确度上从基因上对确定的神经群进行实时控制"。④ 来自哲学的反思也有,如伦理问题。做 fMRI 需要测试者进入一个幽闭的空间(电磁场容器)内,这对受试者的心理来说是个极大考验。这本身就涉及很重要的伦理问题。另外就是数据的解读问题。"尽管已经说了这么多,但是依然存在需要考虑的哲学问题,尤其是当我们解释神经成像数据的时候。例如,当解释神经图像数据(逆向推理),与认知过程的间隔和可解决的大脑区域的问题必须被考虑在内……然而,我们并不会因为这些原因而把

① DONNA ROSE ADDIS et al. Cognitive Neuroscience of Memory [M]. Oxford: Wiley Black, 2015: 1.
② 这一方法是把死鲑鱼放入扫描仪中,解读扫描图像显示鲑鱼正在看。而这是极其荒唐的。
③ EKLUND A, NICHOLS TE, KNUTSSON H. Cluster failure: Why fMRI inferences for spatial extent have inflated false-positive rates[J]. Proc Natl Acad Sci, 2016, 113(28): 7900－7905.该文作者是瑞典的 Anders Eklund,作者指出,这项技术一开始可能就存在缺陷,但是由于厂商的推动,这种缺陷被掩盖和忽视。
④ GOSHEN I. The Optogenetic revolution in memory research[J]. Trends Neurosci., 2014, 37(9): 511－522.

'洗澡水和孩子一起倒掉'"。[①] 这的确提出了一个重要的问题,如何解读 fMRI 技术给出的神经成像数据?（图 4-2）对这些数据进行解读的主要目的是"从数据获得到它在定位大脑活动的作用,由此推断大脑连接并预测心理或疾病状态"。

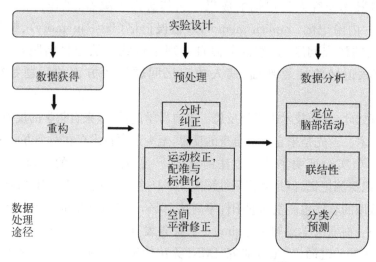

图 4-2　fMRI 数据的获取以及分析[②]

这项技术进一步的发展还需要多重努力。"向前推进这个领域需要心理学、神经解剖学、神经生理学、物理学、生物医药工程、统计学、信号处理以及依靠研究问题的许多领域专家的团队努力"。[③]被看作是"非侵入性"技术,之所以这样说是因为这一技术并非在物理意义上侵入大脑,比如植入电击、外科手术等都是侵入性方法。但是,"非侵入性"的规定未免太过于狭隘。比如这项技术在某种意义上也可以说是侵入性的,对人自身心理造成的强烈压迫感,所产生的幽闭恐惧心理,这些更是一种侵入,甚至会造成不可消除的心理影响。

三、精确的方法:光遗传学技术

1. 光遗传技术的发展

在光遗传技术出现之前,科学家和医生是通过其他方法定位研究对象的。如超声波方法、电磁方法和光学方法。如图 4-3（见书后彩图）。

①　ADDIS DR et al. Cognitive Neuroscience of Memory[M]. Oxford：Wiley Black，2015：16.
②③　LINDQUIST, MA. he Statistical Analysis of fMRI Data[J]. Statistical Science, 2008，23(4)：440,461.

ES方法主要是提供区域定位,但是不提供特定的神经类型;而经颅磁刺激(transcranial magnetic stimulation,TMS)一种通过发射磁辐射来暂时打开或关闭神经回路的工具,确保区域特定性。但是在定位深度以及细胞类型特定性上无法确保。而OS则获得细胞类型特定性上的精确性。其他的用于特定神经元元素控制的策略也有如MNP(Magnetic nanoparticles),这种方法主要是把电磁或者辐射频率转化为热能来打开热感通道。

2005年,光遗传技术被提出来并且用于神经科学研究中,到目前为止不过15年。但是这项技术发展迅猛,并且取得了很多成果。总体上看,这项技术的最大特征是在精确时间内对目标细胞进行精确定位。

首先是科学家在一些微生物中发现了一些感光物质蛋白,当它们在细胞内表达的时候,能够产生一些依靠光的激活或者抑制活动。"这些光学的激活的行动调剂器例如HR、ChR和BR还有它们的许多类别已经发展成针对单一成分的和精确时间内对自由移动动物的目标分子群进行控制的工具箱。(德赛若斯,2015)"。[1]

2015年,一篇名为《光遗传学:神经科学中微生物视蛋白的10年》(*optogenetics: 10 years of microbial opsins in neuroscience*)的文章回顾了光遗传学自2005年以来的10年历史发展。[2] 这篇发表在《自然神经科学》杂志上的文章作者就是光遗传学的发明者斯坦福大学的卡尔·德赛若斯。这篇文章指出了光遗传技术的核心:一种在时空意义上的对细胞信号的精确的因果控制,有助于科学家发现神经系统的功能甚至非神经系统的功能。研究者可以利用这种技术以空前的细节来探究神经系统如何工作的。它有望用于治疗失明、帕金森症以及缓解慢性疼痛。

那么什么是光遗传技术?德赛若斯在《用光控制大脑》(2010)、《光遗传学:神经科学中微生物视蛋白的10年》(2015)等不同时间段的描述,给出了相近定义。在前一篇文献中,他认为光遗传学意味着"把遗传学和光学联合起来,在活体的特定细胞内控制良好的事件。它包括发现已经植入能够传递光反应的基因细胞内,包括把光深入传送到诸如复杂的自由移动的有机体内部的相关技术,还有把敏感光定位到兴趣细胞中,对这种光控制的效果或者特定结果进行评估的

① RAJASETHUPATHY P., FERENCZI E., DEISSEROTH K. Targeting Neural Circuits[J]. Cell, 2016, 165: 526.
② DEISSEROTH K. Optogenetics: 10 Years of microbial opsins in neuroscience [J]. Nature Neuroscience, 2015, 18(9): 1213-1225.

技术".[1] 在后一篇总结性文献中,他采用了2010年的定义。"把遗传方法和光学方法联合起来,在活的组织和行为动物的特定细胞内产生或者抑制良好定义的事件".[2] 唯一的变化是从学科到方法的描述概念。在这两个定义中,我们可以看到三个方面的重要因素:交叉性、生物体的特定细胞内以及良好定义的事件。交叉性意味着这项技术是两个学科交叉的结果,遗传学与光学,其根本上也是生物学和物理学的交叉;特定细胞内意味着这项技术控制的对象是细胞内的神经元,如脑细胞中的神经元和其他组织体内的细胞物质,因为这项技术的根本目的是通过光来实现对细胞活动在毫秒时空单位内活动的激活或抑制;良好定义的事件意味着某一特殊的行为,这在不同的应用研究中有不同的对象,这也是细胞活动。

关于这一技术发展的来龙去脉的描述亦可参见德赛若斯(2011)的《光遗传学的发展及其应用》(*The Development and Application of Optogentics*)。[3] 这篇文章应该说是比较权威的文献,后来的参考文献达到了163个,其主要大意是光遗传技术对神经科学产生了明显影响,使得人们在复杂的神经组织内部对被选择的细胞进行模式化。在这一技术的推动下,神经科学获得了新的发展机会。在文章中,德赛若斯等人描述了早期光控制的历史、细菌性光视觉蛋白以及光遗传技术的功能(如神经元激活、神经元抑制、生化控制)。光遗传技术的发展需要其他技术的突破,至少需要以下几种技术:基因技术、光学技术和转基因动物的培养。此外,这一技术的发展得益于转基因动物的发展,尤其是转基因老鼠已经被大量运用到相关实验中。发明者对他们的技术充满了信心,正如其2011年所表达的那样:"光遗传工具的当前一代已经对于更强的表达、更高的电流,以及特定的转向,对同样提及空间内的组合控制非常乐观……在这一时刻,单一成分的光遗传学已经在神经科学实验室中成为主要部分,甚至很多机会还等待开发。"[4]

图4-4描述了1971年以来"光遗传学"在科学文献中出现的情况,从这张图可以看出,不同的方法对象被提了出来。纵坐标的数字表示2010年10月1日借助光遗传学搜索的文献数量。

---

[1] DEISSEROTH K. Brain with light[J]. Scientific American, 2010(10).

[2] DEISSEROTH K. Optogenetics: 10 Years of microbial opsins in neuroscience, Nature Neuroscience, 2015, 18(9): 1213.

[3] FENNO L, YIZHAR O., DEISSEROTH K. The Development and Application of Optogentics [J]. Annual Review of Neuroscience, 2016(34): 389-412.

[4] FENNO L, YIZHAR O., DEISSEROTH K. The Development and Application of Optogentics [J]. Annual Review of Neuroscience, 2016(34): 406.

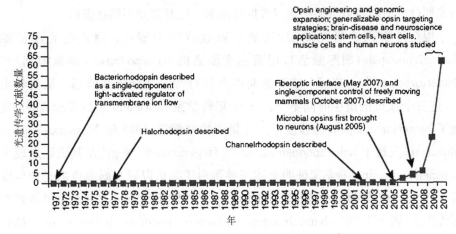

图 4-4　光遗传技术在文献中出现的情况[①]

2. 光遗传技术的原理

根据高什(2016)的描述,光遗传技术原理是"在毫秒精确单位上使用视蛋白(opsin)对细胞的特定分群进行光控制……最近一些年,视蛋白用来为神经激发或者消除提供一个不同的工具箱,还有细胞信号间的控制"。[②] 但这些专业的描述过于科学化,所以需要加以分解其原理。

光遗传技术的出现是对细胞进行精确控制——激活或者抑制想法的实施。传统有两种刺激方式:药物刺激和电极刺激。药物刺激效果慢而且不准确。电极刺激除了不精确,还有过于粗暴。这些传统的方式都有局限。生物学家克里克的理想是找到"一种方法,能够激活特定类型的神经元,但是不改变其他的神经元"。[③] 光学控制是克里克提出的尝试路径。但是限于当时的技术发展,这只是停留在想象层面。随着光学控制理念的出现,科学家开始寻求对光敏感的物质。

微生物科学家发现自然界有一些微生物能,如细胞、藻类能够产生一些感光性蛋白,即微生物感光蛋白(microbial opsins)。在一些细菌和藻类中有光敏感的蛋白质,在视蛋白 DNA 中有一些视蛋白工程机理和发动者选择。如果把这些视蛋白 DNA 打包到病毒载体中,然后注射到大脑中就可以在目标群中诱发视蛋白表达,也就是对某些光产生作用。如果对细胞实体(上部)或者对轴突进

---

① DEISSEROTH K. Optogenetics, Nature methods, 2011, 8(1): 27.

② 不同的视蛋白对不同的光线敏感,如蓝光用于激活细胞,黄光用于抑制细胞。比如抑制性视蛋白(NpHR)和激活性视蛋白(ChR)。

③ CRICK F. Thinking about the brain, Sci. Am. 1979(241): 219-232.

行光照（底部）就可以激活细胞或者抑制细胞。但是需要不同视蛋白。

根据科学家的研究发现，视蛋白家族有三个成员：用蓝色光激活的channelrhodopsin（细胞激活）、用黄色光激活的 halorhodopsin（细胞抑制）和Bacteriorhodopsin。这三个成员的共同点是对特定光纤极其敏感。从科学史看，这三个成员的出生时间不一。1971 年科学家 Stoeckenius 和 Oesterhelt 发现了 bacteriorhodopsin 能够被可见光量子快速激活；1977 年 Matsuno-Yagi 和 Mukohata 发现了 halorhodopsin；2002 年 Hegemann 和 Nagel 及其团队发现了channelrhodopsin。科学家证明上述三种蛋白质都可以对不同颜色的光产生反应，而这可以使得神经元快速地、安全的关闭或者打开。"多年来几份额外的跟踪报告指出，到 2010 年，channelrhodopsin、bacteriorhodopsin、halorhodopsin 都被证明能够快速而安全地打开或者关闭神经元，即对不同颜色的光产生反应"。[1]

3. 光遗传技术的未来应用

2011 年以来，这项技术在全球 800 多个实验室被使用，中国浙江大学运用这项技术开展了"情感与记忆的神经回路基础"的重大专项课题研究。德赛若斯展望了光遗传技术的未来方向，他指出了三个方向：超越神经科学、扩大工具箱和反转工程。[2] 超越神经科学是指这项技术可以运用到非神经系统上。扩大工具箱是指除了上述两种对蓝光和黄光敏感的蛋白质之外还有对红色光敏感的蛋白质（2008）；但是这还不够远。根据德赛若斯的预见："光遗传学对人类健康的最基本影响不是来自把视蛋白引入人类组织中，而是来自把它用作获得复杂组织功能洞见的研究工具，如帕金森症。"[3]不仅如此，甚至可以产生一个新的生物学路径——回路工程路径（circuit-engineering approach）。在这一路径中，各种疾病获得了新的解释："致命的疾病症状被理解为与特定的神经元群相关的异常神经回路活动的特定时空模式导致的结果。"[4]如图 4-5（见书后彩图）。2015 年德赛若斯发表文章描述了这项技术新的进展和运用。"光遗传学方法现在使得人们在一个广泛的问题域中获得洞见，如行为学、生理学和病理学，遍及感觉、认知和行动等领域"。[5]

在很多应用研究中，将光遗传学运用到记忆研究上取得了明显成效，而且备

①　DEISSEROTH K. Optogenetics, Nature methods[J]. 2011, 8(1)：26.
②　DEISSEROTH K. Optogenetics, Nature methods[J]. 2011, 8(1)：26-29.
③　DEISSEROTH K. Optogenetics, Nature methods[J]. 2011, 8(1)：28.
④　DEISSEROTH K. Optogenetics, Nature methods[J]. 2011, 8(1)：29.
⑤　DEISSEROTH K. Optogenetics：10 Years of microbial opsins in neuroscience[J]. Nature Neuroscience, 2015, 18(9)：1217.

受瞩目。这一点尤其是 MIT 走在了前面,在利根川进团队的推动下,记忆的神经机制研究取得了多点突破。光遗传技术的作用是"提供一种挖掘记忆神经过程的细微机制,研究不同脑区、功能联结和神经转化的作用"。通过光遗传技术,逐渐揭示出了海马体对于记忆、非海马体与记忆回路与记忆的神经代码等问题。[①] 为了诱导具体的细胞群中的视蛋白表达,科学家需要做的是将外部的为了视蛋白解码的 DNA 序列送入大脑。"大多数情况下,这种 DNA 使用病毒载体(viral vector)注入感兴趣的区域。从几天到几周内,视蛋白通过细胞记忆表达,包括远程的投射。通过在感兴趣的区域上方植入光纤头以及把光纤与光源连载一起来制造照明。"[②]

2016 年他们的视角开始向社会记忆问题转变。[③] 这项研究回应了"记忆存储在哪儿"的这一问题。根据这项研究,"这些细胞,在名为腹部 CA1(ventral CA1)海马体区域被找到,它们存储了有助于形成老鼠指向其他老鼠行为的社会记忆"。[④]

4. 光遗传技术的挑战和限制

在高什看来,这项技术存在的问题有四个:侵入性、细胞独特性与内在复杂性、被迫的活动模式与短暂的光照与永久的影响。① 侵入性:这一点容易理解,因为要在实验对象脑中植入光纤,这需要在颅内进行病毒注射。"外部蛋白的强烈表达可能对细胞功能产生影响这一点应该通过单独的荧光团表达来加以控制"。更为重要的是与红色有关的视蛋白,则需要光纤位置更加远离兴趣位置。所以这种侵入性难以把握。② 细胞独特性与内在复杂性:因为光遗传技术会在实时时间扰乱特定神经群的功能,后来发展起来的实验会带来更复杂的神经回路干扰。③ 外力的活动模式:由于在细胞激活中,存在一些障碍(被照亮的神经元同时被锁定到特定的频率中),于是这种照料不能提供与实时生命模式很好的相似性。④ 短暂光照和永久影响:短暂光照会产生怎样的长期影响,这一点科学家并没有太多的知识。仅有少量的研究表明光遗传激活能够独立地改变神经网络。"因此,在实验期间光遗传模式可能会再次模式化被扰乱的神经回路。这个问题无法被避免,但是可以通过比较基础线和照明后的神经活动以及可能的

① GOSHEN I. The Optogenetic revolution in memory research[J]. Trends Neurosci.,2014,37(9):511-522.
② GOSHEN I. The Optogenetic revolution in memory research[J]. Trends Neurosci.,2014,37(9):513.
③ OKUYAMA T. etc. Ventral CA1 neurons store social memory[J]. Science,2016,353(6307):1536-1541.
④ Scientists identify neurons devoted to social memory. [EB/OL]. (2016-09-29)[2020-09-05] http://news.mit.edu/2016/scientists-identify-neurons-social-memory-0929.

行为来加以控制。"①

上述不同与记忆科学有关的技术之间出现了一种融合,比如光遗传技术与fMRI或者PET等技术的融合。"许多研究已经使用光遗传学来发现和测绘大脑中信息流动的路径,包括分析物理回路联结自身,在其他分析被类型或者使用联结定义的细胞、整合fMRI和PET成像来产生由确定的神经细胞或投射支持的大脑广泛的活动模式地图。"②

第三节　记忆研究的方法

当前的记忆研究多是基于机制的研究;但是随着数据量的增大,一种基于数据的研究方法开始形成。"生物学家争论数据驱动的生物学培养了一种新的科学方法论,也就是说,一种不能还原到传统的被定义为发现策略的分子生物学方法。"③尤其是脑科学的发展,带来了大量数据。所以记忆的科学研究一下子进入到数据分析的状况中。

一、基于机制的研究

从记忆科学研究的源头看,一开始,实验生物学就开始寻找事实——寻找生物印迹,随着神经科学的出现,寻找大脑印迹细胞成为重要的工作目标。在找寻工具上看,EEG、MEG、fMRI、光遗传学成为主要的方法工具。到目前为止,科学家已经找到了很多记忆形式的神经载体。

萨门师从著名的德国生物学家海克尔(Ernst Haeckel,1834—1919)学习,后来到澳大利亚游历两年(1891—1893),回国后写了《记忆》(1904)和《记忆心理学》(1908)。他提出了印迹概念,其定义是"由刺激物产生的存在于应急物质中的持久的然而原初潜在的变更"。④ 另一个概念是唤起(ecphory),其定义是"将记忆印迹或者印迹从潜在状态中唤醒进入到明显活动的影响"。"因为印迹大体

① GOSHEN I. 2014, The Optogenetic revolution in memory research[J]. Trends Neurosci., 2014, 37(9): 514.
② DEISSEROTH K. 2015, Optogenetics: 10 Years of microbial opsins in neuroscience[J]. Nature Neuroscience, 2015, 18(9): 1217.
③ RATTI E. Big Data Biology: Between Eliminative Inferences and Exploratory Experiments. Philosophy of Science, 2015, 82(2): 198-218.
④ SEMON R. The Mneme[M]. London: George Allen & Unwin, 1921: 21.

等同于记忆印迹,而唤起大体上等同于提取或者回想,我们将交换着使用这些术语"。① 所以在萨门这里,他把生物有机体的印迹当作是现成的事实,而生物学要做的事情是解释这种现象。因此,他提出了自身的一种解释,从记忆角度去解释遗传现象。

　　由于当时学术环境对他极为不利,他的这一理论沉睡了近半个世纪。1978 年先是被心理学家斯卡特发现②,2010 年以后被神经科学家利根川进的团队发现。他的成果作为了进一步研究记忆印迹细胞识别、标记和改造的理论根基。所以从他这里记忆科学研究一直是在寻找事实——记忆的细胞载体。另外,在心理学上,寻找事实的努力一直持续着。从 60 年代,神经心理学家米勒与其合作者斯考分利一起,分析记忆丧失的现象,从而找到了记忆的物质载体(海马体)。

　　随着 EEG、MEG、fMRI、光遗传学成为主要的方法工具的成熟,神经心理学与神经科学融合,逐渐形成了两个主要任务:第一找寻记忆的细胞基础并且做出机制解释;第二寻找印迹实体并且加以控制。前者是科学研究的路向,而后者与医学相近成为治疗的主要路径。所以在这个发展过程中,细胞物质的寻求以及机制解释成为一个主要的事情。对于这一现象,我们可以从归纳主义中获得理解。科学家们正在按照归纳主义寻求新的事实,形成新的命题并且把其合理地纳入科学体系中。利根川进团队的做法就是突出的表现。

二、基于数据的研究

　　脑科学与大数据的联结成为一个重要的标志,标志着研究方法进入到数据分析的时代。在一篇名为《作为大数据科学的人类神经影像》(*Human neuroimaging as a "Big Data" science*)中,作者约翰·达威尔·凡·霍恩(John Darrell Van Horn),阿瑟·W·托戈(Arthur W. Toga)指出,神经图像技术的发展带来了大量的关于人类大脑的信息。神经影像代表了大数据的前沿领域。作者在文章中主要讨论了现代神经影像代表了一种多元因素的、广泛的数据挑战,包括获得数据的极具增长,社会学的和逻辑学分享的问题;多点、多数据类型的框架挑战;数据挖掘的方法;等等。"大数据可能会变成大的脑科学"。③

①　SCHACTER DL. Forgotten ideas, neglected pioneers: Richard Semon and the story of Memory [M]. London: Routledge, 2001: 249.
②　SCHACTER D. L, Eich, J. E., Tulving, E. Richard Semon's theory of memory[J]. Journal of Verbal Learning and Verbal Behaviour, 1978(17): 721-743.
③　HORN JDV, TOGA AW. Human neuroimaging as a "Big Data" science[J]. Brain Imaging and Behavior, 2014, 8(2): 323-331.

另外,脑科学逐渐进入到测绘的领域,所以可以想见,这逐渐为数据分析提出了很高的要求。

在一些学者看来,可以从神经影像数据中推演出因果关系。如英国科学家安德拉·格里夫(Aandra Greve)①指出:"关闭循环,从神经影像中推演因果关系……脑活动的测量和行为测量(如精确度或者速度)是同样神经/认知系统的测量……无需介入到哲学争论中,最近朝着从神经影像体验因果关系的一部开始由余(Yoo 等,2012)迈出……他们使用即时的 fMRI 测量海马体旁区位置的在线活动(PPA),然后当 PPA 活动与好的或者坏的状态对应时,呈现出视觉图景。在这里这些状态通过先前实验来定义,PPA 活动与接下来的记忆场景有关"。② 作者还专门阐述了余文章中的观点。

三、科学哲学的审视

拉卡托斯概括了科学哲学方法论的共同点是"发现的逻辑"。从这一规定性出发形成了四种有影响力的方法论:归纳主义、约定主义、证伪主义和研究纲领。归纳主义即"只有描述了确凿事实的命题和由确凿事实无误地归纳概括出来的命题可被接纳到科学体系中来"。③ 而约定主义"允许建立任何把事实组织成某种连贯整体的鸽笼体系"。④ 证伪主义即"寻求伟大的、大胆的、可证伪的理论,寻求伟大的否定的判决性实验"。⑤ 研究纲领即认为"伟大的科学成就是可以根据进化的和退化的问题转化加以评价。科学革命在于一个研究纲领取代另一个研究纲领"。⑥ 这四种方法论分别对应着"确凿事实的发现以及归纳概括"(归纳主义)、"事实的发现、鸽笼体系的构建,被更简单的鸽笼替代"(约定主义)、"大胆猜测、内容的改进,判决性实验的发现"(证伪主义)、"纲领之间的竞争、进化和退化"(研究纲领)。

这些都是指向知识本身的途径。除了这一路径之外,更为重要的是指向实验。在上述科学研究中,实验显得异常重要。但是如何面对这些实验呢?海德

---

① 安德拉·格里夫,英国 MRC 认知与脑科学研究机构的人员,其主要研究兴趣在人类记忆的认知和神经机制。她目前工作的主要核心问题是:先前获得的知识如何影响原初信息学习和提取的方式。她的工作主要说明情景和语义记忆之间的关联,而解决这一问题的主要方法是行为学、计算科学和神经影像技术。

② GREVE A, HENSON R. What We Have Learned about Memory from Neuroimaging[C]. //DONNA ROSE ADDIS, et al. Cognitive Neuroscience of Memory. Oxford: Wiley Black, 2015: 14 - 15.

③ 拉卡托斯.科学研究纲领方法论[M].兰征,译.上海:上海译文出版社,1999:143.

④ 拉卡托斯.科学研究纲领方法论[M].兰征,译.上海:上海译文出版社,1999:146.

⑤ 拉卡托斯.科学研究纲领方法论[M].兰征,译.上海:上海译文出版社,1999:150.

⑥ 拉卡托斯.科学研究纲领方法论[M].兰征,译.上海:上海译文出版社,1999:152.

格尔的方法是否实用？在《形而上学基本概念》中，他指出："把通过实验展示或澄清了的事实情况，带到本质性的问题面前。"海德格尔所说的"本质性问题"是指他在阐述世界性时的问题，诸如人类创造世界、动物缺乏世界而植物没有世界。但是如何理解"带到"？这恐怕是个问题。"带到"并非一种验证，实验的作用并非是为了阐明某种观点。科学家从事实验设计的时候，是在问题的指引下来展开设计的。比如当克里克提出如何控制某一个神经细胞而不影响其他神经细胞的任务后，其他科学家都展开了尝试，从电极刺激到药物刺激、磁性刺激，这些都存在着一些问题，精确度不够成为最重要的问题，直到光遗传技术的出现，才算解决了上述问题。所以在这一过程中，实验是为了解决某个问题而设计的，并非是为了验证某一观点。"带到"也并非是解释，即实验结果解释了某一现象。实验是一种开放的形式，而并非一种完备的解释。但是实验在某种意义上构建了科学事实，这一点是非常明确的。它能够基于人类的设计从而展示出某种新的事实。这一事实能够为某一问题提供答案，而这一答案演变为事实，最终科学家基于这一事实概括出一般性的命题。诸如在社会记忆的神经机制问题上，利根川进团队利用转基因白鼠设计了一个实验。这个实验首先是标记出白鼠进行社交时的细胞活跃情况 CA1 部位细胞，然后再将他们放入到新的环境中，利用光遗传技术激活标记出来的 CA1 细胞，结果发现老鼠有了新的社交行为。最后作者提出社会记忆存储在海马体的 CA1 区域。在这个实验设计中，表现社交行为的 CA1 群被标记出来，然后加以激活或者抑制，从而观看新的行为产生。这就是一个新的事实的出现，成为一般命题概括的经验前提。

　　由此，问题与实验成为一个关联密切的成对概念。只是"问题"成为关键。问题是怎样的问题？在海德格尔看来，本质性的问题是根本。哲学家所看到的本质性与科学家所看到的问题有何差异？这决定了实验的设计，也决定了哲学家对实验的选取。科学哲学家喜欢挑选"判决性实验"作为分析对象，这种选择的根据是科学是一种验证活动。无论是证实还是证伪，不能任意挑选实验，而必须抓住关键的即判决性实验。不同于科学哲学家，诸如海德格尔这样的现象学哲学家更关注"本质性实验"。所以，我们需要弄清楚科学家的根本问题来源。一般说来，他们的根本问题来自自身的传统，比如记忆研究的生物学家则将萨门的印痕作为问题的来源；神经科学家的根本问题在于实现对神经细胞的标记和控制。这些问题并非当下的、位于生活世界的问题，而是基于科学传统中的问题。所以，对于哲学家而言，从问题入手，抓住相关的实验进行分析成为必要的任务。也只有遵循这样的方法，才能够有效地进行相应的反思。

第五章　当代记忆研究中的
心理主义

　　当代记忆研究中的心理主义并非指向逻辑学与心理学的关系,而是指向心理学与神经科学的关系,指向心理学在记忆研究中的起点地位,它不仅包括将记忆现象看作是心理状态之一,而且也包括心理学成为神经科学、社会科学甚至人文科学记忆研究的概念基础、方法基础。对心理主义的传统超越也形成了两种不同的反思路径:自然科学式的、现象学式的。自然科学式的路径即将心理学还原为生物-物理层面现象,从而通过实验的方法加以解决;现象学式的方法即将心理学从现象学角度加以批判。这两种超越路径各有缺陷,前者存在重新陷入逻辑实证主义的局限中,而后者容易忽视了自然科学的新发展。我们反思心理主义的根本所在是指出心理学研究开始远离了其原初的规定性,将记忆看作是人类生存现象的主要规定性。

　　在整个哲学中,心理主义依然是一个值得争议的概念。"整个20世纪以及21世纪初期,心理学对那些希望把哲学放入到科学确定道路中的哲学家施加过以及施加了强有力的影响。20世纪60年代奎因呼吁返回到心理主义,这样的呼吁使得心理主义的控告依然活跃。在这些控告者中,我们可以发现卡尔纳普、达米特……库恩、波普尔、维特根斯坦等身影。"[1]在本书中,我们把20世纪60年代看作是当代记忆研究的时段标志,那么对心理主义的批判就非常合理了。所以理清当代记忆研究中的心理主义就显得必要了。传统上心理主义主要是指一战以前大陆哲学中发生的反思逻辑学与心理学关系的事情,如胡塞尔、弗雷格等人为逻辑学正名。后来意义变得比较宽泛,如阐述心理学的哲学意义(George Frederick Stout & James Ward)、同情心理学的处境(Francis Herbert Bradley & Brand Blanshard)。不同于上述做法,本书是阐述记忆研究中心理学与神经科学的关系。

---

① MARTIN KUSCH. Psychologism. (2015 - 12 - 01). https://plato.stanford.edu/entries/psychologism/.

一、心理学发展与记忆研究

记忆现象通常被看作是心理状态之一，从而成为心理学重要的研究问题。在对心理主义展开批判之前，我们需要梳理清楚心理学与记忆研究的不同的关联方式。总体说来，从哲学中分离出来的心理学的发展经历了联想心理学、描述心理学、实验心理学和神经心理学等重要阶段。

联想心理学的源头可以追溯到亚里士多德。美国心理学家曼德尔（George Mandler，1924—2016）描述了古代联想心理学从亚里士多德到拜耳（Alexander Bain，1818—1903）的发展过程；近代联想心理学传统主要是指从洛克、休谟和霍布斯等人开始直到拜耳的联想心理学。"英国经验主义者经常被称为英国联想主义者，因为他们的著作基于心理生活的基本原理——理念的联接"。[①]　这一阶段主要是强调心理的特征，一种联想机制从而保证了心理活动的连续性。[②]　这种说法一直持续到 20 世纪 30 年代左右。"意识根源于再现和联想，它们的丰富性、容易、速度、活跃和秩序决定了意识的水平。意识不在于特殊的质，而在于质之间的特殊的关联"。[③]　联想心理学将记忆看作是联想行为，而对于记忆现象多是采取反省方法来研究意识如何将过去的内容提出。对联想心理学进行批判的是描述心理学，而代表人物是 19 世纪德国的布伦塔诺。描述心理学旨在描述心理的本质结构，尤其是阐述心理现象的意向性本质。也正是因为此，他把心理学划分为描述心理学和发展心理学两种类型。"描述心理学是纯粹心理学而且本质上不同于发生心理学"。[④]　这两个阶段心理学主要采取的是反思方法，心理学家采用反思与描述方法来描述记忆、认知等行为的结构。

实验心理学的出现意味着新的实验方法在心理学中获得广泛运用，也意味着心理学开始摆脱哲学的束缚而独立。"实验心理学可以追溯其根源到 19世纪中叶的德国科学家。费希纳（Gustav Fechner，1801—1887）、亥姆霍兹（Hermann von Helmholtz，1821—1894）[⑤]、冯特（Wilhelm Wundt，1832—

① GEORGE MANDLER. A History of Modern Experimental Psychology［M］. Cambridge：The MIT Press，2007：18.

② 物理学家马赫把联想看作是分析和综合的基础（《认识与谬误》，第 43 页）。

③ 恩斯特·马赫.认识与谬误［M］.李醒民，译.北京：商务印书馆，2007：51.

④ BRENTANO F. Descriptive Psychology［M］. translated and edited by Benito muller. London：Routledge，2002：4.

⑤ 亥姆霍兹在 1885 年代时候让冯特成为他的助手，这段时期冯特并没有写关于普遍生理学的著作。

1920)就是那些人的努力为科学心理学铺路中的少数人"。① 实验心理学最初只关心感觉与知觉,尤其以亥姆霍兹为主。"亥姆霍兹关于知觉的经验起源研究涉及三个问题:被动性原理、知觉经验论和无意识推理三个问题予以论述"。② 而对于较高层次的心灵活动,如记忆、思考、解决问题诸如此类的活动是不关注的。"如果冯特打开了新的心理学,他也把他限制在这样的状况中:实验过程不能应用于高级心理过程"。③ 艾宾浩斯是一个分水岭式的人物,他将记忆作为心理学研究的问题确立起来。"19世纪末、20世纪初心理学主要集中7个问题上:重复效应、遗忘曲线、刺激特性与表现模式、个体差异、干涉与抑制、学习方法和识别与效应"。④ 但是由于心理学方法还未能找寻到有效的方法,存在明显缺陷。从学科关联度看,一直到二战前后,实验心理学与道德科学、哲学、逻辑学和伦理学联姻在一起。从国别特征看,在英国心理学地位非常微弱,而在大洋彼岸,加拿大、美国的实验心理学开始与生物学、神经科学联姻并且迅速发展起来。后者导致主导形式——神经心理学逐步发展起来。

尽管神经心理学的早期源头可以追溯到18世纪的时候哈特利(David Hartley, 1705—1757)。他尝试为心理学理论奠定一个粗糙的神经科学基础,他把联想律与肌肉运动联系在一起。但是真正地起点是加拿大心理学家唐纳德·赫伯,他被称为"神经心理学之父"。他一度对实验心理学方法不满,而对生理学的心理学方法更感兴趣。1934年的时候他跟随美国心理学家拉舍雷(Karl Lashley, 1890—1958)学习,研究空间定向以及位置学习。1936年在哈佛大学获得博士学位,1947年到麦肯基大学工作一直到退休。他在1949年出版关于神经心理学理论的著作《行为的组织》,专门从脑功能角度解释行为,在本书中他提出了影响深远的赫伯命题或者赫伯理论,这一理论被称为"神经突触可塑理论","让我们假设反射活动的持久或者重复(印迹)倾向于诱发用来增加其稳定性的持久的细胞变化……当细胞A的轴突足够近地激发细胞B,重复地或者持

① SCHACTER DL. Forgotten ideas, neglected pioneers: Richard Semon and the story of Memory [M]. London: Routledge, 2001: 140.世界上第一个心理学实验室由冯特建立于1897年。1890年,美国心理学家威廉.詹姆斯发表《心理学原理》,这标志着实验心理学的诞生。在曼德尔看来,现代心理学诞生与这两个人分不开的,另外艾宾浩斯也是一个重要的人物(GEORGE MANDLER. A History of Modern Experimental Psychology[M]. Cambridge: The MIT Press, 2007: p51 - 76)。
② 许良,亥姆霍兹与西方科学哲学的发展,复旦大学出版社,2014年,第80页。
③ GEORGE MANDLER. A History of Modern Experimental Psychology[M]. Cambridge: The MIT Press, 2007: 77.
④ SCHACTER DL. Forgotten ideas, neglected pioneers: Richard Semon and the story of Memory [M]. London: Routledge, 2001: 143.

久地产生给它放电,一些增长过程或者新陈代谢变化出现在一个或者两个细胞,如此 A 的有效性增加了,当其中一个细胞 B 放电"。① 这一理论中有两种假设:(1) 因果关系假设,即细胞 A 需要参与到给 B 放电,因此如果 A 放电在前,那么,相应的因果关系才会出现。(2) 还原主义,他认为,行为的活动可以通过神经系统的行为加以解释。理解行为的问题是理解整个神经系统活动的问题。② 但是直到这时,记忆问题尤其是空间问题依然是在拉舍雷的"弥漫说"概念框架中徘徊。

打破这一局面的是赫伯最为得意的弟子之一布兰德·米勒。她在记忆研究上做出了标志性成果。米勒是伦敦皇家学会和加拿大皇家学会(the Royal Society)的会员,美国国家科学专业外国联合会成员(Foreign Association of the National Academy of Science)。1939 年,她在剑桥大学获得研究生学位,1952 年后来在加拿大麦肯吉尔大学(McGill University)由赫伯教授的指导下完成博士论文。③ 后来在蒙特利尔神经所、麦基尔大学神经学与神经外科学系任职。而正是由于米勒的工作,1957 年她关于记忆的神经机制研究获得了真正的突破。④ 2004 年获得美国国际科学会的神经科学奖。后来的心理学家的成果也正是在他们的基础上进一步取得进步。

20 世纪 60 年代赫伯还指导了两位博士生:约翰·欧基夫(John O'Kefee, 1939—)和林恩·纳德尔(Lynn Nadel, 1942—)。"我们的发现之旅始自麦肯吉尔心理系,20 世纪 60 年代我们都是博士生。在麦肯吉尔唐纳德·赫伯建立了一个鼓励学生理论化知觉、运动和认知的神经基础的系,给予学生检验其理论的自由和机会"。⑤ 他们后来合作持续研究空间记忆、情景记忆这些问题,在其 1978 年发表的《作为认知地图的海马体》一书中也多次引用其同门师姐米勒的相关著作,并最终于 2014 年获得诺贝尔奖生物学或医学奖。

加拿大心理学家托尔文在《情景记忆与语义记忆》中提出了情景记忆的概念,后来在 1983 年的《情景记忆的元素》一书中加以完善。自此这个概念成为记

①② HEBB D. O. (1949) The Organization of Behavior[M]. New York: John Wiley & Sons, Inc., N.Y, 1949.

③ 赫伯被称为神经心理学之父,在记忆研究上是非常重要的人物。他的主要著作是 1949 年的《行为的组织》(HEBB D. O. The Organization of Behavior[M]. New York: John Wiley & Sons, Inc., N. Y, 1949)。行为的问题是科学家和哲学家非常感兴趣的话题,法国哲学家梅洛·庞蒂在 1938 年写作《行为的结构》于 1942 年出版。

④ SCOVILLE W. B., MILLER B. Loss of recent memory after bilateral hippocampal lesions[J]. Journal of Neurology Neurosurgery and Psychiatry, 1957(20): 11 - 21.

⑤ O'KEFEE J., NADEL L. The hippocampus as a cognitive map[M]. Oxford: Oxford University Press, 1978: vii.

忆研究领域中最为重要的基础,也很深地影响到了神经科学中记忆研究的实验设计。托尔文后来一直完善自己的概念。2002 年,发表"情景记忆"的总结性文章。①

美国从事记忆研究的实验心理学家主要是拉舍尔、斯卡特、道格拉斯·豪尔曼等人。1950 年,美国心理学家拉舍尔发表了《寻找印迹》(In Search of the Engram)一文②,主要讨论了两个问题:(1) 记忆不是定位某个地方而是分布在大脑皮质的功能区域(functional areas of the cortex);(2) 记忆印迹不是孤立的、输入与输出间的皮质联结。③ "弥漫说"观点很快就被推翻,但是其中"印迹"概念后来被接受下来。斯卡特也是不容忽视的。因为他是打开我们进入到记忆研究领域的关键。他让我们首次接触到记忆心理学创始人理查德·萨门的印痕观念,这成为当代记忆神经科学研究复兴的基石,让我们了解了许多 19 世纪末、20 世纪初记忆研究的总体情况。此外,他将 fMRI 等技术运用于记忆研究做出了许多成果。1990 年,他与加拿大心理学家托尔文一起发表了《启动与人类记忆系统》。④ 这篇文章对启动现象做出了分析,在作者看来,启动是内隐记忆的一种形式,是在前语义层面上起作用的知觉表征系统。它在发展中较早出现,缺乏其他认知性记忆系统的弹性特征;概念性启动好像是基于语义记忆的操作之上。之后发表《记忆:大脑、心灵和过去》(1996)、《记忆七宗罪:心灵如何记忆和遗忘》(2001)等著作。1978 年斯卡特完成的心理学领域 1885—1935 年间的记忆研究综述很好地整理了三本代表性心理学杂志:《美国心理学期刊》《心理学公报》和《心理学评论》的记忆研究成果。另外,豪尔曼编辑过一本艾宾浩斯之前的记忆研究的文献,汇编了之前的哲学领域记忆研究的主要文献。尤其是豪尔曼的这本书更是显示了心理学家对于哲学文献的重视,我们可以想到心理学与哲学的不解之缘。

总体上看,二战以前心理学在记忆研究并没有起到太大作用,最初的实验心理学家甚至认为心理学无法对记忆等高级心理现象做出研究。相比之下,胡塞

① TULIVING E. Episodic memory:From mind to brain[J]. Annual Review of Psychology, 2002, 53(1):1-25.
② LASHLEY KS. In Search of the Engram[M]//Society of Experimental Biology Symposium No.4: Psysiological mechanisms in animal behaviour. Cmbridge:Cambridge University Press, 1950: 454-482.
③ DARRYL BRUCE. Fifty Years Since Lashley's In Search of the Engram:Refutations and Conjectures [J]. Journal of the History of the Neuroscience, 2001, 10(3):308-318.
④ E TULVING DL SCHACTER. Priming and human memory systems. Science, 1990, 247(4940): 301-306.

尔、柏格森等哲学家提出了比较成熟的记忆理论,前者把记忆放入到时间意识构成中进行讨论,后者结合同时代的生物学、精神病理学等案例进行记忆现象的分析,把记忆看作是沟通主客体的中介。而后,北美记忆心理学的研究多与精神病理学结合,以各种失忆、精神病人为主要研究对象展开。情况发生了改变,进入到我们所说的"当代记忆研究"的时期。这个时期以 20 世纪 60 年代为标志,"20世纪 60 年代"这一时刻的确定并非偶然的,而是从哲学与科学技术的某种状态交点考虑的结果。这一时期,神经科学确定了记忆研究的终极任务,如何做到对某一个特定类别的神经元进行控制,但是并不影响周围其他的神经元细胞。[①]此外,心理学与神经科学逐渐从方法上、研究问题上深度融合,PET、fMRI 等技术开始运用。另外,这个时期也是哲学面临最严重考验的时刻,因为"哲学本身分化到了各门独立的科学之中"。哲学记忆研究的传统彻底消逝。而在这样一个背景下,心理学逐渐从记忆研究中脱颖而出,甚至有些生物学家、神经科学家所做的研究多在心理学相关杂志上发表出来。

二、心理主义的表现形式

从心理主义发展史角度看,心理主义的内涵发生着演变,最初是阐述心理学与哲学(逻辑学)的关系,从而为逻辑学正名。而作为知识论核心的逻辑学就成为关键所在。我们从胡塞尔、弗雷格等人身上看到这种不懈努力。而后来在阐述心理学的价值,如阐述心理学研究的哲学价值、阐述心理学的科学性。本文中所描述的心理主义的目的并非是要阐述心理学与哲学的关系,而是要阐述在当代记忆研究的任务中心理学所起的起点作用,而这种作用至少通过如下方面表现出来。

首先,心理学开始指向一般的记忆现象,并将之作为科学对象确立起来。实验心理学最为重要的贡献是将一般意识现象开始作为对象确立起来,尤其是感觉、知觉和动觉现象,都得到相应的阐述。后来,艾宾浩斯对记忆现象做出了研究。在他看来,记忆是高级心理现象,而感觉、知觉等都属于低级心理现象。从现象学角度看,实验心理学存在的最大问题是混淆了意识内容和意识体验。很明显,艾宾浩斯在记忆问题上研究的是关于记忆材料的滞留时间

---

① 神经科学家德赛若斯(Karl Deisseroth)描述了科学史上的情况,1979 年神经科学家克里克(Francis Crick)指出了这一任务,他指出了电极刺激和药物刺激的缺陷,并且尝试了用光进行控制的可能,但是鉴于当时的技术限制,神经科学家对此并没有太多的知识实现这一技术手段。见:KARL DEISSEROTH. 2011. Optogenetics[J]. Nature Methods, 2011(8):26 - 29.

问题,他让被试者记诵含有 2 000 多个毫无关联的字母表,最后测试这些字母被记住和遗忘的规律。① 在这一实验中,需要研究的是被回忆出来的是哪些毫无关联的字母以及哪些内容被遗忘。2013 年《心理科学》杂志发表了一篇题为《修改记忆:博物馆旅游中通过再激活记忆来选择性提升和更新个人记忆》的文章。② 这篇文章的观点是记忆在被激活的时候会被修改,激活因此使得记忆可以被选择性提升或者扭曲,而这进一步支持了记忆具有动态的、弹性的本质。2016 年 11 月,《科学》刊发了一篇题为《在突然压力下取回实践保护记忆》的文章。③ 这篇文章对传统的观点——压力对于记忆取回具有负面影响——进行了批判。文章指出:"几个先前的研究在以下方面是共同的——在后压力延迟之后测量,记忆被压力削弱。我们的结果是反对这种粗糙发现。尽管我们发现当信息通过再学习进行解码,在被延迟的压力反应期间记忆取回削弱了,当信息被取回实践解码的时候,削弱开始消失。因此,我们认为当更强的记忆表征在解码期间被创造时,压力可能不会削弱记忆。未来的研究应该指向通过取回实践保护压力之下的记忆来确定认知机制。这一结果有潜力改变研究者看待在压力和记忆之间关系的方式。"④所以,这些研究无疑都是说明意识内容如何被回忆以及会受到哪些影响的影响。

其次,心理学为当代记忆研究提供了基本的概念框架。从诸多的心理学研究成果中可以发现,心理学为当代记忆研究提供了双重概念框架:(1)记忆空间定位的概念框架;(2)记忆类型概念框架。就(1)而言,我们看到加拿大心理学家赫伯做出了极大的贡献,他培养的两位学生米勒和欧基夫,他们确定了记忆的空间位置在海马体中。米勒将心理学与病理学结合,通过研究一些失忆或者记忆缺失的病人如 H. M 从而确定了记忆存储于海马体,尤其是颞叶部分。这种确立是通过外科解剖手术得以完成的,她的病人多是做了这些部位切除手术,从而产生记忆问题。所以她是基于经验观察的方法来得到她的研究结论。欧基夫则借助当时的简单成像技术,以动物实验为基础,研究老鼠的空间记忆行为,从

① EBBINGHAUS H. Memory: A Contribution to Experimental Psychology[M]. New York: Teachers College, Columbia University (Reprinted Bristol: Thoemmes Press, 1999).
② PEGGY L. St. JACQUES, DANIEL L. SCHACTER. Modifying Memory: Selectively Enhancing and Updating Personal Memories for a Museum Tour by Reactvating Them[J]. Psychology Science, 2013, 24(4): 537 - 543.
③ AMY M. Smith *, VICTORIA A. FLOERKE, AYANNA K. THOMAS. Retrieval practice protects memory against acute stress[J]. Science, 2016, 354(6315): 1046 - 1048.
④ AMY M. SMITH *, VICTORIA A. FLOERKE, AYANNA K. THOMAS. Retrieval practice protects memory against acute stress[J]. Science, 2016, 354(6315): 1047.

而为空间记忆与情景记忆的神经机制研究做出了自己的贡献。可以说他们俩确立了记忆空间定位的概念框架,后来的研究多是从他们的基础上进行的。就(2)而言,心理学主要确立了三种主要记忆类型框架,一种是基于时间的长时记忆、工作记忆与短时记忆的划分。短时记忆是美国心理学家缪勒(George A. Miller)提出的猜想性概念(1970);英国心理学家巴德里提出的工作记忆取代了短时记忆(1974、2012)。另一种是基于内容的划分,即情境记忆与语义记忆的划分;情境记忆是加拿大心理学家托尔文提出的(1972、1983、2002),用来表征过去事件的记忆。第三种主要是基于意识功能角度做出的划分,即外显记忆和内隐记忆,外显记忆必须借助意识来完成,而内隐记忆无需借助意识完成。这种区分是瑞贝尔(1967)探讨人工语法问题的时候得出的。他对吉布森(Gibson, 1955)的观点反思,指出内隐学习本质上与吉布森赞成的知觉学习过程存在差异。[①]这些概念框架成为后来神经科学、甚至人文科学记忆研究的主要框架,而对于神经科学而言,主要是解决不同记忆类型的神经机制,从而为这些记忆类型给出科学的解释。而对于人文科学而言,多是阐述这些框架对于哲学问题分析的意义所在。

第三,心理学有效抓住了成像技术发展提供的契机,为记忆研究提供了必要的技术支持。由于神经科学的发展,一些成像技术方法在心理学中普遍采用。1992年,PET开始运用于记忆研究;2002年,fMRI技术开始普遍应用。"fMRI在过去几年里经历了快速增长,在许多领域中发现在应用,如神经科学、心理学、经济学和政治科学"。[②] 这些技术导致了很多成果,如功能位置(functional localization)和大脑地图(brain mapping),这些进展为我们理解记忆奠定了扎实的基础。后来还出现了高分辨率的fMRI技术。在2015年出版的《记忆的认知神经科学》一书中,集合了全世界最新的运用这项技术研究人类记忆的成果。从其研究对象看,工作记忆(working memory)、内隐记忆(implicit memory)、错误记忆(false memory)、情景记忆成为主要的研究问题;从记忆问题看,诸如记忆的取回、记忆的神经基础、病人的记忆问题等各方面的问题都得到了研究。2005年,光遗传技术被提出来并且用于神经科学研究中,这项技术发展迅猛,并且取得了很多成果,比如记忆印迹细胞的标记、植入与取回。光遗传技术的作用是

---

① ARTHUR S. REBER. Implicit learning of artificial grammars[J]. Journal of Verbal Learning and Verbal Behavior, 1967, 6(6): 855 – 863.

② MARTIN A. Lindquist, he Statistical Analysis of fMRI Data [J]. Statistical Science, 2008, 23(4): 440.

"提供一种挖掘记忆神经过程的细微机制,研究不同脑区、功能联结和神经转化的作用"。[①] 通过光遗传技术,逐渐揭示出了海马体对于记忆、非海马体与记忆回路与记忆的神经代码等问题。总体上看,这项技术的最大特征是在精确时间内对目标细胞进行精确定位。尤其是 MIT 走在了前面,在利根川进团队的推动下,记忆的神经机制研究取得了多点突破。最近他们的视角开始向社会记忆问题转变。[②] 这项研究回应了"记忆存储在哪儿"的这一问题。根据这项研究,"这些细胞,在名为腹部 CA1(ventral CA1)海马体区域被找到,它们存储了有助于形成指向其他老鼠行为的社会记忆"。[③]

三、心理主义的传统超越

可以看出,心理学在记忆研究中有着比较长的历史,而且起着非常重要的作用。但是对心理主义的超越存在多种形式,在人类思想史上有着不同的路径。

第一种是物理主义的超越路径,即从物理角度理解心理现象。19 世纪,诸如亥姆霍兹、弗洛伊德等心理学家都提出将心理学还原生理学最终到物理学的做法。这是人类知识界对心理学反思的比较明显的形式。只是这种做法最终折翼。罗素等人更进一步,将物理学还原到逻辑学,表现在其方法论原则上就是逻辑构造的方法,"科学的哲学研究的最高准则是:凡是可能的地方,就要用逻辑构造代替推论出来的存在物"。[④] 卡尔纳普在罗素的基础上,把逻辑构造的原则贯彻到底,把自我心理对象也作为分析构造对象。[⑤] 但后来这条路在哲学中最终受到极大的批判。这段历史(19—20 世纪)一直提醒着我们将心理学还原到生物学,再将生物学还原到物理学,以及后来将物理学还原到数学、逻辑学的做法最终是失败的。然而,在自然科学中,我们看到不同的成功超越。一是凯德尔在 2000 年的诺贝尔奖大会报告中指出,他 1950 年开始关注记忆研究,而这种转变是从心理分析转移到生物学路径的,原因是他认为心理分析的路径存在局限,它将大脑当作黑箱处理。随后,他开始关注学习与记忆的问题,尤其是关注学习

① INBAL GOSHEN. The Optogenetic revolution in memory research[J]. Trends Neurosci, 2014, 37(9):511-522.
② TERUHIRO OKUYAMA, etc. Ventral CA1 neurons store social memory[J]. Science, 2016, 353 (6307):1536-1541.
③ Scientists identify neurons devoted to social memory. MIT news. (2016-09-29)[2016-12-08].http://news.mit.edu/2016/scientists-identify-neurons-social-memory-0929.
④ 罗素.感觉材料和物理学的关系[M]//贾可春,译.神秘主义和逻辑与逻辑及其他论文.北京:商务印书馆,2017.
⑤ 卡尔纳普在《世界的逻辑构造》第四部分第一章中专门分析了作为低等级存在物的自我心理对象,而他人的心理对象和精神对象是高等级的存在物。这二者的统一性如何建立却是个问题。

如何导致大脑神经网络的变化以及易变的短时记忆如何转变为稳定的长期记忆这一问题。但是,他并没有用生物学逻辑取代心理学或者心理分析的逻辑,而是把二者整合起来,在细胞信号的生物学与记忆存储的精神心理学之间建立起连接。二是约翰·欧基夫和林恩·纳德尔,他们从心理系毕业,但是最终从生理学角度展开他们的记忆研究,只是实验对象是动物。

第二种是现象学式的超越路径,即从意识本身理解心理现象。对物理主义的批判必然导致现象学路径的出现。"几百年来被谈论得如此之多的起源为问题,一旦摆脱了错误的、悖谬地歪曲它们的自然主义,它便是现象学的问题"。[①]面对物理主义的泛滥,胡塞尔曾经在1911年《哲学作为严格科学》一书中也做出了批判,他认为自然主义的特征在于:"一方面将意识自然化,包括将所有意向——内在的意识给予性自然化;另一方面将观念自然化,并因此而将所有绝对的理想和规范自然化。"[②]胡塞尔的这条路径可以看作是对心理主义的批判。海德格尔对心理学的批判不同于胡塞尔,他向我们展示了生存论的批判路径。在《形而上学的概念》一文中,他描述了对心理学批判的核心。他认为心理学提供的是一种客观的解释:"我们的精神生活——本身或与历史相比较——如今在很大程度上被逼入了这种死胡同,既不能前进,也不能后退,在错误想法的死胡同中,如果从心理学或人类学方面说明了其来源,就算把握或占有了某种东西。因为人们可以这样来解释一切,似乎在客观地面对它们。人们相信,这种心理学的客观解释和对一切出自其心理学源头的东西的认可,都是宽容和优越的自由,而其实却是最惬意和最无危险的压制,在这种暴政下,人们根本无所适从,甚至连自己的立足点都没有。因为对于这些,人们同样会给予心理学的说明。"他认为面对情绪现象,最为根本的是理解,把其放入到世界语境中才能使得情绪成为其所是。"我们更加必须学会理解,情绪,只有当它感染着的时候,也就是说,规定一种现实的行为时,才是其所是的东西,在这里,我们的行为就是一种特定的追问活动"。保罗·利科的超越路径显示出了其对当代神经科学的关注。他的切入点非常地恰当。他敏锐地抓住了神经科学最为依赖的"印迹"概念,然后加以批判。当谈到记忆印痕的时候,他做出了三重区分:书写印痕、心理印痕和脑部印痕。"正如早期柏拉图和亚里士多德提出的蜡块印痕的比喻,我提出要区分三类印痕:书写印痕,在历史操作的层面上变成了文件印痕;心理印痕,被命名为

---

① 胡塞尔.哲学作为严格的科学[M].倪梁康译.北京:商务印书馆,1999:39.
② 胡塞尔.哲学作为严格的科学[M].倪梁康译.北京:商务印书馆,1999:9.

印象而不是印痕,通过标记某个事件在我们心中留下的情感意义上的印痕;最后脑部印痕,这是神经科学家处理的对象"。① 从这几处,我们发现利科是一个了不起的哲学家,他已经开始从现象学角度反思神经科学中记忆研究存在的问题。而且他的分析非常精准,抓住了神经科学的问题所在。当然他的有些概念用法还是不甚准确,比如"脑部印迹"。事实上,今天的神经科学家主要是使用"记忆印迹细胞"这样的概念,他们很少使用"脑部印迹"这样粗犷的概念。此外,利科的分析还是存在局限,值得我们进一步分析。(1)印痕是实体意义上的概念,或者是心灵的印痕或者是身体的印痕,当然也可能是细胞印痕。所以利科所做的分层并没有切中印痕概念的要害;(2)此外,印痕都是一种在刺激语境下有效的概念,是一种被动的概念。根据常见的定义"印痕是记忆存储方法理论化的结果,记忆存储在大脑(或其他神经组织)中对外界刺激做出反应的生物物理或生物化学的变化"。但是人类记忆远不止于此,更准确地说,基于一种互动体验。

这两种路径都是反思心理主义的超越路径。物理主义的路径认为心理学的设定不够彻底,需要彻底地还原,但是这种彻底还原却导致了整体的瓦解。随着进入到神经机制的研究中或者神经活动数据的表征中,记忆整体开始远离生活。此外,它还面临着重新陷入逻辑实证主义的危险,在20世纪,科学哲学家已经指出,将自然科学还原为物理学、逻辑学的做法中存在的问题。但是,记忆的心理学研究却极力向生物学重新靠拢。现象学注意到这一缺陷,它从现象本身来看,走出来一条不同的颇具生命力的道路。但是后者的危险却隐含在与神经科学保持的张力中。这两条路径无法互相取代,而是两条不同的路径。客观地说,自然科学中的确存在着非常的明显趋势:将心理现象还原到物理层面。尤其是当心理学和生理学结合在一起的时候,这种倾向更为明显。20世纪50年代,心理学家米勒等人开始对医院的患者进行研究的时候,记忆研究不可避免地打上了物理主义的烙印。随着凯德尔摆脱心理分析的限制开始对心理的神经机制的研究,这条路已经显示出其内在的生命力,不容忽视。而传统的现象学路径则需要超越,最起码它需要直面这样一个问题:如何解释心理学与自然科学关系不同的形式的根据?19世纪是从本体论层面上体现出心理现象还原到物理现象;而20世纪则是从方法论上的依赖,心理学更多的是在方法技术上依赖神经科学。

---

① PAUL RICEOUR. Memory, History, Forgetting[M]. trans. by KATHLEEN BLAMEY, DAVID PELLAUER. Chicago: University of Chicago Press, 2004: 415.

四、心理主义的当代超越

所以,传统现象学家的批判仅仅看到了在本体论上心理学对于生物学的依赖,他们更看到了意识自然化这样正在发生的事情:意识自然化意味着意识现象成为自然科学的对象。他们的论断除了本身的合理性之外,还可以得到自然科学史的支持。自然科学史的发展也间接指明了意识现象何以能成为科学对象。19世纪德国生物学家亥姆霍兹表明心理过程是可以通过实验进行研究的,作为心理代表的神经系统可以成为实验控制的对象;20世纪美国科学家杰拉尔德·埃德尔曼(Gerald M. Edelman)通过将意识看成是过程而非实体对象的方式完成了这个过程。但是,对心理主义的当代超越则更多体现为方法论层面的超越:这就是诸如PET、fMRI等成像技术的迅速发展。这种情况对现象学而言是一种不妙。赛尔等一些心灵哲学家所指出的那样,现象学无视自然科学,尤其是神经科学的发展。这种指责并没有注意到现象学对于成像技术反思的无力。我们不得不承认,对于大多数后来的现象学家来说,这一点命中要害。所以在这个阶段并非是本体论意义上的超越,而是反思方法论意义超越时存在的问题。

因此,当代超越应该基于记忆的科学研究之上,开始关注自然科学领域新技术如何影响了记忆研究。在科学领域中,很多神经科学家如凯德尔、米勒、欧基夫(O'Kefee)、麦克高夫等都是在20世纪50年代开始关注记忆研究的,有力地推进了20世纪的记忆研究。比如在《看到未来》中,莫索尔夫妇研究了动物空间行为的预演特征。这篇文章探讨的是动物的情景记忆问题,里面提到了诸多概念都非常有趣,比如路线的重演与预演、海马体的再激活。文章对动物在空间中的预演(preplay)与重演(replay)的关系进行了说明,"令人惊异的是,在事件发生前,相应的脑部活动也会发生"。[①] 而支持这种观点的经验证据是,重演依靠海马体的CA3区域中的经验-感觉联结网络,而预演在来自海马体之外的区域。他们的成就是在传统的电刺激技术上取得的。

但是,情况又有所变化。新的光遗传技术能够让科学家在以往的基础上,能够实现对大脑神经元进行激活或者抑制。这开始超越出记忆理论的层面,而进入到实践层面。如此,批判当代记忆研究中的心理主义设定依然显得必要。在理论层面,哲学可以从两个方面展开,一方面,面对自然科学设计的新的实验、发现新的现象以及给出新的解释理论,哲学必须善贾于物,利用上述方法、实验、现

---

① EDVARD I. MOSER, MAY-BRITT MOSER. Seeing into the future[J]. Nature, 2011(469):
303-304.

象以及理论来夯实自身。20 世纪初的哲学和心理学对于记忆的研究已经被神经科学、脑科学的飞速进步远抛在后面了,远无法适应 20 世纪 60 年代以后科学发展的速度。所以需要面对新的情况给予应对。另一方面,也要意识到科学发展带给哲学自身的冲击和危险,保持自身的警惕。科学的进展是飞速的,但是这种飞速也加剧了其自身的分裂的速度。任何一门科学都是单方面地增进它所研究对象的知识,发展越快,差距越大。哲学不能因此而陷入这种分裂之中,要坚守自身整体把握的优势,指出科学发展存在的这种内在缺陷,从而为人类提供关于记忆的整体的知识图景以及为理解记忆现象提供一个坚实的基础。对于实践层面而言,问题才刚刚显示出来。对于哲学而言,需要突破理论-实践的二维划分,而重新面对记忆现象本身。

此外,在当代记忆研究中,心理学与自然科学证明了海德格尔批判形而上学与实证科学关系的特征,"形而上学提供概念,而实证科学提供事实"。的确,这一点是符合的。在当代记忆研究中,实验心理学不断提供着概念,如海马体是记忆的空间所在、情景记忆与语义记忆的区分、短时记忆、工作记忆与长时记忆、记忆巩固与提取,等等;而神经科学则依赖新的技术提供着经验事实,如上所述,动物空间行为的预演与重演发生在不同的区域、短时记忆与长时记忆出现在不同的大脑区域。"关于人类的神经图像研究识别出认知记忆的巨大型脑部网络……起初的 fMRI 研究显示了与记忆内容的组织和生产有关的大脑前部区域的活跃情况,后来也显示了与记忆提取和空间记忆有关的后部区域的活跃情况"。[1]

五、结语

无论何种超越路径,都需要面对记忆现象本身。这显然需要记忆现象学的出场。当代现象学面对记忆的科学研究成果,"尝试理解"的有效方式并非仅仅是将所有的科学知识宣告无效(胡塞尔式的),胡塞尔忽略当时生理学、实验心理学的发展;也并非从"命运"的角度将科学理解为历史性的自由存在方式(海德格尔式的)。尽管海德格尔直面他所在时期的生物学、动物学研究,并且将上述学科的研究成果作为理解核心命题——动物缺乏世界的基础,但是有趣的是,在记忆问题上我们碰到了截然不同的情况:动物拥有记忆,人也一样拥有记忆。但是只有人才拥有回忆。这两种方式都无法直接做出回应。

---

[1]　YASUSHI MIYASHITA. Cognitive Memory: Cellular and Network Machineries and Their Top-Down Control[J]. Science, 2004(306): 440.

　　当直面记忆现象本身,直面记忆科学与记忆的发展才是恰当的选择。利科仅仅批判了神经科学所依赖的记忆印迹概念,但是无疑忽略了技术纬度的进展。即科学向我们展示的是科学何以依赖于技术。我们的方式是将焦点放置在技术方法上,尤其不可忽视神经心理学所提供的实验设计。在不同发展时期,关于记忆的知识可以发生变化,但是其依据的实验设计却是恒定的。这些将成为后续分析的起点。此外就是心理学所提出基础概念框架。心理学发展到当前提出了不同的记忆类型框架,还有记忆行为过程的环节。相比之下,哲学却无从提供太多的东西。然而,它所拥有的整体意识和让事情本身如其自身般地显现是其最为重要的东西,这些使得我们能够面对诸多的记忆研究成果,不至于慌乱,从而理性有序地展开进一步工作。

第六章　当代记忆研究的
研究纲领

根据拉卡托斯的说法："成熟科学是由研究纲领构成的,在研究纲领内,不仅预见新颖事实,而且在某种重要的意义上,还预测了新颖的辅助理论;成熟科学不同于缺乏想象力的试错法,是具有启发力的。在强大纲领的正面启示法中,一开始就大致规定了如何建立保护带:这种启发力产生了理论科学的自主。"①如此,我们生发出了一个判断:是否具有研究纲领是判断一门科学是否成熟的标准。所以,我们要依次来分析记忆科学在这方面的情况,简言之重构记忆科学与技术史,而这一重建则需要澄清记忆科学发展过程中的研究纲领的情况。

一、记忆科学:一门成熟科学?

在众多学科分类中,"记忆科学"(science of memory)并不是被普遍接受说法。由于对象不明晰,记忆问题被纳入认知科学、神经科学或者脑科学中被讨论,反而不具备一个独立的地位。所以记忆科学并不是一门成熟的科学。在认知科学这种成熟的学科说法面前,"记忆科学"显得稚嫩无比。之所以如此,和整个人类思想史上的一个命题有着重要关联:记忆属于认知。在这一命题的引导下,记忆被消融在认知现象中。所以,记忆科学的不成熟显而易见。记忆科学不成熟的另一个理由就在于其研究纲领的不完备。这恰恰是我们需要去考察的问题。

二、研究纲领的不完备情况

1. 硬核

科学研究纲领中的硬核是由反面启示法规定的,"反面启示法规定纲领的硬

---

① 拉卡托斯.科学研究纲领方法论[M].兰征,译.上海:上海译文出版社,1999:121.我们之所以选择拉卡托斯的方法论而不是库恩的主要原因是规范的考虑。这一点拉卡托斯在其《科学研究纲领方法论》中早已说明,"库恩处理科学连续性的概念框架是社会-心理学的框架;我的则是规范的。我是通过'波普尔的眼镜'来看待科学连续性的。库恩看到'范式'的地方,我还看到了合理的'研究纲领'"。
（第124页）

核,根据纲领支持者的方法论决定,这一硬核是不可反驳的"。① 可以说拉卡托斯指出了硬核最重要的特性,但是却没有解释纲领硬核如何形成的过程。"一个纲领的实际硬核并不像雅典娜出自宙斯之头那样一出现就全副武装,它要通过长期的预备性的试错过程缓慢地发展。在本文中没有讨论这一过程"。② "恐惧记忆与杏仁核相关"是自然科学记忆研究纲领的内核。这是一个根本的原理性出发点。根据生物学研究,情感源自杏仁核,所以与情感有关的记忆也与之有着密切的关系。恐惧是一种初级情感,对人或者动物的影响深远。在生活中,人们总是提到"快乐是短暂的,而痛苦是永远的",而且在哲学家叔本华那里也指出,快乐是痛苦与痛苦之间的跳板。"作为最早收到包括印度教和佛教在内的东方思想影响的哲学家之一,叔本华坚持主张痛苦具有普遍性。他认为可以通过禁欲和克制可以战胜意志,从而获得拯救"。③ 所以,与痛苦有关的恐惧成为存在者生存的根本规定。另外,当海德格尔揭示出"畏"是一种生存论结构,这更加说明恐惧的一种普遍性,对于人和动物来说都是一种根本的规定性。

"记忆是生物印迹"这也是自然科学记忆研究纲领的内核之一。印迹的观念可以追溯到古希腊,当柏拉图、亚里士多德等哲学家用戒指、印章等比喻来说明记忆的时候,已经奠定了理解记忆的理论基础。只是他们这里更多谈论灵魂的印痕,亚里士多德从生物体层面触及身体的印迹。近代哲学洛克的白板说也是从意识角度而言的,这与休谟的"印象"(impression)一起构成了心理的印痕。这些都是生物学发展起来之前的情况。20 世纪初,德国生物学家萨门提出的印迹主要讨论了生物体与环境之间的某种关联。后来现代生物学复活了印迹理论。从萨门的生物印迹到后来的细胞印迹是生物学自身发展的必然结果。而这也构成了记忆研究的内核概念。

我们对记忆研究纲领内核的确立根据两个理由:其一是这一观念具有恒定的演变史;其二是这一观念具有重要的指导意义。而"印痕"是符合这两个基本条件的。这二者都可以追溯到古老的哲学根源处,此外,在当下神经科学迅速发展的时期,我们所看到的是,很多问题的讨论都是基于这两个出发点。那么围绕这两个出发点生成了哪些辅助带呢?

2. 辅助带

在神经科学的记忆研究中,存在着明确的正面启示法,即"一些规则告诉我

① 拉卡托斯.科学研究纲领方法论[M].兰征,译.上海:上海译文出版社,1999:69.
② 拉卡托斯.科学研究纲领方法论[M].兰征,译.上海:上海译文出版社,1999:67.
③ 莱斯利·莱文.我思故我在——你应该知道的哲学.王海琴,译.济南:山东画报出版社,2012:148.

们要寻求哪些研究道路"①。在记忆科学史上,我们从记忆巩固的研究中可以明确看到这一点。1900 年,Muller 和 Pilzecker 两人提出关于学习的"持续言语-巩固"(Perseveration-Consolidation)假设理论,即学习后一段时间,作为学习基础的神经过程会变得稳固或者巩固。但是对于这一假设的验证一直持续着。神经科学家麦克高夫曾经描述了这一验证过程。他在 2015 年的一篇文章中回顾了这个过程,"来自不同实验室的这些发现提供了对 PC 假设的强有力支持(McGaugh & Herz 1972)"。② 这里所说的发现是指与电休克疗法(ESC)有关的实验结论。比如 1961 年他们提出的 ESC 惩罚并没有产生滞留的削弱;1966 年麦克高夫提出的训练后的电休克疗法削弱老鼠的记忆;由 ESC 发出的声音脉冲在逆行性遗忘中不起作用;1968 年提出削弱的强度取决于上述疗法的周期和密度;1970 年他们又提出电休克疗法后多个小时中会出现遗忘,等等。2000 年他们提出杏仁核在记忆巩固中起着比较重要的作用。

从更大角度看,除了麦克高夫自己所认识到的对 PC 假设的支持外,其他科学家也从不同角度做着一些有利于内核的研究工作。比如 1949 年赫伯提出的双印痕(Dual-Trace)假设理论,这是关于记忆的,即记忆原初地建立体验激活的神经元回路的反射上以及持久记忆来自反射诱发的神经突触变化。麦克高夫还提到了同年都肯(Duncan)关于电休克的研究,该研究表明电休克疗法阻止了作为每天训练体验记忆基础过程的巩固。

在今天,这种研究更是指向对内核的维护。比如指向恐惧条件(Fear conditioning)就是如此。恐惧记忆研究构成了非常有效的辅助带。比如从 2000 年的《为了提取之后的再巩固,恐惧记忆需要杏仁核中蛋白质综合》③(*Fear memories require protein synthesis in the amygdala for reconsolidation after retrieval*)到 2016 年的诸如《与恐惧记忆相关的杏仁核-皮层突触特异性变化》多篇有关恐惧记忆的论文,均是在这一框架之上设计的实验。这两篇论文都是探讨恐惧记忆的神经基础以及机制。通过这 16 年的研究,恐惧记忆的神经基础及其机制以及记忆的提取控制等问题都得到了进一步的解答。比如印迹细胞组之间的竞争会影响恐惧记忆的形成和回想。这些论文中所提及的实验都是基于恐惧条件模式而设立的。

---

① 拉卡托斯.科学研究纲领方法论[M].兰征,译.上海:上海译文出版社,1999:66.
② McGAUGH J. L. Consolidating Memories[J]. Annual Review of Psychology, 2015(66):6.
③ NADER K, GLENN E. SCHAFE, JOSEPH E. Le DOUX. Fear memories require protein synthesis in the amygdala for reconsolidation after retrieval[J]. Nature, 2000(406):722-726.

可以说,科学家基于老鼠恐惧条件实验来研究恐惧记忆的形成、提取和消除等问题。这些做法无疑符合了正面启示法,"正面启示法包括一组部分明确表达出来的建议和暗示,以说明如何改变、发展研究纲领的'可反驳的变体',如何更改、完善'可反驳'的保护带"。[①]

保护带的命题是可以被证伪的,这是拉卡托斯研究纲领中重要的一点,纲领进化也表现为保护带自身的完善。比如关于记忆空间性的问题上可以看出这一点。20世纪初美国科学家拉舍雷和学生赫伯共同提出了记忆存储的理论:记忆分布在大脑中,而没有特定的区域。

在记忆研究领域,工作记忆就体现出这一点。根据《今日神经学》的一篇报道,新的证据反驳(refutes)关于工作记忆占统治地位的观点。[②] 这篇文章中提到的新观点指2016年12月《科学》刊发的一篇题为《经颅磁刺激再激活隐藏的工作记忆》(reactivation of latent working memories with transcranial magnetic stimulation)的文章。文章提出工作记忆的机制是"活动-静默"突触机制,而被驳倒的工作记忆理论是:神经元放电机制。而关于工作记忆神经机制理论提出时间并不长,我们所看到的是关于短期记忆的神经活动方面的论文是1971年福斯特(Fuster,J. M)提出的。[③] 传统理论指出,短期记忆的神经机制是神经元活动,涉及额皮质(frontal cortex)、顶叶皮层(parietal cortex)、前扣带脑皮层(anterior cingulate cortex)等处的神经活动。所以,在工作记忆的问题上,我们面临传统理论T:某个区域的神经元活动是工作记忆存储信息的根本;现代理论M:活动静默的神经元突触机制。这个驳倒非常有趣。面对这种情况,有科学家认为是彻底驳倒;也有人为是系统作用。但是,在本文看来,如果用运动和惯性的关系来描述这种情况可能会更恰当,运动是神经元的活动,而静默相当于神经元活动的惯性阶段,在这个阶段,并没有运动力存在,一切都是惯性作用。所以短期信息的保存最初依靠的是神经元的活动,但是神经元的静默阶段在理论上必须起到作用。而这是符合物理学基本概念的。此外,在哲学现象学中,胡塞尔所提出的"彗星的尾巴",而这恰恰描述了二者的关系。所以,对于那种残留——放电活动的神经元太少,无法检测——是需要批判的。但是这种争论至少是体现了记忆研究纲领中保护带所发生的一些变化,保护带的一些命

① 拉卡托斯.科学研究纲领方法论[M].兰征,译.上海:上海译文出版社,1999:69.
② TALAN J. New Evidence Refutes Longstanding Theories About Working Memory[J]. Neurology Today, 2017, 17(1): 20-21.
③ FUSTER J. M, ALEXANDER G. E. Neuron activity related to short-term memory[J]. Science, 1971 (173): 652-654.

题是可反驳的。但是可反驳与彻底驳倒之间还存在着极大距离。这是科学纲领进化研究过程中必须要加以注意的情况。

3. 理论自主性

理论自主是指记忆科学具有一种自主的逻辑。这种逻辑就是一种还原主义的逻辑。正如心理学家曼德尔（George Mandler）指出："脑与行为关系逐渐增长的兴趣和神经心理学的升起对于这样一种观点有所贡献：复杂现象（精神）可以在他们的作为更多基本单位（生理学的）的整体性中获得理解（可以还原为基本单位）。"[①]这种还原主义逻辑将最基本的物质材料呈现出来——比如神经突触、神经元内部等。这充分显示出记忆的科学研究主要是关注记忆的大脑机制、神经机制等问题。这是神经生理学所面对的主要问题。而神经心理学则是为记忆的心理机制探讨提供物质基础。这样看起来，记忆科学所面对的情况和一百年前的情况没有本质上的差异，都是遵循着一种还原逻辑和物理主义的思路。差异只是在于物质层面深入的程度。一百年前，科学家可能更多借助医学解剖技术所提供的形态、区域层面的物质性；而一百年后，科学家借助 fMRI 等技术看到的是分子层面的情况，可以把大脑内部的状况呈现出来。

此时，记忆的神经科学仅仅通过神经元、神经回路、神经突触等关键术语来解释记忆现象，为理解这些现象提供机制上的描述，而无涉任何精神层面的概念；但是神经心理学却不同，他需要涉及很多心理现象，如压力、情绪、认知等对于记忆的影响，而这些都建立在实验的基础上。记忆的哲学理论却完全不同，他所面对的是理解记忆现象，揭示出记忆如何可能？诸如记忆如何不同于知觉、记忆对象如何构成？等问题。其主要方法也完全不同。自然科学的实验设计与哲学的意向分析、反思分析形成鲜明对比。

当然这种自主性并非完全的孤立发展，而是显示出学科之间的彼此呼应。正如麦克高夫所描述的那样，神经科学以自己的方式回应着心理学、哲学的古老难题。"因此这些发现为 1900 年缪勒与皮尔策可的 PC 假设提供了强力支持。它们也为威廉·詹姆士在 1890 年提出的问题——为什么有些体验很好地被记住，然而大多数却没有——提供了公平答案。最后，这些发现至少对下面的问题提供了公平的解释，正如培根在 1620 年提出的，为什么记忆被'使得一个印象产生强有力情感的东西'帮助？"[②]

① MANDLER G. A History of Modern Experimental Psychology[M]. Cambridge：The MIT Press，2007：206.
② McGAUGH J. L. Consolidating Memories[J]. Annual Review of Psychology，2015(66)：16.

4. 记忆科学史的重构

涉及记忆科学史重构的时候，出现了一个问题，哲学与科学。我们在此采纳了海德格尔的观点，他在分析哲学的任务时指出了两个规定：一是哲学为科学提供根据。只有当有了哲学才有了科学，哲学的一个次要任务是为科学提供根据。二是哲学要透彻地把握人的生命现象——记忆的整体。在诸多记忆科学研究中，我们已经看到，神经科学将记忆（此在）机械地视为神经活动。哲学的反思指向上述记忆科学的成果。通常说来，哲学的反思表现为几种模式：

（1）梳理模式。"梳理"是让科学的成果变得系统化，不至于散乱一地。这种做法通常是基于学科纲领做出的梳理，必须学术史就是如此。通过时间序列逻辑，让材料变得有据可循。通常的文献梳理工作就是这样的逻辑。

（2）反思模式。这种反思是超越要梳理的东西。不同于科学自身的系统化，这种做法需要宏达框架作为底色。比如我们所看到的古典德国以来的做法就是如此。这种做法就是自然哲学，运用自然科学的成果来说明哲学理论，比如世界是发展变化的、现象之间具有统一性。在这种模式中，谢林、黑格尔、恩格斯等人的自然哲学就是最为典型的模式。

（3）实证模式。实证模式讲求的是对经验成果做出分析，这种做法通常是进入到科学实验材料之中展开分析。比如将科学成果中的哲学预设、观念、概念等做出说明阐述，让实验变得容易理解。

（4）现象学模式。这种模式是通过对科学成果的反思继而产生超越，并让记忆现象显现出来，哲学理解恰恰就是从此开始。

记忆科学史的重构离不开这四种模式，换句话说，是基于这四种模式进行的。在重构中，我们需要思考科学研究的自身局限。这种做法在哲学中一直没有消失。康德等人为自然科学奠定了形而上学基础，他看到了自然科学的问题所在，这是为认识论奠基；胡塞尔将哲学看作是科学的科学，把我们的目光引到了"对象化、自然化"上，这开启了探讨本体论的开端。也许今天是方法论的时期，当实验方法攻破心理学领域，作为心理现象的最终港湾——哲学能否幸免恐怕是每一个哲学家都在思考的问题。在哲学领域中，关于人文科学与自然科学方法争论百年之后，今天又重新被提上了日程，以新的方式表现出来。对记忆科学史的重构不能是材料的梳理，而是记忆思想的重构。科学对于哲学而言，不能是方法的供应商，而是开启一种新的视角。哲学对于科学而言，应该是一种警钟，让其意识到所忽略的东西。通过现象学方法，我们注意到记忆科学研究存在的几个问题：

（1）在记忆研究的实验中，神经科学家多使用的是巴普洛夫的刺激-反应模型。这种做法无疑被现象学扼住了咽喉。"刺激引起反应"描述的是外在的因果关系，是描述两个实体——刺激因素和反应行为之间的因果关联。但是，在记忆实验中的所有引发的现象都是记忆行为，所以这是一种心理现象。比如在恐惧条件实验中，通过声音、语境以及点击，共同引发恐惧行为，然后标记出与恐惧有关的神经元细胞。接着把实验对象通过相似的因素，要么声音、要么语境来看它们的行为，按照以往的研究，通过语境和声音应该可以引发恐惧行为。现在是通过光控制，激活以往标记出来的神经元细胞。结果可以产生或抑制新的行为。当关联到意识行为的时候，问题出现了。胡塞尔现象学曾经探讨过意识行为中"引起"的本质。"这不是一种外在的因果关系，根据这种关系，原因作为它自身被考察过程中之所以是，即使在无结果的情况下也仍然可以想象，或者结果的成效就在于某个可以自为存在的东西被附加进来"。① 所以在自然科学这里，意向关系被完全转变为因果关系，也就是说"将一个经验的、实体-因果的必然性联系强加于意向关系，这都是一种悖谬"。② 对于这二者的区别，胡塞尔说得非常清楚，在意向关系中，引发者只能是意向客体，但却不能是在我之外现实存在并且实在地、心理物理地规定着我的心理生活的东西。意向行为"并不从属于作为物理实在、作为物理原因的风景，而是在与此有关的行为意识中从属于作为这样或那样显现着的、也可能是这样或那样被判断的、或令人回想起这个或那个东西等之类的风景"。③

所以，在神经科学中，我们会把握到这种引发关系，存在于刺激-反应之中的关系。而刺激是条件刺激或者无条件刺激，比如声音或者环境或者电击。在这些刺激因素中，电击直接引发恐惧反应，所以反应行为是与恐惧一致的僵住行为。在这里我们发现了两个完全不同的层次，第一层是物理因素，物理刺激与僵住行为；第二层次恐惧体验与僵住行为。这两个层次对应着两种关系，物理层次的因果关系与体验层面的意向关系。意向关系是表征关系。肢体僵住表征恐惧体验。

（2）神经科学最为关注的是机制问题，即神经层面的作用。"机制"一词最早使用的学者已经难以考证，但是这却成为整个生物科学和神经科学领域最为

①② 胡塞尔.逻辑研究：第二卷[M].倪梁康，译.上海：上海译文出版社，1999：429.
③ 胡塞尔.逻辑研究：第二卷[M].倪梁康，译.上海：上海译文出版社，1999：430.

常见的概念。① 在记忆研究中就是如此,探寻记忆现象的神经机制。探讨神经机制常常包括两个不同的路向:其一是探讨与某种记忆现象或活动对应的神经细胞层面的,并且能够为实验所验证把握。比如社会记忆存储在海马体 CA1 区这一命题。神经科学家借助老鼠实验,标记出老鼠之间交往过程中 CA1 区神经元活动明显;标记出恐惧记忆对应的区域细胞,然后通过光遗传技术进行激活或者抑制。这些实验说明,任何一种记忆活动、记忆类型都能找到相应的神经区域与之对应。在这一路向中,神经机制成为记忆现象的一种印证,只有找到这种对应或者是区域或者是回路,才能够对特定的记忆现象进行研究。所以曼德尔的观点有一定道理。神经科学家验证了心理学家的观念。但是这种路向存在的问题是过分依赖于心理学中关于记忆的理解,殊不知,记忆现象的区分恰恰是心理学自身所无法完成的,它是哲学最终的任务。所以在这个路向中,哲学现象学为记忆研究提供了本体论方面的支持,然后神经科学恰恰是通过特定的实验去寻求经验的证据。而整个神经科学史的发展也就从这个角度获得了明确,他们不断地进步恰恰表现为通过新的技术手段去触及神经层面,然后找寻到相应的根据。其二是深入科学层面,揭示神经物质内部的某种作用。比如麦克高夫所揭示的药物如何影响神经元联结从而影响记忆巩固;凯德尔所剖析的从短期记忆转化到长期记忆的过程中神经元之间发生的变化。在对神经机制充分了解的基础上,对记忆进行改造、删除、抑制就变得可能。到目前为止,出现过多种方法,如电击刺激、药物刺激、光刺激等。

(3)从科学史角度看,神经科学发展最为倚重记忆印迹概念。从萨门提出印迹概念,再到心理学领域拉舍雷的完善、神经科学领域利根川进等团队的推进,这个概念依然形成了记忆研究纲领的内核,都是在实体意义上的使用。神经科学家利根川(1987,2015)进在 1987 年使用了"记忆印迹细胞"的概念②,后来在这一概念的指导下,他的团队开展了诸多研究,2012—2016 年间取得诸多成

---

① "机制"概念源自希腊语,最初是指与机器有关的构造和运动原理,现主要是指有机体各部位之间的关系,最早是 17 世纪使用。根据斯坦福大学哲学词典的解释,21 世纪以来的科学哲学新的解释框架是新机制哲学的出现,科学典范是生物学。而整个 20 世纪科学哲学解释框架是逻辑实证主义,科学典范是物理学。通过这些框架面对古老的科学哲学问题,如因果性、层次、解释、自然律、还原和发现。一般说来,对机制存在三种解释:MDC 解释、Glennan 解释和 Bechtel and Abrahamsen 解释。这些解释的共同点是:(1)现象;(2)部分;(3)导致;(4)组织。所以,机制是分解式的,即作为整体的系统的行为可以被分解为不同部分活动之间有组织的相互作用。所以,从这些解释可以看出,机制是还原主义的,即系统整体可以还原为不同部分;是因果性的,即部分之间的相互作用导致了现象的出现;是相互作用的,即不同部分之间必须存在相互作用来维持整体系统的存在。

② TONEGAWA S, LIU X, RAMIREZ S, REDONDO R. Memory Engram Cells Have Come of Age [J]. Neuron, 2015, 87(5): 918 - 931. Chicago: University of Chicago Press.

果。如 2014 年发表的题为《记忆印迹细胞的识别与制造》中就使用了记忆印迹细胞(memory engram cells)的说法；2015 年发表题为《逆行性失忆之下印迹细胞保持记忆》(Tomás J·Ryan,2015)；2016 年发表题为《通过激活早期阿兹海默症老鼠的印迹细胞提取记忆》的成果(Roy,D,2016)。2017 年,日本研究团队发表了一篇题为《对于联结必不可少的重叠记忆印迹,但不是为个体记忆回想》的文章。文章指出,记忆不是孤立地存储,而是整合到联系网络中。然而,记忆联结机制却难以把握。通过对老鼠中两类依赖杏仁核的行为范式——条件性味觉厌恶(CTA)和听觉线索诱导的恐惧条件(AFC)研究发现,在记忆的自然联合激活后,展示用于 CAT 任务的条件刺激激发了 AFC 的条件反应,这伴随着在侧杏仁核(basolateral amygdala)中神经群重叠的增长,重叠的神经元群压制了 CAT 提取诱发的僵固行为。但是,原初的 CAT 或 AFC 记忆的提取并没有被影响。一小群共享的神经元群调节着记忆之间的联结,它们对于个体记忆的回想来说并不必然。① 法国哲学家利科注意到这一现象并且对此进行了深入分析。当谈到记忆印痕的时候,他做出了三重区分：书写印痕、心理印痕和脑部印痕。"正如早期柏拉图和亚里士多德提出的蜡块印痕的比喻,我提出要区分三类印痕：书写印痕,在历史操作的层面上变成了文件印痕；心理印痕,被命名为印象而不是印痕,通过标记某个事件在我们心中留下的情感意义上的印痕；最后脑部印痕,这是神经科学家处理的对象"。② 从这几处,我们发现利科是一个了不起的哲学家,他已经开始从现象学角度反思神经科学中记忆研究存在的问题。而且他的分析非常精准,抓住了神经科学的问题所在。当然他的有些概念用法还是不甚准确,比如"脑部印痕"。事实上今天的神经科学家主要是使用"记忆印迹细胞"这样的概念。他们很少使用"脑部印迹"这样粗犷的概念。但是利科的分析还是存在局限,值得我们进一步分析。① 印迹是实体意义上的概念,或者是心灵的印迹或者是身体的印迹,当然也可能是细胞印迹。所以利科所做的分层并没有切中印迹概念的要害；② 此外,印迹都是一种在刺激语境下有效的概念,是一种被动的概念。根据常见的定义"印迹是记忆存储方法理论化的结果,记忆存储在大脑(或其他神经组织)中对外界刺激做出反应的生物物理或生物化学的变化"。对这一概念,哲学的成果也有一些。2016 年萨拉·罗宾斯

---

① JUN YOKOSE etal. Overlapping memory trace indispensable for linking, but not recalling, individual memories[J]. Science, 2017, 355(6323)：398－403.
② RICEOUR P. Memory, History, Forgetting[M]. trans. by KATHLEEN BLAMEY and DAVID PELLAUER. 2006：415.

(Sarah Robins)反驳了记忆因果理论(the Causal Theory of Memory, CTM)。该理论指出,记住特定的过去事件需要记忆中在事件本身与它的后续表征之间的因果联系,特别是,保留记忆印迹的联结。罗宾斯指出,分布式记忆印痕(Distributed memory traces)对 CTM 来说是例外。[①] 这一批判是合理地。事实上,人类记忆远不止于此,更准确地说,基于一种互动体验。记忆不是记住某种东西,以印痕的方式保留某种内容,这只是外在的、最终的结果。记忆是一种体验印痕。在一次山地骑行的途中,当我骑着车子艰难地爬坡时,小腿的酸疼、胸口的难受以及喘气困难让我记忆深刻。但是当我下行的时候,车子飞速地滑行,耳边呼呼的风声,以前的酸疼、憋闷都烟消云散。记住的不是某个事件,而是对某个时间的各种体验。此外,这种体验是一种综合性的体验。这不是单纯的感觉,而且也是伴随着设想、幻想、激动,这不是单纯的视觉体验,而是全身心地投入其中。同时这也是交互体验,我们每一次深深地呼吸,将新鲜空气吸入肺中,将身体内的废气排出体外,这是一种交换。另外,我们带着郁闷的心情过来,但是同时也在收获着新鲜的感受。所以,记忆是一种体验,一种对体验的记忆,内容本身也是因为体验的加入而变得有意义。海德格尔对于石头与大地的关系分析对我们略有借鉴。石头压在大地上,留下了印痕。但是此时石头对于大地来说中间没有"可通达性"。这样的印痕决然不是记忆,而只是记忆死寂的遗留物。但是身体的印痕或者灵魂的印痕却是展示了身体或灵魂相对于某一事件来说是"可通达的",是共同构成的结果,存在着某种特定的关系。所以,从这个角度看,自然科学所研究的记忆都是一种遗留物,而不是记忆本身。

(4)神经科学将活生生的记忆现象变为科学对象,这种做法就是"意识的自然化"(胡塞尔语)。后来,现象学家保罗·利科分析了记忆与遗忘等这些意识现象在神经科学那里遭受的某种变化。如作为对象的记忆和作为体验到记忆是二者的最大区别。作为对象的记忆是神经科学视野内的现象,是属于被设计对象的。而作为体验的记忆则不同,这是活生生的、与生活密切联系的现象。"精神体验意味着身体性,但是'身体'一次无法还原到自然科学所说的对象化身体。对于作为对象的身体来说,与活生生的身体语义上是相对的,活生生的身体是某个人拥有的身体,我的身体,你的身体,他或她的身体。仅有一个身体是我的,而其他的对象身体是在我眼前的。通过活生生的身体被理解为对象身体来解释对象化的能力在现象学和解释学家那里成为一个很少解决的问题。事实上,距离

---

① ROBIN S. Representing the past: memory traces and the causal theory of memory[J]. Philosophical Studies, 2016, 173(11): 2993 - 3013.

是在作为活生生的身体与对象的身体之间的巨大差异"。① 这一点应该是现象学精神的体现。除了这一点，他还关注到科学家所造成的存在于精神和物质之间的对立。"当科学家让自己谈论给定的脑区的贡献、特定神经序列的地位、含义甚至责任，或者当他说明大脑介入到特定心理现象表象中，他们始终尊重这种因果性话语的界限……神经科学家呼吁一种在结构或组织和功能之间占统治地位的因果观念的较少否定的用法"。② 这种指责不同于心灵哲学，心灵哲学力图捍卫心灵现象的地位，寻求心灵现象在物理现象之中的独特地位。这种立场依然是二元论的。但是现象学却是寻求二者的统一，他所要展示的就是这样过程如何发生的，记忆对象如何构成的？而这也是为当代现象学发展提供了一个任务，考虑将科学成果纳入其中意味着要从科学式的角度展开记忆如何成为对象，为记忆的构成提供科学史的根据。如此，这一任务是双重的，一方面，展示记忆现象如何构成的意识过程；另一方面，为记忆成为对象提供科学史的验证，而构建记忆科学史的目的在此也逐渐变得明确起来。我们构建记忆科学史并非是对科学成果的简单梳理和总结归纳，也并非是要提出指导性的概念，而是为现象学的意向分析提供科学史的根据。

三、记忆科学与哲学发展

对记忆科学反思的根本目的是为当代哲学服务。但是从何处开始呢？我们可以看一下 20 世纪两位哲学家的观点。第一位是英国哲学家怀特海所提出的"哲学家应当力戒侵犯专门研究领域。它的职责是指出供研究的领域……哲学的任务是唤起这种意识，然后与所有这一切专门研究的结果协调起来"。③ 在怀特海看来，哲学需要与专门研究领域保持距离，而能够做到是就是指出研究的领域。这种观念在海德格尔那里受到了批判，即对分工协作式的批判。第二位就是海德格尔。我们借鉴海德格尔的做法。他对于实证科学与哲学的关系论述值得我们关注。

他首先是批判概念总结的做法。"一种纯粹自为存在着的、漂浮不定的形而上学理论，只是事后的作为所谓的概括总结，也不可能会有任何意义"。这种批判多少有些问题。从某种意义上看，科学史的写作就是概念总结，将概念发展的

① RICEOUR P. Memory, History, Forgetting [M]. trans. by KATHLEEN BLAMEY and DAVID PELLAUER. Chicago：University of Chicago Press, 2006：419.
② RICEOUR P. Memory, History, Forgetting [M]. trans. by KATHLEEN BLAMEY and David Pellauer. Chicago：University of Chicago Press, 2006：421.
③ 怀特海.思维方式[M].刘放桐，译，北京：商务印书馆,2004：21 - 22.

线索加以梳理从而构成科学概念的思想发展史,但是其意义也仅仅在于此。对于我们把握科学成果来说没有太大意义。

其次批判分工协作式的理解。"形而上学提供基本概念,诸科学提供事实"。这是很容易看到的通常做法,比如心理学提供记忆概念的分类,然后科学提供事实根据。从自然科学来看,很大程度上是验证实验假设和猜想或者基于实验得出的结论进行分析。当然,实验设计的概念框架却有着两方面的来源,其一是自然科学自身的概念框架,比如恐惧条件的实验设计就是最为典型的代表。恐惧条件这一概念框架来自巴普洛夫的条件反射理论的变形,此后100多年,神经科学依然是基于这一框架来设计实验。其二是心理学框架,比如情景记忆、语义记忆等问题的研究就是如此。这些框架是心理学概念。但是哲学上的记忆分类概念从未作为自然科学的基本来源。所以从这个角度看,海德格尔的前半句话是无效的。"诸科学提供事实",这的确是这样的。比如"在社会记忆存储在什么地方"这一问题,神经科学家提供的经验事实则证明了社会记忆在海马体的CA1区域中。

他敏锐地指出:"我们根本没有为真正的形而上学和真正的科学之间的真正联合做好准备,这是显而易见的。"在他看来,实证研究与形而上学的关系是命运。而在这种理解之中,要避免"外在地教训具体的科学",避免进入到新的两种文化对立的局面。"哲学的那种自作聪明和科学的这种顽固,引起了那种互不理解的极度僵持状态,引起那种自由的假象,似乎每一方最终都不干涉其他领域,但实际上只不过是一切尴尬或不足的不自信状态"。

如此,海德格尔的思路目标变得清楚了,他希望我们真正理解科学。"我们将科学理解为人存在的一种生存之可能性,对于人存在来说并非必然的,而是一种自由的生存之可能性"。而"这种自由的可能性其基本特性在于历史性,其展开的方式不是某种组织安排的事情,不是某种哲学体系之主宰的事情,而是当时的存在之当时的命运的事情"。在这样的背景下,实证科学与形而上学作为命运的联合体就容易理解了。

在这样的情况下,需要做的事情是"放弃解释"而展开"尝试理解",即从生命本身出发去理解生命自身的内涵。这种态度无异于建立了一个强人文主义的观念,科学被以适当的方式抛弃,仅仅是一种历史性的自由生存的可能性方式之一。海德格尔也直面他所在时期的生物学、动物学研究,并且将上述学科的研究成果作为理解核心命题——动物缺乏世界——的基础。

第七章　当代记忆研究的基本问题

第一节　记忆与认知

当代记忆研究的一个重要逻辑起点是记忆与认知的关系。一直以来，多数学者接受记忆附属论的观念，即把记忆看成是认知现象的一部分。但是对这一观念的形而上学根据缺乏更进一步的把握。从认知构成看，主要由知识、认识和知觉等三个内在维度构成。这一构成在哲学史上也有其对应的阶段。如"记忆是认知的一部分"这一观点包括三重内涵：记忆是知识的来源、记忆是认识的低级阶段和记忆是知觉的滞留。一般的理解往往混淆了三种含义。但是，记忆附属论并不能成为当代记忆研究的有效起点。从根本上看，当代记忆研究的顺利开展必须在记忆获得其独立的本体论地位才能够有效推进。这种独立的本体论地位确立的可能性在哲学内部以及神经科学与技术的发展逐步显示出来。从哲学角度看，记忆与知觉完全不同，它是过去对象得以显现的空间条件，是过去对象当下化的体验；从神经心理学以及神经科学与技术发展角度看，记忆与认知具有完全不同的神经回路机制。这些意味着记忆本体论地位的重构具有了比较成熟的哲学与科学基础。

当代记忆研究中哲学的缺席已经被意识到，并且呼唤哲学的出场也有其必要性和可能性。但是如何出场却成为一个问题。哲学对于记忆的反思需要一个合适的起点。但是在知识论传统下，记忆自身的不确定性使得其被排除在哲学之外。但这并不意味着对记忆的哲学反思无从展开。现象学无意为我们提供一种可能性路径：从日常态度到哲学态度的转变。我们将从日常态度中的记忆理解加以考察，并阐述其内在的问题，从而让记忆自身显现出来。在日常态度中，我们最先碰到一种认知与记忆的关系，所以这成为整个考察的起点。在这种态度中，记忆被看作是隶属于认知的现象。本文旨在从日常生活中的记忆观念出发,勾勒出这种观念的面貌与特征、反思这种观念形成的根源,最终为哲学在当代记忆的理论与实践的双重任务服务。

一、自然态度中的记忆理解

在日常生活中,"记忆属于认知的一部分"(下文简称"附属论")有着比较明显的表现。可以通过多个场合的描述加以确证。在 Merriam-Webster 这一词典中,查询"认知"一词的解释时,会发现记忆与认知关系的描述。"属于或关于以及与意识智力活动有关的,例如思考、推理或者记忆"。在这个语义描述中,记忆被放到了认知范畴的框架之内。这一语义学的解释甚至可以在哲学那里得到理论上的支撑。在传统哲学中,认识论形成了强大传统,在这一传统形成过程中,记忆被彻底淹没在其中。在柏拉图那里,记忆与理智并列。"这些事物并不是善的,思想、理智、记忆以及与此相关的事物才是善,我们可以证明正确的意见和真正的推理比快乐更优秀、更有价值,无论是现在活着的存在物还是将要出生的有生命的存在物,世上没有比参与活着的存在物更加有益的事情了"。① 这几乎构成了西方哲学中记忆与理智关系的一种传统。布伦塔诺从哲学史上给出了一些说明。② "康德以他自己的方式采纳了这个分类。他把灵魂的三种能力看作是认知能力、快乐与痛苦的情感和欲望的能力,把他们作为自己批判哲学的分类基础"。③ "斯宾塞(Herbert Spencer)把更高发展的精神活动划分为认知(记忆、理性)和情感(欲望、意志)还有认为这两类在原初现象中有其起源"。④ "亚历山大·拜尔(Alexander Bain)使用相似的术语建立起他自己的三分法。他区分了第一,思想、智力或者认知;第二,情感(feeling);第三和最后,意愿或意志"。⑤ 布伦塔诺的观点也是心理学的代表。记忆被看成是认知的组成部分。乔治·曼德勒(George Manlder)把认知看作是心灵的组成部分。"我把心灵概念看作是认知(cognition)、意欲(conation)和沉思(cogitation)的聚集。认知[来自拉丁语

---

① 柏拉图斐莱布篇[M]//柏拉图.柏拉图全集:第3卷.北京:人民出版社,2003:176.
② 布伦塔诺对这段历史的梳理主要体现在两分法和三分法的区别上。
③ BRENTANO F. Psychology from an Empirical Standpoint[M]. edited by OSKAR KRAUS, English edition edited by LINDA L. McALISTER. translated by ANTOS C. R. ANCURELLO, D. B. TERRELL and LINDA L. McALISTER. London: Routledge, 2009: 141.
④ BRENTANO F. Psychology from an Empirical Standpoint[M]. edited by OSKAR KRAUS, English edition edited by LINDA L. McALISTER. translated by ANTOS C. R. ANCURELLO, D. B. TERRELL and LINDA L. McALISTER. London: Routledge, 2009: 149.
⑤ BRENTANO F. Psychology from an Empirical Standpoint[M]. edited by OSKAR KRAUS, English edition edited by LINDA L. McALISTER. translated by ANTOS C. R. ANCURELLO, D. B. TERRELL and LINDA L. McALISTER. London: Routledge, 2009: 147.

cognoscere,其意思是变得熟悉某物]指认识、知识和知觉;意欲[来自拉丁语conatio]意思是指向行动或者变化的精神过程或者行为;沉思[来自拉丁语cogitatio],意思是思考或者反思"。① 在当前的认知科学中,记忆通常服务于认知过程以及认知与记忆的关系。所以,当我们在日常词典、不同学科中都感受到这一点:记忆与理智并列在一起,尤其是放在认知的范畴中。很显然,记忆附属论就成为记忆研究的逻辑起点。

很显然,在这个概念规定性中隐含着记忆与认知的一种关系。一般说来,日常生活的概念源自哲学,所以需要考察这一概念的来源。附属论有三个主要表现形式:(1)日常话语中经常用到的一种方式。如我属于这个家庭,这个家庭属于社会,等等。最直接的一种解释是属于是"附属于"的意义。(2)部分与整体意义上的问题,如部分"属于"整体。但在这一问题中,"属于"并不是附属关系。(3)从层次差异来说意义上的问题,低层次存在物与高层次存在物的关系。在下文的分析中主要采取(2)(3)的规定。在关系的理解上,亚里士多德对关系范畴是很好的参照。在他看来,"关系"是对"相对的东西"的概念说明。"有些东西由于它们是别的东西'的',或者以任何方式与别的东西有关,因此不能离开这别的东西而加以说明,我们就称之为相对的东西"。② 如此,当我们说出 A 属于 B 的时候,从亚里士多德意义上看,A 与 B 之间存在着相对关系。"相对关系"最直接的特征是"借与别的东西的关联才能说明,要不然就无从说明"。③ 所以,当我们说出记忆属于认知的时候,意味着记忆必须借助认知才能加以说明。所以接下来,必须要分析这样一个命题的内在规定性的结构。本文总体认为,亚里士多德的观点在理解记忆与认知的关系上,有其合理性,但是也存在着不足。而这是我们在哲学史工作上需要理清楚的,此外,更为重要的是,对这一观点的内在问题进行阐述,尤其是记忆体验角度进行一定的阐述。

二、记忆是知识的起源

"记忆被看作是认知的一部分"这一命题首个形而上学基础就是"回忆是知识的起源"。我们从柏拉图的著作中找到这一命题的原初形式:知识回忆论。但是,"记忆是认知的一部分"与"回忆是知识的起源"之间差距还是很大。接下

---

① MANDLER G. A History of Modern Experimental Psychology[M]. Cambridge:The MIT Press,2007:4.
② 亚里士多德.范畴篇 解释篇[M].方书春,译,北京:商务印书馆,2008:23.
③ 亚里士多德.范畴篇 解释篇[M].方书春,译,北京:商务印书馆,2008:24.

来要面对的问题要阐述清楚二者的差异。

　　在柏拉图那里，很显然看不到"记忆与认知关系"的任何表述，他所有的分析都是基于回忆与知识的框架展开的。柏拉图在《美诺篇》中讨论了知识与回忆的关系。"柏拉图用这个公式来表示他的理性主义原则：哲学知识就是回忆"。① 这就是知识回忆论的主要来源之一。这不能等同于记忆与知识的关系。对于柏拉图而言，回忆与记忆有着明确的区分，而且这种区分成为后来记忆心理学研究的非常重要的理论根据。在《斐莱布篇》中，我们获得这一区别的根据。从表面上看，这篇对话的语境是快乐与理智何者是至善的问题。但是文本阐述充分表明了二者的区分：回忆是与灵魂、真实世界相关的，回忆是"灵魂与身体一道经历的经验在灵魂自身中得以再现"（p211）；记忆与感觉有关，"记忆称作感觉的保存"（p211）。所以在快乐的记忆中，记忆在此表现为条件，使得主体能够确证自己所经历过的快乐（33C—39A）。"灵魂失去了对某个感觉或曾学到的东西的记忆，然后又在灵魂中恢复了这种记忆，这种记忆又重现了"。（p211）可以看出，他《费德罗篇》文本分析中分析理智、知识、灵魂的时候，特别指出知识是对真正存在（理念）的回忆。此外，还可以再其他地方看到类似的表述，如"灵魂回忆起那爱人的美""回忆起被神凭附的情景""回忆起美型"等。

　　后来文德尔班专门分析了这一命题的意义。他首先说明了柏拉图命题与苏格拉底命题之间的关联。"苏格拉底在他的概念形成学说中认定为归纳法的东西，在柏拉图那里，转变成凭借回忆而进行的直观，转变成对更高、更纯的知觉的反省"。② 这一分析很显然是在认识论的框架内进行的，在他看来，苏格拉底将"概念形成"的方法根基看作是归纳法，而对于柏拉图而言，"知识形成"的方法根基是回忆直观和知觉反省。所以，在知识形成的过程中，回忆起到了非常重要的作用。之所以知识与回忆相关，与柏拉图的自身体系结合在一起。"知识回忆论是和柏拉图关于理念和现象世界之间的关系概念紧密地联系在一起的"。③ 可以说，柏拉图奠定了知识与回忆的关系模式，而这恰恰使得记忆问题的探讨笼罩上了乌云。

　　除了阐述这一命题的意义之外，文德尔班还批评了柏拉图。在他看来，强调记忆是忽视了"意识的创造性活动"。④ 今天看来，文德尔班对柏拉图的批评指责

① 　文德尔班.哲学史教程[M].(上)，罗达仁，译.北京：商务印书馆,1996：163.
② 　文德尔班.哲学史教程[M].(上)，罗达仁，译.北京：商务印书馆,1996：163-164.
③④ 　文德尔班.哲学史教程[M].(上)，罗达仁，译.北京：商务印书馆,1996：165.

是不当的,他之所以这样批评主要是因为他把"回忆"看作是一种模仿关系,他认为柏拉图是在此意义上使用回忆这一概念。但是,柏拉图并不是在这么简单意义上使用"回忆"概念的。另外,不能忽略的是,文德尔班对于柏拉图为什么会强调回忆的分析阐述尚有着极大价值。在他的阐述中,回忆与本体世界的密切相关性。换句话说,回忆行为是指向真实的本体世界的。"理智就是我们对自己的灵魂在前世与它们的神一道巡游时看到的哪些事物的回忆,它们凭高俯视我们凡人认为真实存在的东西,抬头凝视那真正的存在"。(p163)所以对于柏拉图而言,回忆是知识的起源,是概念形成的真实基础。

尽管从柏拉图发展的回忆与记忆之间的明确区分延续到中世纪的思想家,但是由于对话题材的限制,这一对概念缺乏令人信服的理论阐述。随着后来记忆与回忆之间区分的消除,"回忆是知识的一部分"这一命题逐渐演变为"记忆是知识的一部分"。而后者命题的出现得益于心理学与认识论的兴起。

人类知识是先天给予的还是后天学习的结果?是哲学史上一直争论的问题。经验论传统使得"后天学习"成为一个重要的出发点。而这后来成为经验心理学一个非常重要的问题。在心理学中,学习是感觉活动,而记忆则是学习内容的滞留和保持。当联想心理学停滞不前的时候,实验心理学开启了一条新路。在实验心理学家艾宾浩斯那里,这一对问题开始从实验方法加以解决。艾宾浩斯的实验方法是传统的心理学实验方法——无意义的音节(the nonsense syllable),有点类似于问卷法。简单说来即提供一张含有 2 000 多个无意义的字母表,然后让被试者学习和记忆,最后测试这些字母被记住的时间变化情况。[①]所以,知识的获取与学习和记忆密切相关。此外,知识是否有效还在于能否成功提取,无法有效提出的内容则不能称之为知识。最近心理学对压力下的记忆提取的研究表明,某种情况下压力有助于记忆内容的提取。正如艾米·史密斯(Amy M. Smith)指出,"几个先前的研究在以下方面是共同的:在后压力延迟之后测量,记忆被压力削弱。我们的结果是反对这种粗糙发现。尽管我们发现:当信息通过再学习进行解码,在被延迟的压力反应期间记忆取回削弱了,当信息被取回实践解码的时候,削弱开始消失。因此,我们认为当更强的记忆表征在解码期间被创造时,压力可能不会削弱记忆。未来的研究应该指向通过取回实践保护压力之下的记忆来确定认知机制。这一结果有潜力改变研究者看待在压力

① EBBINGHAUS H. Memory. A Contribution to Experimental Psychology[M]. New York: Teachers College, Columbia University, 1913(Reprinted Bristol: Thoemmes Press, 1999).

和记忆之间关系的方式"。① 因此,"记忆被看成是认知的一部分"这一命题是在心理学领域体现为学习与记忆问题研究的必然结果,而在哲学领域内则是认识论兴起的结果,是经验论的"后天学习"观念的延续。

如此,我们基本上澄清了从"回忆是知识的一部分"到"记忆是知识的一部分"转变的历史情况以及这两个命题发展的逻辑区别。这一发展的逻辑演变有两个阶段:本体论阶段、认识论阶段。本体论阶段是针对知识而言,在这一阶段,柏拉图所奠定的是回忆与知识的关系,而记忆远没有在这个框架中;认识论阶段是针对认识活动而言,认知与记忆的关系由于记忆与回忆之间区分的消失而建立起来。而这一发生是近代以来的事情。

三、记忆是认识活动的低级阶段

"记忆是认识活动的低级阶段"这一观点在古代认识论和现代认识论中皆有所体现。前者体现在柏拉图到黑格尔的认识论传统中;而后者体现在诸如卡尔纳普、齐硕姆等人的认识论传统中。

柏拉图和黑格尔是明显的这种观点的来源和支撑者。柏拉图的思想所要确立的是抛弃感觉世界、知觉世界到达理念世界。而在这个过程中,记忆被抛弃从而成为灵魂活动的一个环节。

另外在黑格尔的精神现象学过程中,我们依然可以感受到同样的观念。在精神的演化过程中,记忆属于精神的最初阶段,它位于"感性确定性"的规定性中。在这个规定性中,有这样的一个过程:"(一)我指出这是,并肯定它是真的,但是我指出它是过去的东西或者被扬弃了的东西,因而扬弃了前一条真理,于是(二)我现在肯定第二条真理,即这时是过去了、是被扬弃了。(三)但是过去了的东西现在不存在,于是我们就扬弃了那过去了的存在或被扬弃了的存在,亦即扬弃了第二条真理,这样一来我就否定了对这时的否定,于是就回复到第一个肯定,即这时存在。"②"指出这是"意味着"说出一个结果或者一个由许多这时集积而成的复多体""使我们经验到这时是一个共相"。③ 所以黑格尔的记忆对象意味着被扬弃的东西,也就是过去了东西。"时间"不再仅仅表现为流动的、中立的过程,而是有着一种真理显现自身,不断演化的过程,普遍性获得自身的过程。所以在这个过程中,无论是记忆活动还是记忆对象都表现为直接性的东西。记忆

---

① SMITH AM, FLOERKE VA, AYANNA K. THOMAS. Retrieval practice protects memory against acute stress. Science, 2016, 354(6315): 1047.
②③ 黑格尔.精神现象学[M].贺麟、王玖兴,译.北京:商务印书馆,1997: 70.

活动属于感性活动,无论如何记忆也不属于知觉。因为在黑格尔那里,知觉的原则是普遍性,是获得普遍性的过程。"知觉把对象认作自在之物,或者把对象认作共相一般"。①

所以在柏拉图与黑格尔的传统中,认识活动经历了从低级到高级的阶段。对于柏拉图而言,从感性世界到理念世界的过渡,从虚拟世界到真实世界的过渡。而对于黑格尔来说,是从抽象到具体、从个别到一般的过程。在走向真实或者普遍的过程中,作为与感性相伴的记忆被逐步抛弃,而灵魂和精神所追求的是更为真实的东西或者重新被肯定的东西。尽管在现代认识论中,有些变化,但是我们依然可以看到记忆的地位没有太大的变化。

在现代科学认识论中,我们依然可以看到这种将记忆看作是认识活动的基础的延续。比如卡尔纳普在《世界的逻辑构造》中将"相似性记忆看作是构造世界的基本关系"。他在第三章《基础》的第78节中指出:"如果我们已知两个原初经验 x 和 y 之间有部分相似性,那么对这二者中之在先者(比如 x)必有一记忆表象与 y 相比较 d。因此这个 p 认识过程 d 不是对称的,x 和 y 是以不同的方式出现的。因此一种不对称的关系较之 k 部分相似性 k 的对称关系可更精确地表达这个 p 认识关系 d。我们要将这种不对称关系作为基本关系;把它称之为'k 相似性记忆',并以符号 Er 来表示"。② 根据卡尔纳普,作为基本关系的"相似性记忆"应当充当一切认识对象构造的基础。齐硕姆(Roderick M. Chisholm)在谈到记忆的时候提出了类似的观点,"由于记忆和知觉都可能使我们发生错误,所以当我们求助于一个知觉的记忆时,我们就冒着双重危险……一般说来,我们应该把记忆所提供的证据当作是较低程度的证据,这似乎是显然的"。③ 他把对知觉信念的记忆区分为两类:可接受的和合理的。甚至在他看来,梅农、罗素和刘易斯等人都提出了不同的说法。"梅农认为所谓的记忆判断拥有'即时预设的证据';罗素说过,每一记忆应该'要求某一程度的凭证';刘易斯说过,'记住的东西,不管是什么,只要是如此记住的,无论是作为清晰的回忆还是仅仅以对过去的东西的感觉形式而出现的记忆,都是可信的'"。④

因为记忆具有可错性,所以它所提供的知识证据是有限的,或者是即时的或者是部分的。所以齐硕姆把记忆放入到间接明证的类别中,记忆是认识活动的

---

① 黑格尔.精神现象学[M].贺麟、王玖兴,译.北京:商务印书馆,1997:85.
② 卡尔纳普.世界的逻辑构造[M].陈启伟,译.上海:上海译文出版社,1999:147.
③ 齐硕姆.知识论[M].邹惟远等,译.北京:生活·读书·新知三联书店,1988:98-99.
④ 齐硕姆.知识论[M].邹惟远等,译.北京:生活·读书·新知三联书店,1988:99-100.

低级阶段在现代认识论所获得的论证：不是被完全抛弃，而是作为有限可信的或者可接受的或者合理的证据存在。这是两种认识论明显不同的地方。

四、记忆是知觉的滞留

从哲学史上看，记忆借助知觉加以说明有其历史上的根据。借助的含义主要表现为保存、滞留和变更。这种含义的演变也从一定方面体现出记忆研究逻辑的变化。保存更多的是从内容、材料上来说，强调记忆是某种内容的重复或再现；而滞留则是从知觉体验角度来说的，强调的是记忆是知觉体验的一部分。变更则是从记忆体验本身而言，强调其是从知觉体验变更过来。

关于"记忆是知觉的保存"这一观点我们完全可以从古典哲学家那里看到。柏拉图在《斐莱布篇》中指出，只有考察清楚知觉和记忆，才能理解快乐。谈及记忆的时候，他指出："苏格拉底，在我看来，把记忆称作感觉的保存是正确的……而我们使用追忆这个词的意思与记忆有所不同，是吗？"①（《斐莱布篇》，p211）亚里士多德："因此记忆既不是知觉也不是概念，而是当时间过去之后知觉或概念的保留或变更。"（《论记忆与回忆》449b24—25）因此，两位哲学家留给我们的是记忆即知觉的保存。而为了更好地说明这一点，印痕比喻就是从记忆内容上很好地说明了这一命题。在亚里士多德看来，"图像保存在灵魂中"就像用图章盖印一样。"所产生的刺激要留下某种和感觉相似的印象，就像人们用图章戒指盖印一样"。所以，坏的记忆也就是这样一种情况，或者接受面太过坚硬，印痕难以刻入或者如同用图章拍击流水一样。当然，这种说法当中多少都有感性的成分在其中。古代印痕说观点强调灵魂可以借助外界刺激产生痕迹；而现代科学观点强调记忆具有生物学基础，或者是生物体或者是神经元细胞，神经科学所揭示的就是细胞层面接受刺激以后所产生的变化。事实上，从古代印痕观点到现代印迹观点之间有着一种分裂：古代印痕观点更多的是强调了灵魂与物质之间的关系，而现代印迹说则分裂了这种关联，突出了生物体、神经细胞后者对刺激的被动接受性，如印迹细胞的感光性。这无疑丧失了古代学说的关系性，让记忆的理解具有很强的还原主义与自然主义预设。

关于"记忆属于感知的滞留"这一观点主要是来自现象学。记忆属于感知的滞留这一命题的根据可以在胡塞尔那里找到依据。这里所提到的记忆是第一记

---

① 在《柏拉图全集》中文版中，记忆被翻译为感觉的保存。事实上"感觉的保存"译法有些问题。查阅柏拉图的英文版本，perception（本杰明·乔伊特的版本，Benjamin Jowett），从英文版看，perception 译为知觉更好，而且也更容易与亚里士多德的观点联系起来。反之，"感觉"则加大了理解难度。

忆或原初记忆。"我们把原初记忆或滞留的特征看作位彗星的尾巴,它与瞬间的知觉联接,第二记忆,回想,必须绝对与原初记忆或滞留区别"。① 如此,第一记忆从根本上属于感知的一部分,"彗星的尾巴"这一比喻很好地说明了这一问题。滞留观念与上述内容保存有着极大的区别,滞留更多强调的是知觉在意识中的保持。胡塞尔采用"新鲜记忆""原初记忆"或者"第一记忆"来说明这个过程。这个说明无疑也为心理学中的心理滞留提供了哲学上的论证。比如布伦塔诺在描述心理学中提出了在记忆中可以弥补心理学的内在缺陷。"然而,至少在某种程度上,我们能够通过记忆中对早期精神状态的观察来弥补心理学的缺陷。他们把注意力集中在刚刚过去的行为上,那些印象在他们的记忆中始终是新鲜的"。② "刚刚过去"的行为能够被观察到这是他所提供最为关键的概念。后来的实验心理学家如冯特、亥姆霍兹等都重点研究了知觉的滞留现象。只是在心理学中依然是在意识是空间容器的框架内来理解这一问题。其中滞留的是知觉的内容,也就是通常所说的已经过去的感觉材料。而胡塞尔现象则从意向性角度转变了问题的分析方向:从意向分析的角度面向滞留。所以滞留的不是内容和材料,而是滞留这一意向行为构成了滞留之物。而这构成了当下拥有的光晕部分,无法与知觉体验分开。

关于"记忆是知觉的变更"这一观点与上述现象学中的滞留理解无法分开。在现象学视域中,滞留同时也是"变异","记忆是知觉独特的变异。知觉在信念的模式(也是原初的)中有着知觉外观(一种原初外观)。在记忆这一边,出现了相应的与想象信念一起的想象外观"。③ 它们实际指向原印象(原瞬间)与再现体验的关系,也即当下拥有与当下化的关系问题。④ 所谓原印象,在《胡塞尔词典》中得到了解释:"对于胡塞尔而言,每一个时间体验都有一个他称之为原印象的瞬间。在早期著作中,他有时候指原初感觉。胡塞尔把原初印象描述为创造的瞬间。它是鲜活当下的核心。然而,一个必然的本质律是原初印象必须被变更为滞留。原初印象能够为滞留奠基,然而这样的原初印象仅仅在滞留中显现。

① HUSSERL E. On the Phenomenology of the Consciousness of Internal Time (1893 - 1917) [M]. translated by JOHN BARNETT BROUGH. Dordrecht: Springer, 2008: 37.
② FRANZ BRENTANO. Psychology from an Empirical Standpoint [M]. edited by OSKAR KRAUS, English edition edited by LINDA L. McALISTER. translated by ANTOS C. R. ANCURELLO, D. B. TERRELL and LINDA L. McALISTER. London: Routledge, 2009: 26.
③ HUSSERL E. Phantasy, Image Consciousness, and Memory [M]. Translated by BROUGH J. B. Dordrecht: Springer, 2005: 345.
④ "原印象""知觉""当下"是不同层次的描述时间意识所涉及的概念。原印象与滞留、前摄是个统一体,即表达意识活动的三个彼此奠基的维度;而知觉则与回忆、想象是意识行为的表达;当下则与过去、未来一组成为时间表达的词汇。

没有如此的原初印象的绝对体验。"①此外，他对于"原意识"的解释倒是值得关注，即"意识的绝对河床、时间的源头、仅仅在反思中被把握的原初意识流"。②因此，胡塞尔所提出的"原印象必然变更为滞留"是日常生活理解的现象学根基。变更是意识自身发生的过程。

所以在保存、滞留和变更的框架中，记忆与知觉的关系逐渐得以明显。在保存框架内，我们所感受到的是感觉内容的保存，也就是印痕概念得以成立的基础。如果偏重灵魂自身的刺激保留，那么这就是古希腊哲学家所说的灵魂自身的印痕；而如果偏重物质痕迹的保持，那么这就是生物体、有机体甚至细胞自身的特征。这一切都是指向内容。而在滞留的框架内，知觉成为中心，记忆表现为过去知觉体验到存在方式，由于现象学的出现，明确区分了作为心灵容器内的过去的知觉体验材料和作为滞留意向行为构筑的对象这二者的关系，体验成为核心的概念；而变更则是偏重体验到转化过程，其中心是从原印象到再现物的过渡，是一个当下拥有的行为构成过程。

五、记忆本体论地位确立的可能性

近代以前的哲学史展示了认识论如何将记忆看作是自身的发展环节，这一发展的惯性甚至延续到当代哲学中。齐硕姆所揭示的认识论学者对于记忆的定位就充分显示了这一点，记忆仅仅是有限的、可接受的证据来源。这个发展过程所导致的结果是认知将记忆包裹在其中。但是随着现象学自身的发展以及神经心理学、神经科学的发展，记忆本体论地位的确立逐渐获得了自身可能性的基础。

首先现象学发展使得记忆本体论地位获得了新的哲学基础。现象学家胡塞尔在他的多部著作中开始阐述知觉与记忆的差异，这意味着现象学为记忆与认知的相异的本体论地位确立了扎实的哲学根基。知觉的本质特征：把对象意识为当下、在场的或者实际存在的。如我面前的这台电脑，我知觉到它，此时，电脑（我所意识到的电脑）是当下的、在场的、电脑也是实际存在的，因为我正在使用它。对象的当下存在和实际存在是确认无疑的。"那种把对象以实际存在的、直观的在场或当下化的原初给予方式是感知给予意识生活最基本的礼物"。③"这并不足为奇，胡塞尔把知觉描述为表象，记忆、期待和他们的相关现象描述为再

---

① Husserl Dictionary, P262. 这个概念有时候也用 primordial impression. 除此以外，还有 primal consciousness, Primal establishment, primal properties, primordial reduction.

② Husserl Dictionary, P261.

③ HUSSERL E. Phantasy, Image Consciousness, and Memory [M]. Translated by Brough J. B. Dordrecht：Springer, 2005：xxxiv.

表象类型"。① "在记忆中,客观性直观地显现,但是在原初意义上没有客观性被给予。客观性从一边显现,就像感知中同样的客观性从一边显现。然而在感知中显现一般是实际在场物,在记忆中,仅仅是实际被记忆的东西,在原初意义上被记忆的东西"。必须区分两类意向:一类未修正的、属于感觉的意向;另一类是已经修正过的属于基础记忆的意向。如此,具有了原初的感觉流(时间流)和第二性的、衍生的记忆流(属于再搜集的记忆时间流)。如此,知觉就是基于感觉流的原初立义;而记忆属于再搜集流的衍生立义;所以在这里知觉与记忆被看作是立义的两种形式。"再生产是内在意识的再表象"。"物理事件的再表象不必须称作再生产……自然事件不能再次产生"。"知觉是关于存在的意识,一个现存对象的意识,更准确地说,是当前现存的对象的意识"。所谓现存,主要是指对象存在于此、当下此刻存在的,另外还有朝我存在的特征。"记忆是曾经所是的知觉。她不仅仅是关于过去存在对象的意识,而是有如下更多规定性:我可以说这是曾经被知觉的对象的意识之方式的关于过去对象的意识,是被我知觉,是在我的过去中在这儿、现在被给予的方式"。(p345)此外,梅洛·庞蒂曾经批评了经验主义的观点,"感知即记忆"。但是可惜的是,他过于强调知觉的首要地位,而完全忽略了记忆的独特地位。最为重要的是法国的现象学家保罗·利科他对记忆、历史与遗忘问题的讨论则确立了记忆的本体论地位,确立了记忆的理论与实践双重框架。所以现象学对于记忆研究的贡献是从记忆体验到独特性地位开始的。

其次是心理学发展使得记忆本体论地位具备了扎实的科学基础。从哲学中分离出来的心理学的发展经历了联想心理学、描述心理学、实验心理学和神经心理学等重要阶段。而实验心理学为记忆研究确立了一个比较高的起点。"实验心理学可以追溯其根源到 19 世纪中叶的德国科学家。费希钠(Gustav Fechner)、亥姆霍兹(Hermann von Helmholtz,1821—1894)、冯特(Wilhelm Wundt,1832—1920)就是那些人的努力为科学心理学铺路中的少数人"。② 实验心理学最初只关心感觉与知觉,尤其以亥姆霍兹为主。"亥姆霍兹关于知觉的经验起源研究涉及三个问题:被动性原理、知觉经验论和无意识推理三个问题

---

① HUSSERL E. Phantasy, Image Consciousness, and Memory [M]. Translated by Brough J. B. Dordrecht:Springer, 2005:xxxiii.

② SCHACTER DL. Forgotten ideas, neglected pioneers:Richard Semon and the story of Memory [M]. London:Routledge, 2001:140.世界上第一个心理学实验室由冯特建立于 1897 年;1890 年,美国心理学家威廉·詹姆斯发表《心理学原理》,这标志着实验心理学的诞生。在曼德尔看来,现代心理学诞生与这两个人分不开的,另外艾宾浩斯也是一个重要的人物(MANDLER G. A History of Modern Experimental Psychology[M]. Cambridge:The MIT Press, 2007:51-76)。

予以论述"。① 而对于较高层次的心灵活动,如记忆、思考、解决问题诸如此类的活动是不关注的。"如果冯特打开了新的心理学,他也把他限制在这样的状况中:实验过程不能应用于高级心理过程"。② 对记忆展开研究的主要人物是艾宾浩斯,被称为"记忆研究的先锋"。他对记忆与遗忘的心理规律进行了研究,并提出著名的遗忘曲线。"19 世纪末、20 世纪初心理学主要集中 7 个问题上:重复效应、遗忘曲线、刺激特性与表现模式、个体差异、干涉与抑制、学习方法和识别与效应"。③ 之后的心理学对记忆的研究相比之下有所减弱,随着认知科学的发展,这一点更加变得明显起来。

再次是神经科学的发展使得记忆研究获得极大突破,并且在神经机制研究上取得更多进展。"传统上,神经科学来源于生理学、生物化学、生物物理学、药理学、解剖学、胚胎学、神经病学和精神病学。在 70 年代初神经科学形成单独的学科,到 80 年代定型。分子生物学、遗传学、影像学、计算网络(神经网络)和认知科学等对神经科学的促进在近 10 到 20 年很为明显。从国际科技界看,早在 50 年代,一批控制论的先驱就注重神经系统。从 60 年代起,一批分子生物学的开创者,包括 DNA 结构发现者、英国科学家克里克,纷纷转向神经科学的研究领域"。④ 其研究对象主要是神经系统,尤其是脑神经系统。在具体的研究上,我们可以看出两种完全不同的路径:其一是对大脑区域及其意识的关系研究。比如感觉、情感以及记忆的神经基础研究。20 世纪初生理学关于感官知觉的研究获得了极大突破,尤其以亥姆霍兹为代表。他在《视感官的比较生理》一书提出了"神经特殊能说"。"感官神经共分五种,每种都有自己特殊的性能或能,每种感觉神经只能产生一种感觉,而不能产生其他感官神经的感觉……整个神经系统正如一群专家,各自执行自己的任务而不能接管另外的职能"。⑤ 相比感知研究,对记忆的研究因为各种原因而无法进行。1957 年以后这种情况才有明显的改善。1957 年,斯考分利(Scovile)和米勒揭示出新的记忆获得必须依靠颞叶(the medial temporal lobes)和海马体;视觉空间记忆与右海马体有关(Simth and 米勒,1981),而文字或者叙事记忆与左海马体有关(Frisk and 米勒,1990)。

① 许良.亥姆霍兹与西方科学哲学的发展[M].上海:复旦大学出版社,2014:80.
② MANDLER G. A History of Modern Experimental Psychology[M]. Cambridge:The MIT Press,2007:77.
③ SCHACTER DL. Forgotten ideas, neglected pioneers:Richard Semon and the story of Memory[M]. London:Routledge, 2001:143.
④ 饶毅.神经科学:脑研究的综合学科[EB/OL]. (2007 - 06 - 18)[2020 - 09 - 05]http://blog.sciencenet.cn/blog - 2237 - 3431.html.
⑤ 许良.亥姆霍兹与西方科学哲学的发展[M].上海:复旦大学出版社,2014:55.

后来,学者揭示出情景记忆与海马体有关;空间记忆与海马体有关。① 其二是从精神疾病入手探讨其神经基础。如对癫痫、阿兹海默症和精神分裂等精神疾病的研究成为记忆研究的主要案例。H. M 成为这个过程中最为重要的病人。随着神经科学技术自身的突破,出现了神经科学与哲学、心理学、生物学等学科交叉融合的阶段,传统的生物学问题成为研究的主要问题。从研究问题看,近年来,神经科学研究所关注的记忆的定位、记忆的存储与形成、记忆的生成与修改等这些问题都是古老哲学提出的问题,但是它们的解决取决于相关技术的发展。2010 年以前,受技术限制,主要是对记忆方位的研究和记忆类型的分类;2010 年以后,随着光遗传学(optogentics)技术的发展,记忆的消除、激活和改造等方面的研究取得了很大突破②。以神经科学、脑科学为主要代表的自然科学借助神经元标记、记录、光遗传学等技术,对低等动物如蠕虫、老鼠等记忆行为的神经机制做出揭示,可以说取得了丰硕的成果。2000 年诺贝尔生物学奖获得者凯德尔、2014 年诺贝尔奖获得者欧基夫、迈-布里特·莫泽和其妻子爱德华·莫泽确立了动物空间记忆的神经基础;刘旭等神经科学家发展了记忆痕迹细胞的生产与激活等问题。③ 神经心理学家布兰德·米勒解释了特殊病人不同记忆的神经基础④;斯卡特等神经心理学家探讨成像技术对于情景记忆及其规律的研究贡献等问题。⑤ 这种转向从哲学角度看,是哲学自我消解的具体表现,对于记忆而言,当记忆话题转移到心理学与自然科学等领域,意味着记忆被哲学遮蔽遗忘。

六、结论

从根本上看,当代记忆研究的顺利开展必须在记忆获得其独立的本体论地位才能够有效推进。在传统的认识论框架中,记忆被放置在真理之下得到处理。但是无论何种方案都是的记忆陷入记忆是否可靠、记忆的可错性与真理的自明性之间的争论。而毫无疑问,哲学自身的发展尤其是现象学逐渐为记忆独立的

① O'KEFEE J., NADEL L. The hippocampus as a cognitive map[M]. Oxford: Oxford University Press, 1978.
② FENNO L., YIZHAR O., DEISSEROTH K. The Development and Application of Optogentics, Annual Review of Neuroscience, 2016, 34: 406; GOSHEN I. The optogenetic revolution in memory research[J]. Trends Neurosci, 2014, 37(9): 511-522.
③ LIU X., RAMIREZ S., REDONDO R. L., TONEGAWA S. Identification and Manipulation of Memory Engram Cells[J]. Cold Spring Harbor Symposia on Quantitative Biology, 2014(79).
④ SCOVILLE W. B., MILNER B. Loss of recent memory after bilateral hippocampal lesions[J]. Neurol. Neurosurg. Psychiatry, 1957(20): 11-21.
⑤ SCHACTER D. L., LOFTUS E. F. Memory and law: What can cognitive neuroscience contribute? [J]. Nat Neurosci, 2013(16): 119-123.

本体论地位奠定了基础。只是经典的现象学过于注重意识体验本身的阐述,比如胡塞尔在《想象、图像意识与记忆》中全力阐述想象与知觉的差异,尽管触及记忆话题,但是显得比例失调。而在《内时间意识到现象学》中对记忆的阐述却最终淹没在时间意识到分析中;梅洛·庞蒂延续了胡塞尔的知觉焦点,他对待记忆还是停留在对经验主义的批判中,略显可惜。经典现象学的问题或许如塞尔所指责的那样,忽视了自然科学的发展。"哲学以物理学、化学、生物学和神经生物学的事实为出发点。不可能超越这些事实,试图找到更'原始'的东西。现在,牢记这一点,关于胡塞尔和海德格尔,我们将说些什么呢? 对了,就我从德雷福斯能够看出的观点而言,他们对神经生物学或化学或物理学根本说不出什么。他们似乎认为,重要的是,对于行动者来说,事情好像怎样"。① 所以,经典现象学所确立的记忆本体论地位的独立性存在一定的缺陷,而缺陷的补足只能通过自然科学的贡献完成。所以另外的论证恰恰是神经科学与技术的发展逐步显示出来。当我们面对 2005 年以后光遗传技术的发展对记忆研究这十年所产生的巨大影响②,这一点就会明显显示出来,对记忆存储的解释以及对记忆的改造并没有触及认知。这些事情都指向了记忆独立的本体论地位的重构。

第二节　记忆内容

在人类思想史上,记忆内容存在的方式是印痕、印象和印迹,这三种存在方式简称为 TIE 模式。印痕是古代哲学发展起来的概念,和灵魂、身体密切相关,使得记忆成为精神实体中被保留的知觉体验;印象则属于近代哲学心理学领域发展起来的概念,使得记忆沦为知识的构成部分。印迹是 20 世纪神经科学领域内对记忆进行描述的概念,使得记忆成为物质实体被保留的信息内容。从词义看,TIE 有"关联、建立联系"的含义,可以用来描述记忆行为的本质。"记忆之物"具有三个方面的规定性:(1) 记忆之物是对灵魂或身体而言,不同因素刺激的结果,是因果意义的保留;(2) 在记忆实体中保留和巩固的过程,即记忆如何在实体中保留、巩固下来并成为实体的不可缺少的一部分;(3) 记忆之物与过去之物存在着相似关系,即作为表征物的记忆印痕与过去之物之间存在着相似关

---

① 约翰·塞尔·现象学的局限性[J].成素梅、赵峰芳,译.哲学分析,2015(5):17.
② GOSHEN I. The Optogenetic revolution in memory research [J]. Trends Neurosci., 2014, 37(9):514.

系。但是由于这三个概念多依赖因果关系，限制了阐述记忆的效力，所以需要澄清其更深层次的根据。

当面对记忆现象的时候，最先碰到的问题是，"对于主体而言，记住了什么？"当重点在"主体"，指向的是记忆主体的体验维度。当重点在"记住"，指向的是记忆行为的本质问题；当重点在"什么"，指向的是记忆内容的构成问题。本文之所以探讨记忆内容出于三个方面的考虑，一是记忆内容是记忆研究中的基本问题，必须面对。记忆内容、记忆行为与记忆主体是记忆研究中的三个基本问题，而记忆内容位居首位；二是记忆内容和日常经验和个体记忆密切有关。对于个体而言，日常经验很容易将记忆内容的问题凸显出来，在生活中任何与自身有关的东西都是值得保留，"敝帚自珍"就是一个很好的说明。但对集体记忆、社会记忆而言，记忆和遗忘的内容有了很强的选择性。三是记忆研究自身转向的批判性反思。当前记忆研究正在经历从"知道什么"到"如何记住"的转向，①但是这种转向的有效性和合理性却需要考察，对记忆内容的澄清是其起点确立的需要。记忆内容是指与记忆行为有关的某物，即所记之物。所记之物可以印痕（trace）、印象（impression）和印迹的方式存在。② 我们把记忆内容存在的模式统称之为TIE模式，之所以简称为 TIE 模式，是选取了这三个概念的首字母。有趣的是这个词本身的含义是"关系"，这也基本符合记忆内容的规定性。

一、以印痕方式存在的记忆内容

印痕是早期出现的用来描述记忆内容的词汇，即外部对象或内部对象对于

---

① 帕尔格雷夫·麦克米兰（Palgrave Macmillam）出版的"记忆研究"丛书主编安德鲁·霍斯金（Andrew Hoskins）和约翰·萨顿（John Sutton）就是采取了这种逻辑，即记忆研究正在转向"怎样记忆"。他们在丛书说明中指出了两种转向，一是从关心历史事件知识向历史事件记忆的转向，二是从我们知道什么向我们如何记住的转向。这也说明历史学领域中记忆范式摆脱知识论的迹象。与此相应，在政治学领域，尤其是政治史的研究中，记忆也逐渐演化成一个正在而被接受的方法论。

② "事件"是人文学科记忆研究常用的概念，而在自然科学中常用的概念框架是条件刺激。在情景记忆研究（如恐惧记忆）中，其基础框架是恐惧的条件设定，这一框架的基础是因果关系。这一框架中条件是原因（通常情况下区分为条件刺激（Conditional Stimulus, CS）和无条件刺激（non-conditional stimulus, US）。条件性刺激源，如声音、气味等，无条件刺激源，如电击）行为是上述刺激源所产生的结果。如对小白鼠电击，小白鼠僵住不动。理解人的记忆问题，上述框架并不适用，需要借助"事件—人"的范畴而非"刺激—行为"的范畴进行。事件概念的使用也能够揭示出人类记忆的独特性，并非是单纯的因果关系，是在……之中的关系模式。而印痕概念是因果关系框架中的范畴，所以当这一概念用来分析特定的印痕时，就会出现一定的误解。一个有趣的例子是当前文化记忆研究中的"创伤"概念，根据这一领域的解释，创伤通常会被看作是某种事件刺激的结果，如人为战争、自然灾害。在这个分析中，事件是原因，创伤是后果，我们只能从因到果，而无法从果到因。这种框架却忽略了体验因素，忽略了人与事件之间更为本真的关系——一种相互的可通达性。事件影响到人后来的行为，人能够重新诠释事件产生新的意义。

灵魂或身体刺激的产物,它可以适用于灵魂类实体或物质类实体。与灵魂有关的状态分析,多出现在柏拉图的著作中;在当代哲学领域内,形而上学味已然消散,印痕更多被看作是与心灵有关状态。与物质类实体有关的分析见亚里士多德的著作,在《论记忆与回忆》中他将印痕看成是与生物体有关的现象。

古希腊时期的柏拉图、亚里士多德皆提出了关于记忆的图章模式。在亚里士多德看来,"图像保存在灵魂中"就像用图章盖印一样,"所产生的刺激要留下某种和感觉相似的印象,就像人们用图章戒指盖印一样"。① 好的记忆是印痕很容易刻入灵魂之中那种记忆;而坏的记忆是难以刻入灵魂的记忆,或者接受面太过坚硬(如石头)或者接受面过于松软,如流水一样,难以留下烙印。当柏拉图、亚里士多德等哲学家用戒指、蜡块、印章等比喻来说明记忆的时候,已经奠定了理解记忆内容的哲学基础。他们二者的差异在于:(1)他们采用图章理论的差异在于柏拉图采用的是纯粹比喻,而亚里士多德除了接受这种比喻属性外,更加系统。(2)柏拉图的印痕更多是指灵魂自身对于感觉刺激的保留,而亚里士多德的印痕多指物质的维度,即印痕是与生物有机体有关的。(3)柏拉图的印痕更多限制在人自身,而亚里士多德的印痕可以包括动物在内。② 他们的理论在中世纪被广为接受,甚至在近代哲学洛克那里,也有着一定的影响。

现代哲学接受了上述理论,但是对于记忆印迹的分析已然分成了两条路径:心灵哲学的路径和现象学路径。心灵哲学路径主要以马丁(C. B. Martin)等人为代表,1966 年他们提出了记忆的因果理论(Causal Theory of Memory, CTM)。该理论指出,记住特定的过去需要在事件与事件在记忆之中的表征之间有着因果联系。③ 除此以外,马丁等人对这种关系做出了更进一步规定,即记忆印迹与过去事件之间存在结构相似关联。但是这一理论后来受到很多学者的批判,如贝内克等人从记忆科学中吸取营养,从事件的分布关联批判了相似关联。现象学路径保罗·利科(1913—2005)超越古代印痕理论,他的方式显示出了其对当代神经科学的关注。他敏锐地抓住了神经科学最为依赖的"印迹"概念,然后加以批判。当谈到记忆印痕的时候,他做出了三重区分:书写印痕、心理印痕和脑部印痕。④

① 苗力田主编.亚里士多德全集:第 3 卷[M].北京:中国人民大学出版社,2015:135.
② 在某种意义上,我们可以说讨论人工智能机器记忆的哲学基础可以追溯到这里,但是目前这方面的文字很少。
③ MARTIN C. B., DEUTSCHER M. Remembering[J]. Philosophical Review, 1966(75): 161-196.
④ PAUL RICEOUR. Memory, History, Forgetting[M]. trans. by KATHLEEN BLAMEY and DAVID PELLAUER. Chicago: University of Chicago Press, 2004: 415.

可以看出,两条路径的相似点是在心理实体,即印痕与心理密切相关。但是二者在印痕的理解上还是存在极大差异。对于心灵哲学而言,记忆印痕是因果问题,需要探讨心灵印痕如何在外部事件的影响下形成,这种分析显然可以看到罗素的影子,罗素在《心的分析》已然开始了这种分析。对于现象学而言,记忆印痕是意向问题,需要探讨记忆行为如何给印痕立义,从而使得印痕变得有意义。但是,现象学遇到的挑战是很大的,至少表现为两个方面:一是如何应对神经科学关于记忆印迹的研究,神经科学关于记忆印迹细胞的研究取得了诸多成果有待于分析,如记忆印迹细胞的标记、激活和抑制。二是如何应对数据技术所提出的问题,当记忆以数据的形式存在,如何理解数据记忆内容。当我们面对数据的时候,数据属于物质存在还是精神存在,这个问题远远没有被解决。然而,数字印迹、数字印痕的概念在多个场合中被使用,但是却没有得到明确的规定。

从印痕的角度看,印痕是知觉体验保留的结果。这是古代哲学中明确体现出来的观念。只是在知觉体验保留的实体规定上,存在着不同的理解。如柏拉图强调印痕是灵魂的烙印,而亚里士多德则突出了物质因素。所以总结出来这一观念有三个需要注意的地方:(1)记忆之物属于实体(灵魂或者身体);(2)印痕是外部因素或内部因素对知觉体验进行刺激的结果,偏重因果关联;(3)印痕的观念还突出了记忆内容如何在记忆主体中保留、巩固,并成为主体的一部分。

二、以印象方式存在的记忆内容

由于哲学自身的先天缺陷,记忆属于灵魂的理性部分还是属于感性部分的问题并没有得到解决,而哲学自身的发展——认识论的传统——却把记忆变为知识的一部分,使得记忆完全丧失了本体论地位。① 但是,记忆问题依然和一个概念保持着密切关联,使得记忆并没有完全消逝,这个概念就是印象。在本文中,印象被规定为是以洛克和休谟为代表的近代心理学提出的概念,纯粹与心灵或精神实体有关。

洛克对记忆现象的分析比较突出记忆之物自身的特性,即记忆容易受到时间的影响。他认为尽管如此,我们所有的想法仍在不停地消失,即使那些被最深地镌刻到最好的记忆里的东西……我们年青时的想法就像我们的孩子一样经常先我们而去;我们的思想就像一座坟墓,我们走上前去看到墓石和大理石还保存着,铭文却被时间消磨了,图画也被风雨冲蚀了。在洛克这里,"铭文"的比喻以

---

① 这里涉及记忆与知识的关系问题,即记忆是知识的一部分。在大多数意识中,记忆被看作知识起源的初级阶段或者被看作是知识有缺陷的根据。

及思想、想法都会消失的说法都很容易让人想到亚里士多德,在洛克这里,体现了记忆的重要问题,即记忆内容如何在意识中保留的问题,如何抗拒时间的侵蚀。当然,洛克的观点多少有些问题,因为在一些现实的案例中,会发现某些记忆的情节不会随着时间流逝而消失,反而是更加清晰地"在那儿",时刻折磨着所有者,影响他们的生活和行为。之所以如此,是因为洛克的记忆内容是被动的形式存在,会随着时间的流逝而消失。

与洛克不同,休谟则从知觉构成的基本单元入手。他认为自己发现了知觉的基本单元:印象和观念。印象和观念的根基都在于知觉,印象和观念二者区别的界限是活力(vivacity)。印象是第一性的知觉,或者是外在的因素或者是内在的因素作用的结果;而观念则是继印象之后出现的,相比印象缺乏活力,而观念的联结构成知识。它们的顺序应该符合"相似性、相邻性和因果性原则"。[①]

在休谟看来,知觉(印象和观念)都是精神内容。我们只能意识到在心灵之中的东西。因此,记忆也是在心灵之中的内容。在休谟的思路中,记忆讨论会遭遇至少三个方面的问题:其一,印象与观念是否都是记忆的存在形式?在休谟看来,印象是外在刺激或者内在刺激的结果,而观念则是印象活力弱化的结果。所以,如果记忆"是知觉的滞留"(胡塞尔),印象理应是记忆的存在形式。但观念呢?作为活力缺乏的观念应该更符合"第一记忆"的规定——知觉的滞留。在休谟那里,印象作为记忆内容存在毫无问题,但是观念不然,它却是作为知识的基础存在。记忆被等同于知识的一部分获得了合理的形式。[②] 其二,记忆是内容。印象是"第一记忆",那么记忆内容则也属于心灵内容之一。当我们在回忆过去之物时,实际上是回忆过去曾经发生的某个事件。这个过程在心理学中被看作是表征行为。其三,记忆是因果关系的产物。如果说印象是刺激的结果,那么"第一记忆"也是这种刺激的结果。这种认识能够为心理学的研究提供基础,比如外部刺激对心灵产生的刺激所产生的印痕。休谟则通过联想将这个过程表达了出来。

洛克和休谟关于记忆的理解最终受到双重批判,第一重批判来自现象学。他们提出的关于记忆的联想机制被胡塞尔完全颠覆了,他用意向关联颠覆了心理联接的观念。第二重批判来自心理学自身。布伦塔诺用描述现象学方法改造

---

① 阿莱达·阿斯曼.回忆空间:文化记忆的形式和变迁[M].潘璐,译.北京:北京大学出版社,2016:105.

② 我们提出一个假设,哲学史中,记忆附属于知识的过程是通过两个环节完成的。首先是在休谟那里,记忆以观念的形式被归入知识的一部分,这是以理性的方式完成了第一个环节;其次是在齐硕姆(Roderick M. Chisholm)那里,当代认识论中以缺陷性证据的方式完成了第二个环节。

并接受了联接的观念,随着心理学进入实验心理学阶段,心理联接的观念逐渐被神经心理学(如赫伯的神经可塑性)所提出的神经元联结观念取代,也就是神经科学印迹概念的起源。

从印象角度看,尽管对记忆问题的探讨有所推进,但是与印迹相比,依然保留了因果关系这种模式,当然,哲学家们在记忆行为的探讨中创造性地提出了表征关系和联想方式有两个方面的贡献。但是,也正是从他们这里开始,记忆沦为知识一部分的过程开始了。这一过程导致了两个不幸的结果:(1)记忆与知识(观念)的关系彻底体现为知识优先于记忆。记忆是知识的起源,是认知的低级阶段。记忆的本体论地位自从沦丧。(2)在观念的形成中,主体意识选择(联想)变得不可忽视。主体对观念习惯性或者有意识的联接就变得非常重要,这影响了在心理学中,尤其是记忆行为的讨论中,主体记住什么的问题。

三、以印迹方式存在的记忆内容

印迹多与物理实体有关,是 20 世纪出现在生物学领域内使用的基本概念,它是机制语境下使用的,所指向的问题是记忆信息的存储、编码、巩固和提取等四大基本问题。在这一点上,科学家已经有说明:"断言式或者显性记忆由三个连续阶段构成:(1)编码;(2)存储或者巩固;(3)提取。"[①]而神经科学的印迹说则与相关技术(光遗传学)发展有关,强调突触(synpase)和棘(spine)是记忆存储的基本元素。[②] 一般说到记忆印迹,主要是指记忆印迹细胞(memory engram cell)。

现代印迹说发展经历了四个阶段:理查德·萨门(1921,1923)、拉舍雷(1929)、赫伯(1949)和利根川进(1983)。萨门的印迹论主要是为了摆脱活力论(vitalism)和神学目的论(theology)。在谈到印迹时他指出这是与生物体密切相关的。"在我们记忆现象的分析中,我们更倾向于考虑有机体个体生命期间获得的印迹,仅仅我们偶然地把印迹考虑为从祖先那里遗传过来的有机体暗含的东西"。[③] 由于时代限制和个人原因,萨门及其理论被生物学和心理学界彻底遗忘。[④]

---

① OFEN N., CHAI XIAOQIAN J., KAREN D. I. SCHUIL, SUSAN WHITFIELD-GABRIELI, JOHN D. E. GABRIELI. The Development of Brain Systems Associated with Successful Memory Retrieval of Scenes[J]. The Journal of Neuroscience, 2012, 32(29): 10012.
② MU-MING POO etc. What is memory? The present state of the engram[EB/OL]. (2016 - 05 - 19)[2020 - 09 - 05]https: //bmcbiol.biomedcentral.com/articles/10.1186/s12915 - 016 - 0261 - 6.
③ SEMON R. The Mnene[J]. London: George Allen & Unwin Ltd. 1921: 57.
④ 杨庆峰.萨门:记忆研究中的悲情剑客[N].中国社会科学报,2017 - 07 - 11.

拉舍雷是美国的心理学家,他发表了《找寻印迹》(*In Search of the Engram*)一文①,主要讨论了两个问题:(1)记忆不是定位某个地方而是分布在大脑皮质的功能区域(functional areas of the cortex);(2)记忆印迹不是孤立的、输入与输出间的皮质联结。② 他提出了"记忆弥漫说",这一观点很快就被推翻,但是"印迹"概念后来被接受下来。拉舍雷最重要的事情是培养了一个著名学生赫伯。

D. O.赫伯是神经心理学的开创者。1949 年,他在《行为的组织》一书中提出了著名的突触可塑性理论(synaptic plasticity theory)。"让我们假设反射活动的持久或者重复(印迹)倾向于诱发用来增加其稳定性的持久的细胞变化……当细胞 A 的轴突足够近地激发细胞 B,重复地或者持久地产生给它放电,一些增长过程或者新陈代谢变化出现在一个或者两个细胞,如此 A 的有效性增加了。"③这一理论中有两种假设:(1)因果关系假设,即细胞 A 需要参与到给 B 放电,因此如果 A 放电在前,那么,相应的因果关系才会出现。(2)还原主义,他认为,行为的活动可以通过神经系统的行为加以解释。理解行为的问题是理解整个神经系统活动的问题。④ 这一理论对心理学影响很大,他的学生布兰德·米勒证实了记忆在海马体的空间属性,但是对于神经科学的影响却是在 30 多年后表现出来。

诺贝尔奖获得者、MIT 教授利根川进挖掘了他们的概念并赋予新的意义。他在 1987、2015 年的会议上多次做了题为《记忆印迹细胞迎来了自己的时代》的报告。在这些报告中,他指出,记忆存储在大脑的观念可以追溯到柏拉图,但是直到 20 世纪这个观念才被科学化,而这得益于萨门的"记忆印迹理论"(engram theory),还有赫伯的"突触可塑性理论"(synaptic plasticity theory)。⑤ 由于技术限制,记忆印迹理论缺乏足够的科学证据。2005 年以后,随着转基因技术、光

---

① LASHLEY KS. In Search of the Engram[M]//Society of Experimental Biology Symposium No.4: Psysiological mechanisms in animal behaviour. Cmbridge: Cambridge University Press, 1950: 454-482.

② BRUCE D. Fifty Years Since Lashley's In Search of the Engram: Refutations and Conjectures [J]. Journal of the History of the Neuroscience, 2001, 10(3): 308-318.

③ HEBB D. O. The Organization of Behavior[M]. New York: John Wiley & Sons, Inc., N.Y., 1949.蒲慕明指出,赫伯对知觉记忆现象做过研究,并且指出,由于记忆获取过程中,特定神经突触相互关联作用,神经元之间的联接不断强化而使得记忆存储在特定的细胞群。这种理解就是一个层级结构。结合众多文章可以看出,主要将神经突触作为构成生物体的最基本单元,在此基础上是高一级的神经元,也就是通常的神经细胞。

④ HEBB D. O. The Organization of Behavior[M]. New York: John Wiley & Sons, Inc., N.Y, 1949: xiv.

⑤ TONEGAWA S., LIU X., RAMIREZ S., REDONDO R. Memory Engram Cells Have Come of Age [J]. Neuron, 2015, 87(5): 918-931.

遗传学技术和其他技术的发展,这个难题终于被克服了。

　　可以说,这4位学者在神经印迹上逐步推进,形成了比较严密的记忆印迹的学术脉络。经过他们的发展,目前在记忆印迹的研究上,形成了两个方面的特点。第一,是关注神经元活动与行为(记忆而非学习)之间的因果关联,并且通过借助光遗传学技术对神经元活动进行抑制或激活,从而对记忆行为进行改造。MIT的利根川进团队从2010年以来到2017年,几乎每年都会推出新的关于记忆印迹的研究成果,都是以删除、植入以及找回某种记忆为研究对象。2016年以来的成果较多,如《通过激活早期阿兹海默症老鼠模式中的印迹细胞的记忆提取》①《印迹之间的竞争影响恐惧记忆的形成和回想》②等重量级文章。这些都是记忆印迹细胞的生产问题。他们在《何为记忆》笔谈中指出了这一点。"通过相关回想线索激活这些细胞导致特定记忆的取回。该理论提出一个重要的问题:什么是持久变化的本质?"③在他们看来,对印迹细胞加标记能够解开持久变化的本质。"在最近的一项研究中,通过情景化恐惧条件(CFC)之后,通过特定的实验手段比较印迹细胞与非印迹细胞(非标记细胞)……"④2017年的一些成果如《对于联结必不可少的重叠记忆印痕,但不是为个体记忆回想》一文指出,重叠的记忆印痕对于个体记忆的联接来说必不可少。⑤ 第二,对印迹的神经机制进行研究,如何种机制导致印迹形成、巩固和再巩固。神经科学领域麦克高夫一直致力于记忆巩固的神经机制研究,他们研究了哪些物质会影响到作为记忆巩固的神经元过程。他在2015年的一篇《巩固记忆》的论文中回顾了他所在实验室的做法。从早期关注药物如何提升记忆、压力激素如何提升记忆,在今天关注情感唤起体验如何影响神经系统从而影响记忆巩固等问题。⑥ 对于二者关系曼德尔给出了"双向道"的比喻,"今天心理学与神经科学界面是一个双向道,心理学现象激活了对于它们神经基础的研究,而后者导

① ROY DS, ARONS A., MITCHELL AI, PIGNATELLI M., TONEGAWA, S. Memory retrieval by activating engram cells in mouse models of early Alzheimer's disease[J]. Nature, 2016(531): 508-512.
② RASHID AJ. et al. Competition between engrams influences fear memory formation and recall [J]. Science, 2016, 353(6297): 383-387.
③ MU-MING POO etc. What is memory? The present state of the engram[EB/OL].(2016-05-19)[2020-09-05]https://bmcbiol.biomedcentral.com/articles/10.1186/s12915-016-0261-6.
④ 该实验揭示出L-LTP(后期长时增强)对于记忆存储来说必不可少。Tobias指出根据赫伯,突触而不是细胞是记忆基本的构成单元块,从理论上说,神经元要比突触大1万—10万倍。根据凯德尔的描述,神经元100微米,突触1微米,分子1埃米。
⑤ JUN YOKOSE et al. Overlapping memory trace indispensable for linking, but not recalling individual memories[J]. Science, 2017, 355(6323): 398-403.
⑥ McGAUGH J. L. Consolidating Memories[J]. Annual Review of Psychology, 2015(66): 1-24.

出了对心理学概念的证实"。① 另外，诺贝尔奖获得者凯德尔尤其关注学习如何导致大脑神经网络的变化以及易变的短时记忆如何转变为稳定的长期记忆这两个问题。他指出，短期记忆和长期记忆的区分与蛋白质合成（protein synthesis）有关，前者不依靠蛋白质合成，而后者依靠蛋白质合成。

关于记忆印迹，神经科学界在两个问题上形成了一致：记忆印迹存储的地方（特定的记忆获得期间被激活或形成的突触群）和大脑中印迹产生和保持机制，这应该说是在记忆印迹问题上取得的显著进步。但是他们也认为，"知道构成单元块和它们的性质还离理解记忆宫殿的建筑学甚远"。② 这多少说明了科学家对记忆研究科学限度的清醒认识。

四、与记忆内容有关的几个问题

上文所提到 TIE 模式是对观念史进行分析的结果，是对印痕、印象和印迹进行观念考察的结果，这三个概念对记忆内容做出了不同的规定。这个分析的价值有二：其一是符合记忆行为的内在规定性，记忆是将表征物与过去之物联接在一起的行为。从心理学上看，联接行为就是心理观念建立关联的过程。从神经科学看，联结行为表现为神经元的行为。其二，符合逻辑地从记忆内容过渡到记忆行为的论述上。印痕、印象和印迹是关于记忆内容表述的概念，但是对记忆现象的理解不能仅仅停留在记忆内容的把握上。根据现象学的原则，所要把握的不是记忆内容，而是其意义构成的过程，所以必然需要对记忆过程进行分析。所以，更深层次的问题是记忆构成。

这三个概念给予重要规定性：（1）记忆是内部刺激或外部刺激的结果。印痕、印象和印迹中，都是外部刺激对灵魂或身体产生刺激的结果，它们在时间的流动中被保留下来，这些就构成了记忆之物，而与之相关的问题是记忆内容如何被联接。主体如何在不同观念之间建立联接，相似性、因果性是不可忽视的原则。但是情感性也会成为不可忽视的原则，我们记住某物是因为某物带给我们强烈刺激。2007 年有研究表明：情感唤起也可以巩固人类记忆，诸如地震、恐怖袭击等引发强烈情感的体验能够被记住。安德森（Anderson AK）等人的研究表明：引发强烈情感的文字或者图片可以被很

① MANDLER G. A History of Modern Experimental Psychology［M］. Cambridge：The MIT Press，2007：238.
② MU-MING POO etc. What is memory? The present state of the engram［EB/OL］.（2016-05-19）［2020-09-05］https：//bmcbiol.biomedcentral.com/articles/10.1186/s12915-016-0261-6.

好地记住。① 被保留则是现象学所揭示的问题,在胡塞尔那里,知觉如何滞留得到了彻底的分析。在神经科学那里,记忆信息如何被编码存储到神经元之中。存储、巩固和再巩固的机制问题得到了非常详尽的阐述。(2)记忆是内容(信息)在物质实体中保留和巩固的过程。神经科学家是不容忽略的,他们已经清楚地阐述了信息在神经元中存储、巩固和再巩固的机制,如坎德尔。但是,他们并没有触及同一的问题。(3)记忆之物与过去之物存在着相似关系,即作为表征物的记忆印痕与过去之物之间存在着相似关系。这一关系在记忆作为印迹和印象的理论内是成立的,记忆之物作为表征物,与过去之物之间存在相似关系,也就是结构性相似关系。比如我记得"2017 年 7 月份看到一些学生在拍毕业照"。我所记起的事情是曾经发生过的,所以二者之间存在相似同构关系。但是这一关系在记忆作为印迹框架内是不成立的,记忆之物是刺激物产生的结果,这更多是因果关系。此外相似关系在现象学那里可以寻觅到踪迹,当记忆之物以图像的形式呈现自身,图像与过去之物之间存在相似关系。这一关系目前受到的多重批判是不容忽略的。简单说来,相似理论存在着三种批判路径,分布式理论、身体理论、建构理论。分布式理论的批判是来自内部的一种批判,强调记忆内容与过去事件之间的另外一种关系模式;身体理论强调记忆的身体性维度,需要以印迹理论加以说明;建构理论主要强调的是过程,即记忆物是被建构的结果。这种观念主要是基于社会学、历史学的结果,忽略了回忆本身的特性,一种将过去之物拉至当下的过程,而强调记忆内容的构成。

　　从现象学角度看,还会发现其他问题:(1)记忆内容仅仅是理解记忆行为的一个相关项,记忆内容属于素材层面的规定,而还未能成为记忆对象确立起来。事实上,要理解记忆必须切入记忆行为中,记忆行为构成记忆对象是理解记忆问题的重要路径。(2)仅仅偏重从因果关系的角度理解印迹会产生内在的问题。因果关系强调印迹是外在因素单向作用的结果,忽略了相互关系。海德格尔曾经对于印迹进行过分析,为了分析人与物的世界性,他举了一个石头压在大地上留下了印迹的例子。在他看来,石头与大地是没有世界性的,这是因为石头在大地上留下的印迹对于大地来说之间没有"可通达性",而"可通达性"是世界建构的条件。他的分析还是值得肯定的,当然,他忽略了另外一个方面即大地并没有给石头留下任何印迹。在记忆的理解上,"可通达性"概念有重要的意义。身体

① ANDERSON A K, YAMAGUCHI Y, GRABSKI W, LACKA D. Emotional memories are not all created equal: evidence for selective memory enhancement [J]. Learn. Mem., 2006, 13 (6): 711 - 718.

的印迹或者灵魂的印迹展示了身体或灵魂相对于某一事件来说是"可通达的"，是共同构成的结果，存在着某种特定的关系。所以，从这个角度看，自然科学所研究的记忆印迹都是一种遗留物，而不是记忆本身。（3）上述与记忆内容有关的观念阐述中存在一个重要缺陷：忽略了与记忆有关的过去特征。记忆与过去有关这是记忆时间性的根本问题，是记忆之物如何与过去之流融合在一起的过程。但是，上述概念从不同的角度忽略这一规定性。印迹、印象更多是在主观方面的忽略，它凸显出心理之物的表征过程和联结的构成过程。前者如同托尔文所指出的"时间旅行"，将过去之物拉至当下的表征过程[①]；联接主义也仅仅关注到不同观念如何被关联在一起的过程；印迹理论则偏重客观方面，即记忆内容如何在记忆实体中保留、巩固下来而成为实体的一部分。这二者都完全忽略了记忆过去的规定性。从内容上看，指向的是过去发生过的事件；而从记忆行为看，一种基于当下的规定，过去内容只有在当下才能重新立义的存在。

第三节　记 忆 行 为

从诺贝尔奖的历史上看，有两次颁发给了记忆科学研究的成果。2000 年的奖项颁发给了凯德尔，他研究了记忆存储的神经机制问题；2014 年的奖项颁发给了 4 个人：欧基夫、莫索尔夫妇和凯德尔。他们因为研究了空间记忆的神经机制问题。这应该说是在科学史上极为少见的现象，也说明了记忆问题的复杂性。《科学》杂志因此将记忆的存储以及机制当作是人类科学的难题之一。

一、国内记忆研究情况纵览

在记忆研究的整体情况上，2000 年以来自然科学领域基本上做到与国外记忆研究同步进行（尤其是 2010 年以来光遗传学技术引入到中国，对记忆的神经科学研究中国与国外在技术上是对等的），并且选择出相应的问题进行研究，但是在这之前却记忆研究几乎停滞不前。

---

① 神经科学家保罗·弗兰科蓝德(Paul W. Frankland)对这一观点进行了批判，他指出："从这个视角看，我们已经强调记忆不应该仅仅被看作信息通过时间保持高度逼真的方法。而是强调记忆的目标是指导聪明决策的制定。"(BLAKE A., RICHARDS and Paul W. FRANKLAND. The Persistence and Transience of Memory[J]. Neuron，2017(94)：1080.)

（1）从早期引进国外记忆理论到 20 世纪 90 年代开始运用国外理论,逐渐走向通过经验研究形成理论的过程。1950 年之前对美国心理学家詹姆士记忆理论的引入(孟宪承,1917);1950 年之后重点在引进苏联学者的记忆理论,E.H.苏科洛夫(韦卓民,1955;生凯,1957);对记忆法的研究从 60 年代一直持续到70、80 年代,旨在提高记忆背诵的效率。

（2）心理学、生物学等自然科学领域对记忆的研究一直遵循着物质与记忆的关系模式。从记忆法的神经机制的研究到 2010 年以来随着光遗传学技术的突破,以情感和记忆的神经机制研究形成大的规模效应,生物学医学领域围绕记忆与情感的神经机制等问题展开,并且借助光遗传学技术对记忆与情感的神经回路机制进行揭示。心理学领域中杨治良教授围绕"内隐记忆"这一主题进行了长达 20 多年的研究,形成了很好的团队及成果。

目前国内记忆科学的研究主要集中在清华大学、复旦大学、浙江大学和中国科学院上海研究院神经科学研究所。这几家单位都运用了光遗传学技术,并且发表了一系列的成果。

2016 年 9 月 5 日,中国科学院上海生命科学研究院神经科学所的蒲慕明研究组在《自然神经科学》发表了《与恐惧记忆相关的杏仁核-皮层突触特异性变化》的文章,首次揭示了在听觉恐惧记忆中起重要作用的侧杏仁核-听觉皮层投射通路,并发现该通路在听觉恐惧学习后会发生特异性的突触连接重构。此项工作在蒲慕明院士的指导下,由神经所的杨扬和刘丹倩共同完成。该研究首次发现了在恐惧记忆中起重要作用的侧杏仁核——听觉皮层通路,及该通路与恐惧学习相关的特异性重构。此研究为研究通路特异结构的可塑性提供了新方法,对条件恐惧学习的神经环路研究是重要的补充,并且提示了成年动物大脑中新突触形成的基本规律。同年,蒲慕明团队发表的《什么是记忆? 印迹的当前状况》阐述了记忆的神经机制问题。这篇文章再次提出了萨门理论的重要性。他指出:"德国动物学家理查德·萨门形成了印迹概念,它维持了导致同时刺激的大脑中的联接。"[①]其中神经科学家现在已经具备处理印迹细胞的物理本质和后果的工具和知识。这次论坛讨论会集中了记忆印迹方面的最新成果,而且是中国学者主持的一个项目。

复旦大学脑科学研究院从事记忆研究的课题,其主要问题是学习和记忆的细胞和分子机制。马兰教授于 2015 年发表了关于记忆再巩固(memory

---

① MU-MING POO etc. What is memory? The present state of the engram[EB/OL].(2016 - 05 - 19)[2020 - 09 - 05]https://bmcbiol.biomedcentral.com/articles/10.1186/s12915 - 016 - 0261 - 6.

reconsolidation)的论文①;禹永春研究员课题组 2016 年 12 月以《年轻抑制神经元移植有助于恐惧记忆的消除》(*Fear erasure facilitated by immature inhibitory neuron transplantation*)为题在线发表于《神经元》(Neuron)杂志。②本项研究表明,移植年轻的抑制性神经元可以使成年宿主杏仁核年轻化,从而使宿主杏仁核具有更强的可塑性,使得原本已经获得恐惧记忆的小鼠更容易经过恐惧消除训练而抑制恐惧记忆的唤醒的思考与实验探索。他们的实验表明,将胚胎脑内抑制性神经前体细胞移植到成年动物的杏仁核中,可以有效抑制恐惧记忆的"再生长",这提示为消退恐惧记忆可以采用新的策略。

清华大学团队在一篇题为《稀少的记忆印迹神经元如何编码空间-时间事件的记忆》(2016)中指出了当前记忆研究主要聚焦记忆回路的空间领域,而在时间组织活动的编码和回想的问题上缺乏足够的探讨。他们的研究指出记忆回路的动力学,"尽管记忆印迹细胞位于物理联结的回路中,与不同时间属性有关的动力活动是特定记忆印迹细胞活动的结果。时间与空间领域之间的神经活动的版本模式意味着记忆印迹细胞和它们的神经网络可能以抑制-激活回路突触变化的形式在时间和空间上组织起来的信息进行编码。而且,记忆印迹细胞的活动可能参与到被修改的回路来激活从时间上和空间上组织起来的活动,表征记忆的回想"。③

二、国际记忆科学研究的问题演变

(1) 记忆印迹

记忆印迹是记忆研究过程中最为基本的概念,不仅受到哲学的关注,而且在生物学、神经科学领域内成为基础概念。从记忆实体看,如果把灵魂看作是记忆的实体,那么印迹就是灵魂印痕,这一观念在哲学中有着非常深远的影响,在柏拉图、亚里士多德那里有比较完备的论述,后来心理学强调心理印迹的概念。如果把有机体看作是记忆的实体,那么印迹就是有机体印迹,这一概念出现于萨门的生物学理论中,后来销声匿迹。但是,随着神经科学的发展,这一观念得到了

① LIU X, MA L, LI HH, HUANG B, LI YX, TAO YZ, MA L. β-arrestin-biased signaling mediates memory reconsolidation[J]. Proc Natl Acad Sci., 2015(112): 4483-4488.
② YANG WZ, LIU TT, CAO JW, CHEN XF, LIU X, WANG M, SU X, ZHANG SQ, QIU BL, HU WX, LIU LY, MA L, YU YC. Fear erasure facilitated by immature inhibitory neuron transplantation [J]. Neuron, 2016(92): 1-16.
③ JI-SONG GUAN, JUN JIANG, HONG XIE, KAI-YUAN LIU. How Does the Sparse Memory "Engram" Neurons Encode the Memory of a Spatial-Temporal Event? [EB/OL]. (2016-08-23) [2020-09-05]http://journal.frontiersin.org/article/10.3389/fncir.2016.00061/full.

复兴,主要强调与细胞、分子有关的印迹。所以一般说到记忆印迹,主要是指记忆印迹细胞。

这与记忆科学与技术的研究的一个诺贝尔奖获得者说起。他就是日本的利根川进,曾因其在免疫系统遗传学上的研究成果获得了1987年的诺贝尔生理学或医学奖。他发现了身体免疫细胞组是如何利用数量有限的细胞生成特定的抗体以抵抗成千上万种不同的病毒和细菌。利根川进在1987年的一次会议上做了题为"记忆印迹细胞迎来了自己的时代"的报告。他指出,记忆存储在大脑的观念可以追溯到柏拉图。但是直到20世纪这个观念才被科学化,而这得益于萨门的"记忆印迹理论"(engram theory),还有赫伯的"突触可塑性理论"(synaptic plasticity theory)。但是由于技术限制,记忆印迹理论缺乏足够的科学证据。但是随着转基因技术、光遗传学技术和其他技术的发展,使得神经科学家能够识别记忆印迹细胞。而且,印迹工程技术正使得神经科学家将新的记忆移植到老鼠脑部。他的团队做出了诸多贡献。从2010年以来到2017年,几乎每年都会推出新的研究成果。

关于记忆印迹的科学研究主要集中在神经机制上。2004年,美国神经科学家诺曼·温伯格(Norman M. Weinberger)指出,大多数学者注意到学习和记忆包括特定感觉体验到存储,但是原初感觉皮层能够存储特定的记忆印迹却很少有人关注。在他看来,已经有足够的证据支持这样的观念:原初听觉皮层获得和保持特定的关于被选择声音的行为意义的记忆印迹。细胞核基质的胆碱能系统诱导特定的记忆印迹和特定的行为记忆。应该把原初听觉皮层的这一观点整合到它的记忆以及其他认知功能中。[①] 2007年一篇题为《皮层感受域可塑性的突触记忆印痕》(*A synaptic memory trace for cortical receptive field plasticity*)的文章指出,感觉皮层神经元的感受域是可塑的,对感觉体验或者神经活动的改变做出反应。感觉环境的皮层表征能够整合关于世界新的信息,这依靠特定刺激的值或者相关性。神经模式对于皮层可塑性是必须的,但是副皮层神经模式系统与皮层回路的交互作用以及改善皮层回路是不确定的。所以本文是对突触感受域的可塑性动力学做出了研究,探寻了感受域可塑性的基本机制,能够起到记忆印迹的作用。[②] 2010年约瑟林(Josselyn, S. A)在

① WEINBERGER NM. Specific long-term memory traces in primary auditory cortex[J]. Nature Reviews Neuroscience,2004(5):279-290.
② FROEMKEL RC., MERZENICH MM., SCHREINE CE. A synaptic memory trace for cortical receptive field plasticity[J]. Nature,2007(450):425-429.

《继续搜寻印迹：检查恐惧记忆的机制》(*Continuing the search for the engram: examining the mechanism of fear memories*)研究了恐惧记忆的神经机制，即对恐惧记忆的印迹给出了揭示。①

2012 年，一篇《综合记忆印痕的生成》(*Generation of a Synthetic Memory Trace*)文章研究了激活竞争的、人工产生的关于老鼠情景恐惧记忆的编码的神经表征的效应，论文指出，在条件语境中再次激活人工化的刺激网络对于记忆提取是必须的，在学习期间，记忆对被人为激活的神经元空间模式来说是特定的。当不是原初条件一部分时，相似刺激削弱回想。② 在另一篇《捕捉印迹：检查记忆印痕的策略》(*Catching the engram: strategies to examine the memory trace*)中，作者接受了这种观念：现代基因技术不但能够让编码记忆的神经元群可视化，还可以选择性地生产它们。作者更偏重病理学路径，"这些方法有助于澄清大脑中记忆如何被编码、存储和处理，这些路径可能有助于理解与人类记忆紊乱有关的病理学机制，可能有助于改善这些疾病的治疗性策略的发展"。③

2015 年一篇题为《神经印痕重演：通过神经模式化形成记忆》(*Memory trace replay: the shaping of memory consolidation by neuromodulation*)指出，关于地方和事件的记忆巩固被认为是在网络层面依靠空间调节的神经元激活模式的重演，这些神经元表征具体的地方和空间轨道。这一过程发生在海马体—内嗅皮层回路中。文章在回顾不同解释模式的基础上重点解答了两个问题：不同行为状态中某种物质(cholinergic tone)的波动变化如何形成重演的方向以及为反应奖励多巴胺释放如何模式化那些重演的分子群。④ 这篇文章能够与 2011 年的《看到未来》(*seeing into the future*)的论文相呼应，在那篇文章中，作者在重演的基础上提出了更为重要的预演问题。⑤ 约瑟林在《找到印迹》(*Finding the engram*)一文中介绍了四种确定的标准，能够使得评价最近在发

① JOSSELYN S. A. Continuing the search for the engram: examining the mechanism of fear memories [J]. Psychiatry Neurosci., 2010(35): 221 - 228.
② GARNER AR, et al. Generation of a Synthetic Memory Trace[J]. Science, 2012, 335(6075): 1513 - 1516.
③ SAKAGUCHI M., HAYASHI Y. Catching the engram: strategies to examine the memory trace. [EB/OL]. (2012 - 09 - 21)[2020 - 09 - 05]http://molecularbrain.biomedcentral.com/articles/10. 1186/1756 - 6606 - 5 - 32.
④ LAURA A. ATHERTON, DAVID DUPRET, JACK R. MELLOR. Memory trace replay: the shaping of memory consolidation by neuromodulation [J]. Trends Neurosci., 2015, 38 (9): 560 - 570.
⑤ EDVARD I. Moser & May-Britt Moser, Seeing into the future[J]. Nature, 2011(469): 304.

现印迹上取得的进步。最近的捕捉研究使用原始的方法标记在记忆编码中活跃的神经元群，因此允许在后边制造这些与印迹相关的神经元群。作者提出来自捕捉研究的成果代表了大量的允许科学家观察、擦除和表达印迹的进步。[①] 这篇文章是比较不错的综述文章，其文末的注释多达 163 个。

2016 年以来的成果较多，这主要是利根川进团队的成果。如《通过激活早期阿兹海默症老鼠模式中的印迹细胞的记忆提取》[②]、《印迹之间的竞争影响恐惧记忆的形成和回想》[③]等重量级文章。这些都是记忆印迹细胞的生产问题。2017 年出现的一些成果研究了多个记忆印迹的作用，如《对于联结必不可少的重叠记忆印痕，但不是为个体记忆回想》一文指出，重叠的记忆印迹对于个体记忆的联接来说必不可少。[④]《何为记忆？印迹当前的状态》论坛从多个角度讨论了印迹概念。如蒲慕明团队梳理了记忆印迹研究的历史发展，从萨门、赫伯到布利斯（Bliss）。他的分析应该说比较清晰地梳理了这个历史线索，但是对于萨门的理论诠释似乎过于从自然主义加以解读，而忽略了其他更为重要的维度。如他谈到萨门时指出，萨门奠定了印迹理解基本框架"大脑中由于同时激发而引起的持久连接"。日后他们的做法主要研究与记忆现象对应的神经机制变化，如神经元持久连接的变化、影响因素等。而完全将存在于刺激与印迹（神经连接）的因果关系忽略了。当然，我们也是受益很多，从他的分析中，一些重要的有助于分析数字时代记忆现象的概念出现了。如赫伯的突触可塑性（synaptic plasticity）理论，这个理论的价值在于强调神经元之间的联接，赫伯使用了"放电—连接"的模式来说明了具体的机制。可以说赫伯的理论让我们进一步深入到神经细胞层面。1973 年，神经科学家布利斯（Bliss，TV）等人发现并阐明了由活动诱发的中央突触的长时增强（LTP）和长时抑制（LTD）的效应，这使得突触可塑性与记忆的关系被大量研究。从蒲慕明教授梳理的历史可以看出神经科学家们非常关注神经细胞、基因层面的变化，而这些变化是理解记忆的关键基础。他们对于刺激—记忆—行为之间的因果关联分析过于

① JOSSELYN S. A., KOHLER S. FRANKLAND P. W. Finding the engram[J]. Nature Reviews Neuroscience, 2015(16): 521 - 534.
② ROY DS, ARONS A., MITCHELL AI, PIGNATELLI M., TONEGAWA S. Memory retrieval by activating engram cells in mouse models of early Alzheimer's disease[J]. Nature, 2016 (531): 508 - 512.
③ RASHID AJ., et al. Competition between engrams influences fear memory formation and recall [J]. Science, 2016, 353(6297): 383 - 387.
④ YOKOSE J. et al. Overlapping memory trace indispensable for linking, but not recalling individual memories[J]. Science, 2017, 355(6323): 398 - 403.

忽略了。

　　目前在记忆印迹的研究上，形成了不同的特点。比如 MIT 的利根川进团队关注神经元活动与行为（记忆而非学习）之间的因果关联，并且通过借助光遗传学技术对神经元活动进行抑制或激活，从而对记忆行为进行改造。所以 2012 年以来我们在他们的成果中看到他们可以删除、植入以及找回某种记忆。他们在《何为记忆》笔谈中指出了这一点。"通过相关回想线索激活这些细胞导致特定记忆的取回。该理论提出一个重要的问题：什么是持久变化的本质?"[①]在他们看来，对印迹细胞加标记能够解开持久变化的本质。"在最近的一项研究中，通过情景化恐惧条件（CFC）之后，通过特定的实验手段比较印迹细胞与非印迹细胞（非标记细胞）……"[②]不同于他们，包霍夫（Tobias Bonhoeffer）深入到神经元的底层，他指出：记忆存储的基本单元是树突（spine）和突触（synapse）。"所有这些实验似乎都强有力地指向这样的概念：树突或者突触（不是整个分子）可能是大脑记忆存储的最小单位，因此，说记忆的印迹位于树突集中，或者当特定信息存储时被改变的突触则是可能的。但是这并不是说印迹在单个分子层面是可不见的。毕竟分子的活动取决于他们突触的补充。然而如果人们正确考虑特定记忆期间变化的突触或者树突模式基础上的一切，那么印迹最优的解决可能会变得明显"。[③]在此基础上，就可以解释新的树突和学习、记忆或者信息存储之间的因果关系，但是如何解释从突触联接到回路再到行为之间的因果关系绝对不是一件容易的事情。在安德瑞·鲁登科（Andrii Rudenko）看来，"尽管发现了印迹细胞，但是记忆存储的分子机制还不清楚。我们提出发生在这些细胞中遗传学改变（epigenetic alteration）可能表达了参与记忆印迹长期滞留的关键过程"。[④]此外，还有理查德·特森（Richard W. Tsien）揭示的记忆机制中 LTP 和 LTD 合作起作用，而不是仅仅起到相反作用。蒲慕明团队则对时间序列和间隔的记忆化机制进行了说明。"时间序列和事件间隔对于情景和过程记忆来说是重要因素，但是序列和间隔信息如何以及存储在哪里始终是一个谜"。[⑤]这里的时间序列是指时间发生的先后顺序。应该说关注到这个问题是重要的，因为它涉及记忆的时间性。而大多数神经科学家更多是将记忆现象空间化，而

---

①④⑤　MU-MING POO, etc. What is memory? The present state of the engram[EB/OL].(2016-05-19) [2020-09-05]. https：//bmcbiol.biomedcentral.com/articles/10.1186/s12915-016-0261-6.

②　该实验揭示出 L-LTP（后期长时增强）对于记忆存储来说必不可少。Tobias 指出根据赫伯所说，突触而不是细胞是记忆基本的构成单元块，从理论上说，神经元要比突触大 1 万—10 万倍。根据凯德尔的描述，神经元 100 微米，突触 1 微米，分子 1 埃米。

③　一般说来，一个神经元有 2 000—8 000 个突触，一个 spine 对应一个 synapse。

不考虑时间概念。当然,尽管如此,这个时间概念并没有过去、未来和当下的维度,而仅仅是相继关系。所以,对他们而言,相继信息如何被存储也是个重要问题。

在《何为记忆》的论坛中,查理斯·斯蒂芬(Charles F. Stevens)的论文引起了我们更多的兴趣,他在题为《赫伯记忆机制的研究将走向何处?》文章中从赫伯的"放电—连接"命题出发,提出当我们站在突触可塑性的基础上,该往何处走的问题,应该说这个问题是哲学式的思考。他指出,将来科学家关于 LPT/LTD 的工作也会包括与奖励有关的机制研究。他把这种奖励机制的研究称之为增强学习(reinforcement learning)。他特别举出苍蝇的例子。如果气味与奖励或者惩罚有关,那么苍蝇能够学会趋近或者躲避相应气味。

这次论坛应该说是一次顶尖学者的华山论剑,基本上形成了这样一种共同认识:记忆印迹存储的地方(特定记忆的获得期间被激活或形成的突触群)和大脑中关于印迹产生和保持的实体性知识有关。的确是一个实体意义上的概念。自然科学主要偏重它的神经机制研究形成机制,在这一点上,科学家已经有不同的说明。"断言式或者显性记忆由三个连续阶段构成:(1)编码;(2)存储或者巩固;(3)提取。"[1]所谓编码是指:"这样一个过程,即将进入的信息被注册、感知和转化为合适的形式以便在记忆中表征。"[2]而存储则主要是指被编码信息的印迹或者表征跨时间的保留。而提取是指"当一个人试图使用或者把先前获得信息带入意识领域中发生的心理事件"。但是自然科学家也意识到:"直到构成单元块和他们的性质还离理解记忆宫殿的建筑学甚远。"[3]这多少说明了科学家对科学限度的把握,但是如何突破这一限度,如何把握住记忆的本质,对这些问题的理解我们还远不知晓。

(2)记忆形成

记忆形成(memory formation)是一个比较重要的问题。在神经科学中,记忆形成是通过神经元突触之间的连接做出解释的。通常认为,当我们经历一些事情的时候,神经元之间会产生一些联结,但是最初的神经元联结非常脆弱,仅仅少数变得稳定,成为长期记忆。所以问题主要是研究哪些蛋白质会让联结变

---

① OFEN N, CHAI XIAOQIAN J., KAREN D. I. SCHUIL, SUSAN WHITFIELD-GABRIELI, D. E. GABRIELI. The Development of Brain Systems Associated with Successful Memory Retrieval of Scenes[J]. The Journal of Neuroscience, 2012, 32(29): 10012.

② SCHACTER DL. Forgotten ideas, neglected pioneers: Richard Semon and the story of Memory [M]. London: Routledge, 2001: 137.

③ MU-MING POO, etc. What is memory? The present state of the engram[EB/OL]. (2016 - 05 - 19)[2020 - 09 - 05]https://bmcbiol.biomedcentral.com/articles/10.1186/s12915 - 016 - 0261 - 6.

得稳定。2015年韩国学者发表了题为《记忆形成期间海马体中多重抑制机制》(*Multiple repressive mechanisms in the hippocampus during memory formation*),文章指出:"学习之后出现的时间分子变化在染色体规模上并没有得到探讨。我们使用核糖体图谱分析(ribosome profiling)和RNA测序来定性说明语境恐惧条件后老鼠海马体中转化地位和转录物水平。我们揭示了三类抑制规则:海马体中核糖体蛋白编码基因的转化抑制、特定基因学习诱导的早期转化抑制和通过雌激素受体蛋白(estrogen receptor)的信号抑制来进行的后期基因组的后来恒久抑制。在行为分析中,Nrsn1的过度表达,经历快速转化的早期识别基因之一或者激活海马体中的ESR1会削弱记忆形成。这一研究揭示了对于记忆形成而言基因抑制机制的重要性。"[1]后来有科学家揭示了恐惧记忆形成的不同机制。如图7-1:

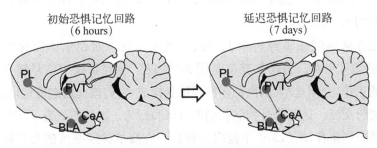

图7-1 恐惧记忆的形成[2]

图7-1揭示了两种恐惧记忆形成的不同机制。最初的恐惧记忆回想是通过the prefrontal cortex (PL)和the basolateral amygdala (BLA)之间的回路完成,而一周后,恐惧记忆回想的回路发生了转变,主要依赖联结到the paraventricular nucleus of the thalamus (PVT),而这一区域与CeA区域联结。

2016年,一项名为《印迹之间的竞争影响恐惧记忆的形成和回想》(Competition between engrams influences fear memory formation and recall)的研究主要回答了多个神经群如何相互作用影响记忆的形成。"在侧杏仁核中,训练期间逐渐增加活性的神经元在分配给一个印迹时竞争胜出它们

① CHO J, et al. Multiple repressive mechanisms in the hippocampus during memory formation[J]. Science, 2015, 350(6256): 82-87.
② YEAGE A. Newly identified brain circuit hints at how fear memories are made[EB/OL]. (2015-01-19)[2020-09-05]https://www.sciencenews.org/article/newly-identified-brain-circuit-hints-how-fear-memories-are-made.

的邻居。我们检查了基于神经元活性的竞争是否也控制着印迹之间的相互作用。如果两个恐惧事件6个小时以内发生，同样的一组神经元会用来表达两个事件的恐惧记忆；但是如果事件分开24小时，则会形成不同的记忆印迹"。① 这可以看作是记忆领域的进化论思想的体现。这也是对2015年成果的一个补充。

（3）记忆存储

1966年在一篇题为《记忆存储中的时间依靠过程》（*time-dependent processes in memory storage*）的文章，美国神经科学家麦克高夫指出，记忆存储需要一个三印痕系统（"tritrace" system）。"一个是直接记忆（没有在我们的实验室研究），一个是短时记忆，它们在几秒内或者几分钟内发展并且持续几个小时；还有一个慢慢巩固以及相对持久。长时记忆印痕周期的本质（遗忘的基础和本质）是一个不同的但是重要的问题"。② 在他看来，记忆存储理论可以说明记忆依靠时间的过程。

记忆存储问题在神经科学上得到了极大重视。凯德尔就因此而获得了2000年的诺贝尔奖。凯德尔获奖是因为"发现了神经系统中信号转导机制"。对于他的工作，介绍是"大脑由许多神经细胞构成，它们彼此通过传递电信号、化学信号进行交流。这些信号控制我们的身体和行为。凯德尔研究了记忆如何通过这些神经细胞存储。1970年他因为研究具有简单神经系统的海洋蜗牛而取得突破。他发现当蜗牛学习的时候，化学信号改变了分子之间的联结结构，也就是神经突触，在这里信号被传递和接受。他进一步显示了短期记忆和长期记忆由不同信号构成。这对所有能够学习的动物，从软体动物到人，来说是正确的"。③ 凯德尔也有着明确的哲学方法论——还原主义，他的还原主义不可与一般意义上的还原主义相混淆。一般意义上的还原主义是本体论意义上的，即将现象还原到基本构成单元之上，比如将心理现象还原到神经元就是这种还原主义的表现，"行为和学习是神经细胞活动的表达"。对于凯德尔而言，还原主义除了这重含义之外，还有第二重含义，这就是方法论的还原主义。"相反，研究最复杂的案例，我们需要研究记忆存储的最简单案例，在那些最容易实验化驯服动物

① DEISSEROTH K., FRANKLAND PW., JOSSELYN SA. Competition between engrams influences fear memory formation and recall[J]. Science, 2016, 353(6297): 383-387.
② McGAUGH JL. Time-Dependent Processes in Memory Storage[J]. Science, 1966, 153(3742): 1351-1358.
③ Eric Kandel Biographical[EB/OL]. (2020-09-05)[2020-09-05]https://www.nobelprize.org/prizes/medicine/2000/kandel/biographical/.

的基本反射行为中研究他们"。他的还原主义建立在一个同一性假设上：人类大脑与行为与更简单动物的神经系统与行为之间存在着同一性。根据这一同一性原理，他选择一种叫作 Aplysia 的巨型海洋蜗牛（"最容易实验化驯服的动物"）展开实验。[①] 这种方法论体现在其 2016 年的最新著作《艺术与脑科学中的还原主义：沟通两种文化》。[②]

2013 年利根川进团队发表了一篇题为《在海马体中创造错误记忆》（*Creating a False Memory in the Hippocampus*）的文章，主要是识别出在海马体中 DG 区域的细胞群，这个区域可以解码特定的语境并且创造错误的记忆。[③] 文章指出："可以通过 Channelrhodopsin‐2 来标记出通过暴露给特定的语境而激活的 DG 或者 CA1 神经元。这些神经元能够在不同语境中恐惧产生期间通过光学方式再次激活。DG 实验组显示在原初语境中逐渐增加的僵住，其中并没有电击脚掌。"[④]整篇论文是解决这样一个问题：是否这些内部表征能够结合外部刺激来产生新的记忆。在这个问题的解决过程中，恐惧情境是一个惯用的范式。这篇文章的另外一个贡献是对记忆的空间性提出了自己的看法：情景记忆存储在海马体的 DG 区。

2016 年一篇题为《腹侧海马 CA1 区神经元存储社会记忆》（*ventral CA1 neurons store social memory*）的文章指出，社会记忆存储在 CA1 区，内侧额叶与社会记忆有关。[⑤] 这项成果依然是利根川进团队推出的。文章主要讨论了哪一部分脑区及神经回路负责保持社会记忆却不清楚。他们指出小鼠的侧腹海马 CA1 区神经元及其至伏隔核部（NAc Shell）的投射在社会记忆中起到必要的和充足的作用。被激活的 vCA1 细胞和相应细胞的力量以及稳定性要比先前未遭遇小鼠的反应更大。对应相似小鼠的 vCA1 神经元的光遗传激活使得记忆提取以及这些神经元与无条件刺激联合在一起。因此 vCA1 神经元和他们的伏隔核

---

① 这种同一性是指，生物功能的进化是保守的，所以行为与学习的进化也是保守的。此外，1960 年，他的学生也证明了人类与简单动物之间分享许多行为模式以及学习的简单模式。之所以选择这种动物原因是：（1）相比人类而言，神经元数量最少，仅有 2 万个神经元；（2）这些神经元尺寸大，可以用裸眼识别，而且只有 10 个解剖单元构成；（3）许多神经元是可以辨别的，可以把不同的神经元活动标记出来。

② KANDEL E. Reductionism in Art and Brain Science：Bridging the Two Cultures[M]. New York：Columbia University Press, 2016.

③ RAMIREZ S., LIU X., TONEGAWA, et al. Creating a False Memory in the Hippocampus[J]. Science, 2013, 341(6144)：387‐391.

④ RAMIREZ S., LIU X., TONEGAWA, et al. Creating a False Memory in the Hippocampus[J]. Science, 2013, 341(6144)：387.

⑤ OKUYAMA T., KITAMURA T., ROY DS., ITOHARA S., TONEGAWA S. Ventral CA1 neurons store social memory[J]. Science, 2016, 353(6307)：1536‐1541.

部投射是社会记忆存储位置的构成部分之一。针对这篇文字,凯普·萨希纳(Kapil Saxena)发表题为《社会记忆病毒性行动》(*Social memory goes viral*)的文章指出,社会交往对记忆影响值得关注。

(4) 记忆巩固(memory consolidation)①和再巩固(reconsolidation)

所谓记忆巩固理论即这样一个过程,易变的新的记忆被稳定化为长久存在的记忆。记忆巩固理论提出较早,1900 年由缪勒(Müller)和皮则可(Pilzecker)最先提出②,后来被赫伯完善,再被麦克高夫完善。③ 麦克高夫领导的团队从 1966 年到 2016 年,重点是研究记忆巩固这一问题。他将核心问题概括为"使得我们和其他动物获得、维持和提取遥远过去还有指导我们当下行为的新近体验信息的条件和过程是什么?"④他的改善主要是在上述三个命题的基础上,研究药物(如 strychnine 马钱子碱)对于记忆巩固的影响。1962 年,他发表了关于药物提升老鼠迷宫学习记忆效应的论文。后来继续研究中央神经系统(CNS)对于记忆巩固的影响;

2015 年他在一篇题为《巩固记忆》(*Consolidating Memories*)的文章中回顾了他所在实验室研究的历程,从 1966 年开始,分别在 1973、1983、1989、2000、2004、2008、2009 推出重要的研究成果。1966 年他指出记忆与时间的关联。他认为,记忆不是马上以长期的、永久的模式创建,而是在学习事件之后,记忆是不稳定的而且对于影响敏感。随着时间的流逝,记忆逐渐变得对外界影响有抵抗性,最后以相对稳定的方式存储起来,这个过程就是记忆巩固。⑤ 他的主要工作是研究药物、情感唤起(emotional arousal)对于记忆巩固的影响。后来学者的研究陆续提出杏仁核基底外层复合区(BLA, the basolateral complex of amygdala)在记忆巩固中起着重要作用。⑥ 他在这个问题上有着很深的积累。2015 年他在一篇题为《巩固记忆》的文章中提出这样的假设:我们的体验情感性唤起体验能

① 目前记忆巩固主要分为两种类型:神经突触巩固(Synaptic consolidation)与系统巩固(system consolidation)。

② 1900 年,他们两人提出"持续言语-巩固"(Perseveration-Consolidation)假设理论,即学习后一段时间,作为学习基础的神经过程会变得稳固或者巩固。所以他们的理论是关于学习的。1949 年赫伯提出的双痕迹(Dual-Trace)假设理论,这是关于记忆的,即记忆原初地建立体验激活的神经元回路的反射上以及持久记忆来自反射诱发的神经突触变化。麦克高夫还提到了同年都肯(Duncan)关于电休克的研究,该研究表明电休克疗法阻止了作为每天训练体验记忆基础过程的巩固。

③ McGAUGH JL. Memory — A century of consolidation[J]. Science, 2000, 287(5451): 248-251.

④ McGAUGH J. L. Consolidating Memories[J]. Annual Review of Psychology, 2015, 66: 2.

⑤ McGAUGH J. L. Time-dependent processes in memory storage[J]. Science, 1966(153): 1351-1358.

⑥ JAMES L. McGAUGH. Searching for Memory in the Brain: Confronting the Collusion of Cells and Systems[C]//from Nerual Plasticity and Memory From Genes to Brain Imaging, edited by Federico Bermúdez-Rattoni, Boca Raton: CRC Press. 2007: 1-11.

够创造持久记忆。所以他为这样一个结论提供科学支撑：研究为情感唤起对于持久记忆的巩固方面神经生理系统的责任。这个实验主要是针对老鼠进行的，通过给老鼠提供刺激药物来提升记忆。这些发现显示：由唤起激活的内生系统可能影响提供记忆巩固的神经过程。此外，还显示，由杏仁核的压力激素激活诱导出增强。这也显示底层杏仁核调整记忆巩固。所以他的整个实验是关于情感唤起激活的神经生物系统的，它在确保我们反思它们情感意义上起到了重要的适应作用。[1]

再巩固逐渐成为记忆研究的另一焦点。所谓再巩固即通过记忆印迹的再激活使得先前巩固的记忆再次变得不稳定，又被称为提取后阶段的稳定化（post-retrieval stabilization）。所以再巩固是由于原先变成长期记忆一部分的记忆被提取后出现的不稳定状态，是需要重新巩固起来的。纳达尔·卡拉米（Karim Nader）等人在《回复——再巩固：巩固理论的易变性》（*Reply — Reconsolidation: The labile nature of consolidation theory*）中提出："巩固不是一个时间的事件，相反是与记忆的接下来激活有关的重复。"[2]他在后来的一篇题为《再巩固和记忆的动态本质》（*Reconsolidation and the dynamic nature of memory*）中提到记忆再巩固是这样一个过程：被再次激活的长期记忆对遗忘主体变得短暂敏感，而它们在巩固中活跃。这一现象在 20 世纪 60 年代被描述，但是却无法吻合统治性范式：巩固在每一次长期记忆中发生。作者定义了再巩固的基础，进一步讨论了一些决定再巩固发生或者不发生时的概念问题，最后讨论了再巩固潜在的临床意义。[3]马兰教授于 2015 年发表了关于记忆再巩固（memory reconsolidation）的论文[4]主要讨论了调节记忆再巩固的某种物质信号。2015年，纳德尔（Lynn Nadel）等人在《记忆再巩固》一文对人类的记忆再巩固问题进行了探讨。文章指出："一些研究显示，当新的信息呈现，或者记忆再激活后端时间诸如压力、药物等因素被处理，情景记忆、程序记忆还有恐惧记忆能够被修改。影响的方向依靠特定的脑区、物质的情感性和在激活记忆与新的信息之间的关系……除了认知机制的描述外，未来研究需要解释人类记忆再巩固的神经生理基础。我们使用 fMRI 研究再激活与后期提取期间脑活动模

① McGAUGH J. L. Consolidating Memories[J]. Annual Review of Psychology, 2015(66)：1-24.
② NADER K., SCHAFE GE., LEDOUX JE. Reply — Reconsolidation：The labile nature of consolidation theory[J]. Nature Reviews Neuroscience, 2000(1)：216-219.
③ NADER K. Reconsolidation and the dynamic nature of memory[J]. Cold Spring Harb. Perspect. Biol., 2015(7)：a021782.
④ LIU X, MA L, LI HH, HUANG B, LI YX, TAO YZ, MA L. β-arrestin-biased signaling mediates memory reconsolidation[J]. Proc Natl Acad Sci, 2015(112)：4483-4488.

式。届时我们希望不但理解记忆可塑性的行为和认知动力，而且还有再巩固过程的神经基质。"①麦克高夫也在 2015 年的文章中介绍了人类记忆巩固的情况。比如药物能够提升人类记忆，1993 年探讨了药物（如安非他命、咖啡因）可以提升记忆；2007 年有研究表明：情感唤起也可以巩固人类记忆，诸如地震、恐怖袭击等引发强烈情感的体验能够被记住。安德森（Anderson AK）等人的研究表明：引发强烈情感的文字或者图片可以被很好地记住。②

2017 年 4 月，利根川进团队又推出一个新成果，关于系统性记忆巩固的机制问题研究。在这篇题为《系统性记忆巩固的记忆印迹和回路机制》（*Engrams and circuits crucial for systems consolidation of a memory*）的论文中，③科学网概括为"记忆巩固的网络"。这篇论文也谈及记忆长期存储的相关问题，他的问题是"新皮层记忆的成熟和形成以及他们与海马体网络相互作用的机制"。作者隆北村（T. Kitamura）等人指出学习的触发以及语境性恐惧记忆的神经元在前额皮层中快速产生。而这个过程主要依靠来自海马体与杏仁核的传入神经。随着时间的流逝，前额神经元在记忆表达中巩固其地位，相反，海马体神经元慢慢丧失其功能。"情景记忆最初需要海马体中满足记忆形成的快速突触可塑性，逐渐在前额网络中巩固下来以便永久存储。然而，支持前额记忆巩固的印迹和回路却远未被探索。我们发现新皮层前额记忆印迹细胞（它们对应久远语境性恐惧记忆）在最初学习期间被快速产生，这些是通过海马体——内嗅皮层网络和基底杏仁核网络一起完成的。在这些记忆产生后，在海马体记忆印迹细胞的帮助下，前额印迹细胞随着时间，功能上逐渐成熟。然而，海马体细胞逐渐随着时间沉寂，在基底杏仁核的印迹细胞（对恐惧记忆是必要的）被保留下来。"④具体如图 7 - 2（见书后彩图）。

图 7 - 2 清晰地揭示了在情景记忆的巩固中，海马体记忆印迹细胞与新皮质

---

① HUPBACH A., et al. Memory Reconsolidation, from Cognitive Neuroscience of Memory[C]. edited by Donna Rose Addis etc. Wiley Blackwell, 2015：244 - 264.

② ANDERSON AK., YAMAGUCHI Y., GRABSKI W., LACKA D. Emotional memories are not all created equal：evidence for selective memory enhancement[J]. Learn. Mem., 2006, 13(6)：711 - 718.

③ 这一成果甚至可以看作是传统记忆巩固理论的深入，传统记忆巩固理论强调 BLA 所起的作用，但是并没有揭示出 BLA 与 HPC、PFC 之间的关系；而隆北村的文章则解释了具体的作用机制。在这篇文章中作者指出 PFC 印迹细胞随着时间变得成熟；HPC 印迹细胞支持 PFC 印迹细胞成熟，并且随着时间开始沉寂。

④ KITAMURA T., et al. Engrams and circuits crucial for systems consolidation of a memory[J]. Science, 2017, 356(6333)：73 - 78.隆北村属于 MIT 利根川进团队成员之一，他们从 2012 年开始发展出一种技术，能够标记出包含特定记忆的记忆印迹细胞，这样可以进一步研究记忆的存储和提取机制问题。同时利用光遗传技术能够人为地激活特定的记忆印迹细胞。

中前额内嗅皮层记忆印迹细胞(PFC)之间的关联机制。第一天编码阶段形成完整的巩固网络,但是随着时间的流逝,海马体记忆印迹帮助前额记忆印迹细胞成熟,随之在成熟期前额的杏仁核基底记忆印迹细胞(BLA)被保留下来,而海马体记忆印迹细胞(HPC)则自行退出。这一成果存在的一个根本假设是:恐惧与杏仁核密切相关。但是一个值得我们思考的问题是:恐惧记忆行为的本质。根据这一科学原理的呈现,恐惧记忆更多表现出恐惧的性质,因为在这个过程中,负责记忆的海马体记忆印迹细胞功能逐渐萎缩,而负责恐惧的杏仁核记忆印迹细胞则完备地发挥作用。这是否说明,曾经的记忆体验在逐步退出,而恐惧体验逐渐充盈着日后的行为。这种理解如何得到现象学的呼应?这是一个难题。根据现象学的反思,我们对某知觉行为的回忆,是对曾经知觉行为的回忆。而当我们回忆某种恐惧情景的时候,可能是对某种恐惧的再体验,而不是对某种曾经恐惧的内容的回想。当我们再次体验某种恐惧的时候,我们所得到的是一种强大的恐惧体验。如此,"恐惧记忆"行为的再表征性质就显得容易理解了。而这一点也能得到上述科学研究的支持。

(5) 记忆提取

这个概念是心理学领域中分析记忆的一个重要依据。记忆提取(memory retrieval)是指:"所存储信息的恢复。这个简单的而且古老的解释假设记忆提取仅仅依靠记忆印迹的状态。对于这种依靠印迹解释的替代是线索依靠,这一观点认为提取依靠一个有效的抵达所存储记忆的有效线索是存在的。这些观点都无法充分解释记忆提取的事实。然而,成功的提取是一个基于印痕的特征与提取线索的特征之间交互作用的过程,这是一个建构的过程。这样一种语境—敏感的观点提供了一个更好的关于通常记忆现象的解释,例如在一个偶然情况下提取失败,但是在后来的情况下又成功了,也解释了提取记忆的可错性。"①

① 根据社会科学、行为学国际百科全书的解释,记忆提取[EB/OL].[2020-09-06]https://doi.org/10.1016/B0-08-043076-7/01523-0.在自然科学中,记忆提取意味着主体从信息存储之地把信息取出来的过程;从心理学层面看,记忆提取意味着从无意识中取出信息并随带带入意识中;从哲学角度看,记忆提取意味着过去对象当下化过程,是记忆体验构成过程。只是在哲学中,记忆是从意识深处带出来的,如同从深渊中呼唤某物,这个过程也是一个逐渐的过程。但是这在其他学科中难以理解,比如文化研究中将记忆提取看作是从档案资料库里提取对当下有用的信息,所以阿莱达·阿斯曼将记忆区分为存储记忆和功能记忆,前者是资料堆,后者是根据某种功用提取的资料。而在自然科学中,记忆提取只是激活某种记忆存储细胞,如社会记忆提取就是激活海马体中的CA1神经元;而情景记忆的提取则是激活海马体中的特定神经元。但是无疑"记忆提取"将有助于贯通理解不同学科的记忆问题。有一种观点认为记忆提取有两种形式:回想(recall)和识别(recognition)。斯卡特专门从联接(association)的角度讨论了提取,他梳理了从亚里士多德、奥古斯丁、阿奎那等人那里关于提取与联接的关系,即提取的联接主义解释。所以,从这里我们可以概括出对提取的多种解释模式:联接模式、激活模式、对象模式、提取模式等。

　　1978 年美国心理学杂志《心理学评论》(*Psychological Review*)有一篇文章谈到了记忆提取的问题①。他将提取问题分为三个部分：条件、功能和过程。②斯卡特在分析萨门之所以受到冷落的时候指出，在 20 世纪前 10 年记忆提取问题并没有为记忆研究学者的关注。心理学记忆研究的兴趣点主要是揭示记忆与遗忘的变化情况和心理机制（联想）。艾宾浩斯的遗忘曲线是当时记忆研究的代表性成果。而生物学的研究尽管是探讨学习与记忆的脑机制原理，但是因为技术手段落后，并没有太大进展。③ 所以记忆提取还不成为一个受关注的问题。1904 年和 1908 年萨门出版的关于记忆印痕和提取的著作也就自然而然受到冷落。

　　2012 年在一篇题为《海马体印迹的光遗传刺激激活恐惧记忆回想》(*Optogenetic stimulation of a hippocampal engram activates fear memory recall*)的文章中指出：一种特殊的记忆可以被特定的神经元群解码。④ 这些神经元能够在接下来的识别和生产学习中被滞缓。而且，他们的抑制和激活导致了被还原的记忆表达，显示了他们在记忆过程中的作用。然而，一个关键问题依然存在：一个人是否能够通过直接激活学习期间活跃的神经元群来产生特定记忆的行为结果？"我们显示了在记忆调节期间所激活的海马体神经元的光遗传激活足够诱导僵住行为。我们用 channelrhodospin - 2（CHR2）标记出在恐惧学习期间被激活的海马体 DG 神经元群，然后在不同的情景中激活这些神经元。老鼠对于光刺激显示出逐步增多的僵住行为，这意味着光诱导的记忆被想起。这种僵住无法在非恐惧调节的老鼠中察觉，他们以相近的细胞群来表达 ChR2。最后，在情景中标记出的带有恐惧的细胞激活，没有召唤僵住行为。这显示了光诱导的恐惧记忆是特殊情景的。而且，我们的发现显示了激活一群而且特定的海马体神经元对于那种记忆的回想显得必要。而且，我们的实验路径也提供了一种普遍的测绘承载记忆印迹的细胞群"。同年还有一篇题为《阻止药物渴求和复发的记忆提取—消除过程》(*a memory retrieval-extinction procedure to prevent drug craving and relapse*)的文章主

① RATCLIFF R. A Theory of Memory Retrieval[J]. Psychological Review, 1978, 85(2)：59 - 108.
② 在斯卡特看来，过程是指提取被完成的机制；条件是指在内在和外在环境中的那些因素，影响提取成功或失败的记住物；功能是指提取活动自身关于记忆系统连续状态的影响。
③ LASHLEY KS, FRANZ SI. The effect of cerebral destruction upon habit-formation and retention in the albino rat[J]. Psychobiology, 1917(1)：71 - 139.
④ LIU X., RAMIRE S., PANG PT., PURYEAR CB., GOVINDARAJAN A., DEISSEROTH K., TONEGAWA S. Optogenetic stimulation of a hippocampal engram activates fear memory recall[J]. Nature, 2012, 484(7394)：381 - 385.

要将记忆提取和消除过程看作是一种降低戒除过程中药物渴求和复发非药理学的方法。① 这项研究能够为我们理解诸如网瘾、药瘾和酒瘾等社会问题提供科学上的根据,并且通过记忆提取和记忆消除的方法来为这些问题的解决提供一种可能性。此外还有一篇研究孩子与成人在记忆提取方面差异的文章《大脑系统发展与成功地场景记忆提取相关联》(*the development of brain system associated with successful memory retrieval of scenes*),这项研究显示:"与注意力或者策略控制有关大脑皮质区,显示出与记忆提取有关的最大发展变化。当正确地提取过去经验的时候,年龄较大的人比年龄较轻的人较多使用大脑皮质区。"②这项研究的主要方法是借助 MRI 图像来看,当参与者作出提取判断的时候的大脑活动情况,其研究表明:"成功地提取与前部、顶部和中间颞叶区域的激活联系有关。与年龄有关的成功提取的激活在左顶页皮层区域(BA7)、双侧前额叶区域(bilateral prefrontal region)③和双侧尾状核区域(bilateral caudate region),相反,与年龄有关的成功提取的激活在 MTL 中没有变化。"④

2016 年记忆提取成为一个备受关注的问题。我们可以看到一些重量级的文章发布。

首先是 MIT 利根川进团队的研究成果。2016 年 3 月 16 日,MIT 发布一条新闻"找回失去的记忆",这条新闻的主要观点是:神经科学家能够帮助患早期阿兹海默病症的老鼠找回失去的记忆。⑤ 这篇报道依据的是发表在 Nature 上的一篇论文《通过激活早期阿兹海默症老鼠模式中的印迹细胞的记忆提取》。⑥ 文章指向这样一个问题:早期阿兹海默症者是否可观察的遗忘症是由于情景信息损坏的解码和情景信息的固化还是由于在被存储记忆信息提取的削弱?该文指出,在患早期阿兹海默症的转基因鼠身上,尽管这些老鼠长期记忆出现遗忘,但

---

① XUE YX, et al. A Memory Retrieval-Extinction Procedure to Prevent Drug Craving and Relapse [J]. Science, 2012, 336(6078): 241 - 245.

② OFEN N., CHAI XIAOQIAN J., KAREN D. I. SCHUIL, SUSAN WHITFIELD-GABRIELI, JOHN D. E. GABRIELI. The Development of Brain Systems Associated with Successful Memory Retrieval of Scenes[J]. The Journal of Neuroscience, 2012, 32(29): 10012 - 10020.

③ 2017 年的一项研究表明,前额叶区域在元记忆方面有贡献。

④ OFEN N., CHAI XIAOQIAN J., KAREN D. I. SCHUIL, SUSAN WHITFIELD-GABRIELI, JOHN D. E. GABRIELI. The Development of Brain Systems Associated with Successful Memory Retrieval of Scenes[J]. The Journal of Neuroscience, 2012, 32(29): 10012.

⑤ Lost memories retrieved for mice with signs of Alzheimer's[EB/OL]. (2016 - 03 - 12)[2020 - 09 - 06] https: //www. sciencenews. org/article/lost-memories-retrieved-mice-signs-alzheimers? mode = magazine & context=188016.

⑥ ROY DS., ARONS A., MITCHELL TI., PIGNATELLI M., YAN TJ., TONEGAWA S. Memory retrieval by activating engram cells in mouse models of early Alzheimer's disease[J]. Nature, 2016(531): 508 - 512.

是对海马体记忆印迹细胞的光遗传激活导致了记忆提取。如图7-3(见书后彩图)。

其他关于记忆提取的成果如2016年12月《科学》刊发了一篇关于工作记忆激活的文章。这篇题为《经颅磁刺激再激活隐藏的工作记忆》(*reactivation of latent working memories with transcranial magnetic stimulation*)指出了工作记忆中某物刺激的表征的存在状态。文章认为,工作记忆是通过"'活动—静默'突触机制(activity-silent synaptic mechanism)存储信息",而不是依赖持续高活性神经元活动,即神经放电活动(neural firing)。① 作者运用TMS技术短暂激活被遗忘物的表征,使得被遗忘对象重新被注意到。

其次是斯坦福得塞斯团队的成果。2016年7月在一篇题为《印迹之间的竞争会影响恐惧记忆的形成和回想》文章中,作者指出:"印痕是大脑组织中存储单个记忆的地方。神经科学家能够定位并且生产它们。但是对于多重印迹影响记忆却知之甚少。德赛若斯等学者检查了某个被称为横向杏仁核的神经组如何交互作用,如果6小时以内发生两个恐怖事件,那么同样一组神经元会用来表达两个事件的恐惧记忆。然而如果时间分离24小时,则会形成不同的记忆印迹。"②

2016年11月,《科学》刊发了一篇题为《在突然压力下提取实践保护记忆》文章。③ 这篇文章对传统的观点——压力对于记忆提取具有负面影响——进行了批判。文章指出:"几个先前的研究在以下方面是共同的:在后压力延迟之后测量,记忆被压力削弱。我们的结果是反对这种粗糙发现。尽管我们发现:当信息通过再学习进行解码,在被延迟的压力反应期间记忆提取削弱了,当信息被提取实践解码的时候,削弱开始消失。因此,我们认为当更强的记忆表征在解码期间被创造时,压力可能不会削弱记忆。未来的研究应该指向通过提取实践保护压力之下的记忆来确定认知机制。这一结果有潜力改变研究者看待在压力和记忆之间关系的方式。"④

---

① ROSE NS., LaROCQUE JJ., RIGGALL AC., GOSSERIES O., STARRETT MJ., MEYERING EE., POSTLE BR. Reactivation of latent working memories with transcranial magnetic stimulation [J]. Science, 2016, 354(6316): 1136-1139.

② DEISSEROTH K., FRANKLAND PW., JOSSELYN SA. Competition between engrams influences fear memory formation and recall[J]. Science, 2016, 353(6297): 383-387.

③ SMITH AM, FLOERKE VA, AYANNA K. THOMAS. Retrieval practice protects memory against acute stress. Science, 2016, 354(6315): 1046-1048.

④ SMITH AM, FLOERKE VA, AYANNA K. THOMAS. Retrieval practice protects memory against acute stress. Science, 2016, 354(6315): 1047.

2017 年《对于联结必不可少的重叠记忆印迹，但不是为个体记忆回想》发表表明：同时提取两个记忆，会有一组神经元群活动产生重叠。约科斯（Yokose）的研究恰恰揭示了这个问题。研究表明在老鼠神经元中，一小组神经元群调节着两个记忆之间的联结。当两个记忆被同时提取出来创建一个联结，大脑中与两个独立的情感记忆相关的记忆印迹部分地重合。压制重叠记忆印迹的活动会打断联结，但是却不会损坏远处记忆。[①] 这项研究也是基于两种记忆：条件性味觉厌恶（conditioned taste aversion，CTA）和听觉诱发的恐惧条件（auditory-cued fear conditioning，AFC）。

（6）记忆的抑制与消除

2016 年 5 月，一篇关于《擦除坏的记忆和提升好的记忆》的文章提出了这样一种观点：恐惧是可以消除的。如图 7 - 4（见书后彩图）。

作为对恐惧的反应，老鼠通常会在位置上僵住，如在控制条件下显示的那样（中间箭头）；当对暴露在条件刺激（如音调）下，恐惧条件会诱导僵住行为，但是当连续几天多次暴露在音调之下，老鼠因为习惯僵住反应通常会减弱（消除）；然而，在条件恐惧训练 24 小时后向杏仁核增强乙酰胆碱（acetylcholine）的释放（蓝光）会导致持续的僵住行为；然而，在原始训练中减少乙酰胆碱（黄光）的释放会减少僵住行为以及导致减少僵住的更大滞留。

第四节　记 忆 主 体

从学科角度看，当代记忆研究呈现出多学科参与介入的状况，但是哲学明显地缺席其中。面对这种情况，呼吁哲学的出场有其必要性和可能性。"哲学不仅要表述其自身，而且要表述其作为自身必定被建立其上的根据和基础"。[②] 所以，在当前记忆研究中，哲学的作用不仅仅是指出现象，说明多学科角度如何参与记忆问题的研究中，更要阐明当前记忆研究中的基本概念及其所依据。从各学科的角度看，记忆的主体性和选择性显然是有待于澄清的问题。而本文要做的是澄清记忆主体性和选择性以及理解其合理根据。

记忆的主体性即与记忆有关的主体问题。随着哈布瓦赫被挖掘出来，记忆

① YOKOSE J, et al. Overlapping memory trace indispensable for linking, but not recalling individual memories[J]. Science, 2017, 355(6323): 398-403.
② 谢林.布鲁诺对话：论事物的神性原理和本性原理[M].邓安庆,译,北京：商务印书馆,2008：1.

的主体性就成为一个重要问题,后来他的学生保罗·利科继续发展了记忆的主体理论,将之推向了顶峰。但是在这个理论历程中,记忆主体多是指谁之记忆的问题,而忽略了谁在记忆和谁被记忆的问题。

哈布瓦赫在《集体记忆》中以集体记忆的形式提出了记忆主体的问题。目前对哈布瓦赫集体记忆概念的解读研究比较成熟,比如对集体记忆的双重维度的揭示:"有关神圣—世俗的记忆二重性是理解哈布瓦赫集体记忆理论的一条重要线索。"①我们没有必要纠结在概念本身,而是要分析这样一个问题,这一概念的提出及其意义所在。哈布瓦赫关于记忆主体的充实至少表现在三个方面:

第一,集体的主要形式是"家庭""宗教"和"社会阶级"。这一点他很明显地受到导师涂尔干的影响,涂尔干最为关心的问题之一是个人与集体的关系,不可避免地在哈布瓦赫身上表现出来。集体如何由个体组成也是一个基础问题。在涂尔干那里,"有机关联"与"机械关联"是个体联接的主要方式,个体通过两种主要的联接方式构成集体,如家庭、宗教群体和不同社会阶级。

第二,集体记忆的提出是对其集体意识概念的补全。对涂尔干而言,集体意识是"一般社会成员共同的信仰和情感的总和",这个概念中记忆是缺席的。但是,当哈布瓦赫提出集体记忆的概念时,这是一个补全。从记忆维度补全了集体意识。

第三,集体记忆有着独立于个体记忆的关键。对个体而言,记忆意味着意识的状态之一。

记忆构成问题主要是对记忆的构成进行解释。在不同的学科那里,构成问题以不同的形式存在,并且不同学科领域以各自的方式应对这一问题。

古希腊哲学对记忆现象的阐述开始于柏拉图、亚里士多德。这种阐述的情况大体吻合于二者的一贯关系,即记忆研究的体系化开始于亚里士多德。"柏拉图……的声誉靠的是他的各篇对话中大量深刻的暗示……亚里士多德把它所收集到的东西系统化。他继承了柏拉图,将其纳入他自己的体系结构中"。② 从研究的篇目看,柏拉图的记忆多体现在对话录中如《美诺篇》《斐多篇》《菲莱布篇》《费德罗篇》等,而且以警句的方式像珍珠一样散乱在对话的各个角落,这些语句多暗示、隐喻而缺乏分析,亚里士多德则对其加以体系化。他在《论记忆与回忆》的著作中讨论了记忆的三大问题:构成问题、起源问题和本体问题。因此他们

① 刘亚秋.记忆二重性和社会本体论——哈布瓦赫集体记忆的社会理论传统[J].社会学研究,2017(1):148-170,245.
② 怀特海.思维方式[M].刘放桐,译.北京:商务印书馆,2004:4.

对记忆问题的讨论是很多学科的问题源头。

目前在一些人文学科研究中讨论记忆问题的时候,也是基于记忆构成这样一个前提进行的。比如关于能够记住什么? 应该记忆什么? 遗忘了什么? 应该遗忘什么? 这样的问题讨论中,记忆构成很显然是前提。记忆构成的问题阐述在传统记忆理论中也是涉及的。只是从不同的角度介入而已。

传统的联想—记忆模式就是这种做法。联想主义认为"记忆就是联想行为。"从根本上看,联想主义多是指心理学中关于学习和记忆的原始基础的原理,联想出现的条件是一种类型的思想、观念或者行为跟随或者根据另一个思想、观念或者行为、外部事件,第二个以某种方法与第一个绑在一起。"联想主义者认为心灵的复杂过程和心理过程能够通过被联接的元素加以分析……联想主义的种类出现在经典行为主义者模式和操作性条件中"。① 联想主义解答了那些因素,容易被联接在一起。只是联想主义者似乎更接近享乐主义,"联想主义经常与享乐主义联系在一起。享乐主义解释了为什么事件联想在一起:纽带被愉悦体验加强"。由此可见,联想主义背后的伦理根源是愉悦体验。这也能够解释自然科学中记忆研究的某些做法,通过奖励而研究动物的学习和记忆行为。

我们在众多社会科学记忆研究中多见到关于记忆形成的心理主义原则的设定:选择性行为。从行为本质看,选择性行为也是基于联想原则做出的。在记忆形成的过程中,主体选择何种过去内容作为记忆表达出来,这无疑是基于联想做出的行为。人们更容易记住带有强烈情感的内容,这个过程就是选择的结果,同时也是联接建立的过程。这个过程往往被忽略,在记忆构成中,选择行为往往受主体的目的、意向、旨趣等因素的主导。但是抛开这些外部因素,我们直接面对的是联想的行为本身。

还有一种情况是将社会因素考虑在内的结果,主体的选择行为是出于利益和立场等社会因素的结果。这在诸多文化记忆、集体记忆和公众记忆的问题上经常见到。这种解释超越了个体行为,而是从一个集体、组织的角度去谈论记忆问题,可以说它为解决集体记忆的构成问题提供了比较可靠的思路。只是这一思路更多是将记忆主体看作是经验构成物,而无法真正面对整体性记忆的构成问题。

对整体记忆构成或者总体记忆的构成问题不能仅仅从主体的选择行为出

---

① AUDI R., edited. The Cambridge Dictionary of Philosophy[M] 2nd, London: Cambridge University Press, 1999: 58.

发，这样做仅仅是对这个行为本身找到了一种因果性解答，但是无从回答整体记忆之于主体的意义以及整体记忆的整体性问题。这显然是哲学的范围。所以整体记忆的构成问题必须回应记忆自身的整体性以及整体记忆之于记忆承载者的意义，而不仅仅是说明这种记忆如何产生的。要回答这一问题，我们所能依赖的是精神现象学所勾勒出来的东西。在记忆形成的过程中，个体记忆如何成为总体记忆的环节？如何在总体记忆中找寻到自身的定位？所以，总体记忆相对个体记忆而言，不是终结，也不是外物。但是我们能够借助黑格尔式的逻辑，合理地解释何者个体的记忆被整体记忆所接纳、选择。很显然，这个过程不是主体基于某种外在的因素做出的行为，而是主体以超越性方式实现了自身，将自身的记忆以普遍的方式、抽象的方式和合理的方式表达出来。

另外，我们将继续清理记忆构成的一些观念，为了实现这一任务，我们将从记忆构成的模式和设定入手。只有这样才能够有效地实现任务。

记忆构成的首要模式是"印痕模式"。在这一模式中，记忆是印痕，那么记忆构成则是面对这样一个问题：如何形成和强化印痕。保罗·利科超越古代印痕理论，他的方式显示出了其对当代神经科学的关注。他的切入点非常地恰当。他敏锐地抓住了神经科学最为依赖的"印迹"概念，然后加以批判。在这一问题上存在两种不同的路径，其一是知觉体验的强化。心理学中的"学习—记忆"模式也属于这种方式。在这种模式中，知觉的保留就是短期记忆，在哲学上称之为滞留或者现象学意义上的原初记忆；而强化则是这种体验的强化，能够长期保存，也就是心理学上的长期记忆。二者都必须以能够提取为条件。其二是内容的保留和强化。由于体验具有当下性和鲜活性要求，具有时间和空间的要求，更具有直观性主体性要求。但是人类在交往过程中产生了新的要求，体验通过某些外在的方式如文字、图像、数字等方式外在化。知觉体验不再被保留在意识中，而是保留在外在材料中，以能够交往、传播和共享的方式存在。所以记忆的保留更多的含有了物质性因素，比如媒介保存的时间就是记忆保存的时间。纸质照片相比数码照片保存的时间要短很多，这意味着记忆保存的时间存在差异。数字保存方式意味着记忆的可传播性、可分享性大大加强。另外以数据方式存在的记忆也能够被以以往没有的方式重组和构建，这更加体现了记忆物质性的联想主义。这种模式类似于神经科学中的神经元联接，记忆即新的神经元之间产生联接。其三印痕是特定实体的印痕。在印痕的理论史上，存在着不同的载体。在人类思想史上，对记忆印痕进行描述的三个主要概念是印痕、印象和印迹,我们把之概括为三元模式(可以简称为 TIE 模式)。① 而印痕所对应的实体是灵魂,印象所对应的实体是心灵,而印迹所对应是生物体或者神经元。

如此,印痕的产生会出现不同的原因。古代印痕论以思辨性为特征,其认为记忆印痕实体主要体现为外部刺激给予灵魂和身体所留的印痕。在柏拉图、亚里士多德的著作中,我们可以看到诸多描述。在他们的著作中,提出了非常有名的图章比喻。图章理论也提出了好的记忆和坏的记忆的区分。在亚里士多德那里,坏的记忆就是这样一种情况,或者接受面太过坚硬,印痕难以刻入或者如同用图章拍击流水一样。当柏拉图、亚里士多德等哲学家用戒指、印章等比喻来说明记忆的时候,已经奠定了理解记忆的理论基础。现代印迹论则以实证性为特征,其认为记忆印痕是外部因素刺激心灵的结果。根据"学习—记忆"模式,以认知(知觉)为特征的学习的滞留则产生记忆行为。而学习的过程多以"刺激—行为"等行为模式加以概括,这个模式成为 20 世纪 40 年代左右较为流行的模式。当然这一模式主要是针对自然科学而言,哲学家如梅洛·庞蒂专门分析了这一现象。印迹是自然科学领域内使用的基本概念,它是在这样的一种机制语境下使用,所指向的问题是记忆的存储、编码、巩固和提取等四大基本问题。这一概念发展经历了:萨门(1921,1923)、拉舍雷(1929,1950)、理查德.汤姆孙(Richard F. Thompson)和利根川进(1983)。这个概念是由德国生物学家萨门提出的。最近关于这个概念讨论很多。②

现代印迹说主要是指萨门所提出的生物印迹理论,他的理论主要是为了摆脱活力论和神学目的论。1904 年他在《记忆》一书中第一次使用了这个概念。谈到印迹时他指出这是与生物体密切相关的。"在我们记忆现象的分析中,我们更倾向于考虑有机体个体生命期间获得的印迹,我们仅偶然地把印迹考虑为从祖先那里遗传过来的有机体暗含的东西"。③ 随着神经科学的发展,神经科学家把印迹载体看作是神经元细胞,所揭示的就是细胞层面接受刺激以后所产生的变化,如突出了生物体、神经细胞对刺激的被动接受性,如印迹细胞的感光性(刘旭,2014)。当前神经科学家多把印迹解释为"负责存储和回想记忆(例如记忆印迹)的

① 印痕是基于古代哲学发展起来的概念,最初和灵魂密切相关,后来偏重心理因素,成为心理学领域内较多用的概念;而印象则属于近代哲学观念领域发展起来的概念,源自洛克、休谟,其成为知识的起源之处。印迹主要是 20 世纪神经科学领域内对记忆进行描述的概念,它是生物学发展过程中所提出的一个重要概念,它最早来自萨门,之后陷入沉寂;80 年代以后神经科学的兴起,这个概念再次被科学家复兴。

② JOSSELYN SA., KÖHLER S., FRANKLAND PW. Heroes of the Engram [J]. Journal of Neuroscience, 2017, 37(18): 4647 - 4657.

③ SEMON R. The Mnene[M]. London: George Allen & Unwin Ltd. 1921: 57.

神经基质".① 这种解释只是功能解释,并不能解释印迹的关键机制,而且不符合萨门的原义。事实上,在萨门的解释中,印迹是个体生命期间获得的印痕。

如果我们接受这一模式,那么在记忆构成上就可以获得一种思路:通过相似知觉来引发记忆的产生。这一模式普遍被使用,我们在档案学研究中就可以看到这种设定:档案是体验的制度化、客观化的形式。尤其是被挑选出来的图像成为新的主体的知觉对象。只是在这种模式中,我们发现被拉至当下的是过去对象的文字或者影像,而非过去对象自身,而当下的选择带有很明显的意图和目的。所以对于第三者来说,他们只是知觉到了希望被看到的现象,而过去对象自身无从显现。这种模式有其哲学根据。根据古希腊哲学家亚里士多德的分析:"图像保存在灵魂中",就像用图章盖印一样,"所产生的刺激要留下某种和感觉相似的印象,就像人们用图章戒指盖印一样".②

事实上,从古代印痕观点到现代印迹观点之间有着一种分裂:古代印痕观点更多的是强调了灵魂与物质之间的关系,而现代印迹说则分裂了这种关联,这无疑丧失了古代学说的关系性,让记忆的理解具有很强的还原主义与自然主义预设。但是无论是古代印痕论还是现代印迹论,存在三个共性的问题:(1)因果关系是其核心关系所在。古代印痕论基于外部因素或内部因素对于灵魂或者身体的刺激;而现代印迹论则是外部因素对于身体的刺激,神经科学则将这种关系带入到物质构成单元——神经元层面,也就是记忆印迹细胞的概念层面。(2)主客实体二分。在两种印迹论中,刺激源与被刺激物都是实体,这二者之间存在着明显差异,尤其是记忆印迹被当作实体因素。(3)记忆被看作是内容。如果说记忆是灵魂或者心灵的印痕,那么古代、近代哲学家指出印痕是存在于灵魂或者心灵中的东西,也就是通常所说的心灵内容。的确,记忆是奇特的现象,它不是灵魂,而是外部刺激作用于灵魂所产生的印记。

印痕论是在自然主义的角度讨论记忆问题,其因果性要求明确。但是也是因此,我们发现主客二分是其主要的理论特征。但是如果我们从精神角度看待人的问题的时候,记忆问题很显然仅仅依据这样的模式是不够的。正如在心理学领域行为主义最终为格式塔所超越一样。

印痕要解决这一问题需要从与人的一个重要规定性开始:事件。对于人而言,某物的存在、对象式思维是衍生的结果,原初形式应该追溯到人与事件的关

---

① JOSSELYN SA., KÖHLER S., FRANKLAND PW. Heroes of the Engram [J]. Journal of Neuroscience, 2017, 37(18): 4647-4657.
② 苗力田主编.亚里士多德全集:第3卷[M].北京:中国人民大学出版社,2015:135.

联中。对于人而言,在事件之中是最为重要的规定性。人与事件的关系可以用
"经历""体验"这样的概念来概括把握。

在心理学记忆类型的区分中,情景记忆最为接近。这一概念主要是指主体
对于事件的记忆。但是这一概念的主要问题是将事件作为对象来把握,而抽离
了主体体验的维度。

第八章　记忆哲学对人工智能研究的意义

第一节　记忆是理解人工智能与人类关系的重要范畴

对人工智能的讨论需要放置到人与技术的关系框架中进行。首先要做的是对人与技术的关系框架需要加以反思。传统的观点是"工具论",即把技术当作一种工具或者对象,用来解决问题或者处理一些其他的事情,这种人与工具形成非常固定的模式,成为人们分析人与技术关系的主导模式。"工具论"模式背后是一个主体、客体分离的理论基础。这种传统模式后来受到了很多哲学家的严厉批判,如海德格尔、芬伯格他们对这一观点进行了很深入的批判,尤其是海德格尔在批判的基础上提出了现象学的模式,而芬伯格把政治维度和社会因素加进去了。他们的批判导致了另外一种关系模式"居中说"(人在世界之中、人在技术之中)。这为本书"旋涡论"的提出奠定了理论前提。旋涡论,即人在技术的漩涡之中。

从词源学角度看,旋涡的英文是 volution,依此词根会出现三个变形词:convolution、evolution 和 revolution。这三个词恰好可以用来描述与人工智能有关的过程或状态。convolution 是卷积或卷绕,可以用来描述人工智能内部的算法机制,比如卷积神经网络算法(CNN)用来图像识别。evolution 是进化,可以用来描述智能本身是进化的过程。revolution 则是革命或旋转,可以用来描述智能本身是革命的过程,如技术奇点。所以"旋涡论"能够很好地描述人与智能机器的关系,又能够描述智能的内在机制。更重要的是有助于我们在人与智能技术的漩涡当中反思如何在进化与革命之间保持自身并构建其自由关系。

从记忆哲学入手看待人工智能与人的关系是一个新的角度。人类记忆不是宏大的生存层面的东西,而是人类学里非常重要的一个规定性的东西。在哲学人类学当中,康德提出了五感,实际上就隐含着一种记忆的概念,只不过在他的哲学人类学当中多谈到了五感知觉①,对记忆也谈到了"将过去有意地视觉化的能力是记忆能力,把某物作为将来视觉化的能力是预见能力".② 但只是蜻蜓点水,一笔带过。

那么何为记忆? 从传统哲学角度看,存在着四种理解路径,第一种构成路径,即把记忆当作灵魂实体的构成部分,讨论记忆是在人理性的层面当中还是感性层面当中。第二种是能力路径,即把人类记忆的解释当作一种精神性的或者灵魂性的能力,比如说人类具有一种回想能力。第三种是状态路径,即把记忆看作是意识或者心理状态之一。这种观点持续的时间非常长,一直持续到20世纪。心理学家普遍认为记忆是心理状态,和感知、情绪是相并列的状态。对这种心理学的理解后来胡塞尔、伽达默尔都提出批判。第四种是行为路径,即把记忆看作是意识行为。比如说构造过去对象的一种行为,或者说使得过去当下化的这样一种行为。

但是随着神经科学、心理学的发展,哲学观点受到了自然科学观点的反驳。有一些哲学家提出一种新的理解叫"精神性的旅行",用这种方式来解释人类的记忆。整个心理学的理解可以纳入哲学的第二层理解当中,它属于精神的一种能力。神经科学则提出了记忆作为信息过程(编码、存储和提取)的三阶段理论。与记忆的维度相对的是"遗忘",它实际上被看作是记忆的对立面,这是个通常的观点。比如说灵魂构成的丧失或者记忆能力的丧失、状态的失控,这时候就把遗忘看作是自然能力的丧失。

要审视人工智能与人的关系,仅仅是传统哲学中的记忆理论是不够的,需要新的理解。本书倾向记忆作为条件的理论。这一理论源头在于布伦塔诺和胡塞尔等人。在笔者看来,记忆作为三种条件形式存在:认知与情感的基础条件、理解人类自身的历史条件和实现自我和他者认同的条件。第一,记忆是认知和情感产生的基础条件。如果没有了记忆这样的基础维度,实际上情感和认知是不可能的。第二,记忆是理解人类自身的历史条件。这是关于一种人类历史的构建,比如说怎么去面对历史,这时候就需要回忆把它构建出来。第三,记忆是实现自我及其他人认同的必要条件。这具体到个体来说实际上是对自我的认同。我们能够知道我是谁,又通过怎么样的方式去知道我是谁。在这个过程当中,传统认识论和知识论的学者认为认知起了非常重要的作用,但在记忆与回忆的作

---

① 康德哲学人类学著作中提到第一类感觉包括触觉(touch, tactus)、视觉(sight, visus)、听觉(hearing, auditus);第二类感觉包括味觉(taste, gustus)、嗅觉(smell, olfactus),统称为五感。KANT. I. Anthropology from a Pragmatic Point of View[M]. Translated by VICTOR LYLE DOWDELL, Revised and Edited by HANS H. RUDNICK. Carbondale: Southern Illinois University Press, 1996: 41.

② KANT. I. Anthropology from a Pragmatic Point of View[M]. Translated by VICTOR LYLE DOWDELL, Revised and Edited by HANS H. RUDNICK. Carbondale: Southern Illinois University Press, 1996: 73.

用不容忽视,回忆包括记忆实际上是另外一个不可忽视的条件,但在通常的哲学史当中把记忆放在了认知底下,其作用完全被忽略掉。

当采取记忆哲学维度去看,人工智能是进化的过程还是革命的过程的问题就可以获得解答的可能性。从前面所提到的三个条件来看对这问题就可以做一个有效回答。如果把记忆理解成信息的编码、存储、提取这样一个过程,那么人工智能是无法从进化突变到革命的,就没有革命,只有一种进化。但如果进一步把记忆理解为认知和情感产生的前提条件的话,实际上就具备了一种可能性,就说它能够突破技术基点。

更重要的是,记忆和回忆的关系问题没有受到重视,因为太多的理解强调记忆作为信息的编码、存储和提取过程了,以至于把回忆的维度给忽略掉了。回忆是人类特有的一种现象。亚里士多德就指出动物和人可以拥有记忆,但是唯独人才能拥有回忆。从他的观点看,人工智能是不可能拥有回忆的,因为它与动物一样,缺乏足够强大的意向性。所以人们这时候就不用担心它有一天会超越人。但是在笔者看来,如果把回忆维度考虑进去,这个问题就有无限的可能性了。具有回忆能力意味着机器具有了重构过去经历的能力,具有了重构过去经历的可能性。换句话说,对人工智能机器而言,它具有经历,意味着它具有了过去的时间概念。这远远不同于只是信息保存和提取的记忆过程,而是能够将过去当下化的过程。最近人工智能学者阿尔伯特·艾如斯勒姆(Albert Ierusalem)也指出了人工智能可能会具有自身的经历。"基于经历(experience),如果系统能够在每一个环境中选择正确的行动,这使得计划变得不必要"。① 人工智能能够感知世界这已经成为常态,只是人工智能回忆自身的经历却是一个具有挑战的事情,不仅仅是关系到技术怎么去实现,比如说让机器去回忆世界,更重要的是会涉及人工智能的革命性突破。如果能够实现这点的话那么人工智能走向强人工智能会成为一个必然。

第二节　记忆哲学是解码人工智能
及其发展的钥匙

记忆哲学能够为人工智能(AI)的发展提供很好的理论根据,并可能会成为

---

① IERUSALEM A. Catastrophic Important of Catastrophic Forgetting［EB/OL］. (2018 - 10 - 09)［2020 - 09 -06］https：//arxiv.org/pdf/1808.07049.pdf.

智能时代哲学出场的有效方式。主要表现为如下 5 个方面：（1）从发展争论看，记忆观念能够澄清"强弱"AI 争论的实质；（2）从发展基础看，记忆分类为 AI 发展提供了必要的理论基础；（3）从发展方向看，记忆模式决定了 AI 发展方向：如何形成通用智能；（4）从发展危机看，灾难性遗忘是制约通用 AI 形成的一个根本性危机；（5）智能体能否作为回忆主体存在将会是人工智能发展面临的极大问题，而回忆与记忆关系的澄清将明晰这一问题的关键。

在人工智能的发展过程中，众多相关学科中哲学的作用极易忽视，甚至被挤压到以"伦理问题"的名义存在的领域。尽管科学家与哲学家在后果论上达成了一致，双方以极大热情投入到人工智能伦理问题的研究中，并形成了二者交往的主导方式，但这对于哲学自身的发展来说依然不够。且不说哲学家与科学家共同联手探索人工智能的伦理问题中依然存在一些问题：如基本范畴存在分歧、对话需要继续深入。[①] 如果将人工智能时代哲学出场的方式仅仅定位为伦理路径，这未免过于狭窄了。幸运的是，我们也看到很多学者从不同视角拓展着哲学的路径，如机器智能的主体性、智能社会发展的挑战。[②] 本文试图对从记忆哲学角度阐述哲学对于人工智能发展提供的洞见：记忆哲学提供了一种思考 AI 的视野，即从记忆角度能够很好地理解和解释 AI 的发展的理论基础、存在的理论争论、未来的发展方向及其可能面临的危机。在进入分析之前，需要说明的是，记忆哲学提出的三个原则是：（1）记忆是时间意识及其意识现象得以产生的条件；（2）记忆哲学涵盖记忆与遗忘两个维度，缺一不可。（3）记忆与回忆存在着根本区分。而这三个原则将成为本文反思 AI 发展的重要原则。

1. 记忆理论与 AI 发展争论

目前关于 AI 发展过程中最为有名的争议是强 AI 与弱 AI 之争，在此基础上衍生了人工智能三阶段发展理论：弱人工智能、强人工智能和超人工智能。[③] 但是在这一观点中，将记忆放置到弱人工智能的阶段。在这种理解中，记忆被看作是信息的存储，与理智能力是并列形式之一。

上述争论能否称得上是范式之争存在着诸多争议，按照库恩的观点，一个范式必须符合：（1）在一定时期内科学共同体普遍接受；（2）为科学家提供据以工

---

① 2018 年 9 月 7—8 日，中国科学院的"人工智能伦理问题研究"的项目正式启动，这次会议邀请了哲学领域的相关学者进行研讨，会议讨论过程中，这些问题显露出来，比如对人工智能缺乏共同认可的界定、对话更多围绕媒体关心的话题，如危害、社会影响，对人工智能的基础理论等问题讨论较少。

② 机器主体性的讨论国内学者如段伟文、田海平等；关于挑战的讨论主要代表如成素梅教授，参见：成素梅.智能化社会的十大挑战[M].探索与争鸣，2017(10)：41-48.

③ 2018 年 9 月 5 日，中国科学院张杰院士在西安召开的"华山论剑、创新中国"会议上发表了"未来已来，唯变不变——对新科技革命的思考与展望"的报告，在报告中他提出了人工智能三个阶段的观点。

作的模型、范例。但是在人工智能领域，至少行为主义、联想主义和计算主义三大流派之间的内战硝烟始终弥漫着没有散去，难以实现统一，所以并没有公认的范式出现。然而它作为技术争论却没有任何问题，所以我们把它称之为"人工智能领域技术层面的强弱之争"。[①] 这一争论的实质是 AI 是否能够具有通用意识。从历史上看，这一争论的形成却与英国计算机科学家图灵和美国哲学家约翰·塞尔分不开。在图灵看来，一个机器如果能够通过人类测试，那么在一定程度上说这个机器就通过了图灵测试。此时，我们可以说这部通过图灵测试的机器就属于强 AI。从图灵的观点看，目前大部分 AI 机器只是出于弱的阶段，能够被人识别仅仅是一部机器而已，甚至有时候称不上是弱，不值得人们为之花费太多的测试成本。2015 年，一项研究成果显示出 AI 已经通过了"视觉图灵测试"。[②] 严格地说，"通过"是极其日常化或喜欢被媒体使用的用语，在科学界并不会使用。科学家只是关心更具体的任务实现。而在塞尔看来，一个机器只有具有心智，才是强 AI。在二者的分歧中，基本上可以概括出任务实现和自主意识的区分。科学家强调前者，而哲学家则喜欢讨论更为普遍的自主意识问题。

围绕争论，基本上形成了两个明显的派别，一类是科学流派，即 AI 研究专家认为机器还只是停留在弱的阶段，因为 AI 机器所表现出的行为非常弱智，强 AI 机器还远未能到来；另一派是哲学流派，即人文学者和哲学家认为机器已然或者必然进入强的阶段，因为机器通过图灵测试已经成为现实，同时还因为机器心灵具有自身演化规律，通过奇点已经成为必然。这两个派别之间的争议极大。在科学流派看来，人文学者多是杞人忧天，甚至是像唐吉坷德一样，朝着 AI 风车冲击，有些妄想症；而在人文学者看来，科学家和工程师目光短浅，只盯住眼下，未能意识到 AI 发展的必然。

在强弱之争的问题上，人工智能三种流派作用各不相同，它们在解释意识本质及其产生的问题上存在差异。首先，对行为主义而言，自主意识不是必要的条件，甚至不需要意识存在假设。这种理论可以从两个方面做出解释，其一从机器内在原理看，主要源自控制论，其原理"为控制论及感知—动作型控制系统"。[③] 这是指机器自身的行为而言。其二是从机器与环境的行为应对关系出发，强调

① 英国哲学家弗洛里迪(L. Floridi)倾向用"轻(light)人工智能"和"强(strong)人工智能"这样的表述。他也指出了多种说法，如弱人工智能/强人工智能、好的老式人工智能/新的新式人工智能等说法。在他看来，这关系到人工智能背后的两个灵魂——工程学和认知学的争议。

② LAKE BM., et al Human-Level Concept Learning through Probabilistic Program Induction [J]. Science, 2015, 350(6226): 1332-1338.

③ 蔡自兴.人工智能及其应用(第 3 版)[M].北京：清华大学出版社,2003.

机器对于环境的适应行为。如同心理学领域的行为主义,意识存在是无效的假设,在人工智能领域中,意识存在依然是无效假设。对符号主义而言,自主意识就成为必要的条件。这种理论源自数理逻辑,其原理为物理符号系统(即符号操作系统)的连接和推理。这一背后需要意识的存在或者类人意识的存在,而这也不是假设。第三,对联结主义而言,同样需要自主意识作为必要条件。这种理论源自仿生学,主要原理为模仿人类神经网络及神经网络间的连接机制与学习算法。它们以某种方式为机器心灵的可能性提供了论证。

这三种立场都存在问题。行为主义强调对环境做出反应,所以最终不会产生强的人工智能的担忧,因为最多是对环境做出的更为人化反应。符号主义和联结主义所存在的问题是陷入实体主义的立场之中。实体主义探讨某类特定的主体实体具有意识,对于 AI 而言,AI 成为一个有自身基础意识的主体,基础意识的运行机制与人类似以自身的独特逻辑进行。而这条路径经常会碰到一个无法绕开的悖论:因为意识是人类特定的规定性,而非人的存在物从实体意义上拥有意识就成为一个无法论证的课题。实体主义的立场将会遭遇来自心灵主义的严厉指责。在心灵主义看来,以意向性为特征的只能属于心灵现象,而作为各种材料组合而成的 AI 是不可能具备这种意识的。

某种意义上,实体主义将强弱之争引入到了一个死胡同。面对这种死胡同,记忆哲学的出场显得非常必要。本文认为,记忆哲学将成为一个可能的出路,它从意识产生过程而不是主体角度对人工智能的意识问题做出解释。在本文所说记忆哲学中,为了破解强弱之争陷入的死胡同,我们需要摆脱将记忆看作是信息过程的神经科学的观点,也需要摆脱将记忆看作是心理联想或者精神性时间旅行的心理学观点,而是将记忆看作是时间意识、意识现象及其自主意识产生以及理解智能存在体的历史条件。在哲学史上,多位哲学家的观点支持了这一点。德国的黑格尔、布伦塔诺和伽达默尔等共同奠定了这一理论的基础。

在黑格尔那里,记忆的地位被极大忽略,甚至隐藏在"意识的直接性"底下无法见到天日。从黑格尔的问题自我意识的生成出发,循着他的解决过程会发现一个有趣的现象:记忆之光在精神的运作中隐隐发光。他指出:"个体不再需要把具体存在转化为自在存在的形式,而仅只需要把已经呈现于记忆中的自在存在转化为自为存在的形式。"①在这个观点的表述中,"在记忆之中"是精神发生的一个形式结构。因此,可以说黑格尔对记忆的解读是不同于以往的哲学家,记

---

① 黑格尔.精神现象学[M].贺麟,王玖兴,译.北京:商务印书馆,1997:19.

忆是自在存在之所，自在存在从这里出发转为自为存在。可惜的是，这个观点被极大地忽略了。与黑格尔不同，布伦塔诺更多从哲学心理学的角度将记忆看作是观念的一联结的前提条件。在他看来，记忆是过去的心理现象成为对象的条件。第三位哲学家是伽达默尔，他的解释学体系对于记忆的定位就是理解人自身存在的历史条件形式。在汉斯·卢恩（Hans Ruin）看来，"真理与方法"不像表面上看起来那样与记忆无关，而是有着深刻的关联。他指出，伽达默尔所做的事情，是将记忆的理解从心理能力解放出来，而从人的有限的、历史存在的基本要素的角度来看待。在他看来，伽达默尔是从历史的、解释学的理解中来思考记忆的。所以，汉斯的工作主要揭示出两点值得我们关注：① 记忆不是心理能力（联想或者表征能力）；② 记忆不是记忆术（保留信息的技巧），而是人的有限的、历史存在的前提条件。①

让我们再回到 AI 的强弱之争中，机器是否具有自我意识的问题上。如果仅仅将记忆看作是 AI 进行学习将所获得的信息被编码、存储，并且转化认知的过程，那么这个问题永远无法解决。如果把记忆看作是机器个体意识产生的前提条件，那么，就可以看到一种可能性的存在。对于 AI 而言，必要的前提具备了，信息感知、记忆，但是缺乏其他条件还不足以产生出基础意识。我们需要解释的是自主意识产生过程中的那个飞跃。所以，如果记忆是意识出现的场域和条件，意识的发生也就是将存在于记忆之中的存在显现出来。强人工智能的出现并不是没有可能，而基于因果关系的意识发生理论就无法解释这种飞跃。

2. 记忆类型与 AI 发展基础

事实上，记忆已经成为制约 AI 发展的重要因素，是 AI 进行学习、决策以及合理行动的基础。那么与哪些记忆有着密切的关系呢？AI 发展与心理学领域中的记忆分类有着不可分割的关系。20 世纪 70 年代，心理学家为记忆分类划定了一个稳定的框架。1970 年美国心理学家缪勒（George A. Miller）提出"短时记忆"的概念，但是他所提出的这个概念只是一个理论推测，缺乏足够的证据；80年代，加拿大心理学家托尔文将记忆区分为语义记忆、情景记忆和程序记忆；1974 年英国心理学家艾伦·巴德里提出"工作记忆"（working memory）的替代性概念，是指对信息进行短暂加工和存储的能量有限的记忆系统。这一阶段确立的分类框架也被神经科学家接受。2004 年宫下雅秀（Yasushi Miyashita）在一篇题为《认知记忆：分子和网络机器以及它们自上向下的控制》中接受了这种

---

① RUIN H., Memory[C]// The Blackwell Companion to Hermeneutics, eds. Niall Keane & Chris Lawn. Oxford: Blackwell, 2016: 114-121.

讲法。"长期记忆被分为外显记忆（陈述）和内隐记忆（非陈述）。内隐记忆无须觉知而影响行为，外显记忆则进一步被划分为语义记忆（表示关于世界的一般知识）和情景记忆（表征一个人过去的知识）。这种形式直接运用于人类记忆系统。相似的谱系也可以用于动物记忆，尽管缺乏一些人类记忆的显著特征。因此，诸如类语义或者类情景记忆用来指动物记忆系统"。① 这一分类框架可以作为我们分析这一问题的出发点。

首先，记忆模块增强了神经网络。一般说来，传统神经网络只能做到孤立记忆，无法做到连续记忆，为了克服这一缺陷，科学家提出了循环神经网络（RNN），但是缺陷是不能进行长期记忆。为了解决这个问题，人工智能学者提出了不同的记忆模式构成的模块。1997 年森普·霍克赖特（Sepp Hochreiter）提出长短期记忆（LSTM），解决了上述神经网络存在的连续性和长期性记忆问题；2014 年维森特（Weston. J）等人提出记忆网络（Memory Networks），即联合存储器，在此基础上发展出许多其他相关模式，如 Nested LSTM②。这些模式的提出在一定程度上解决了长期记忆的问题。如 DeepMind 开发了一款可微神经计算机（DNC）的机器学习模型，就是利用了可以读写的外部记忆神经网络，极大扩展了神经网络在表征变量和数据结构以及长时间存储数据的能力。③ 同年，他们利用记忆模块解决了一次性学习（one-shot learning）的问题。

其次，长短期记忆成为 AI 内部机制、算法的必要模块。霍克赖特和施米特胡贝（Jürgen Schmidhuber）等人将记忆因素考虑在内解决 AI 的问题并提出了长短期记忆网络（LSTM）的概念这一思路获得了广泛认可。④ 2013 年格莱威（Graves）等人运用这一模式解决语言识别（speech recognition）问题⑤；2014 年艾莉亚·斯特斯凯威（Ilya Sutskever）等人运用这一模式解决机器翻译（machine translation）的问题⑥；奥利奥·维尼亚斯（Oriol Vinyals）等人运用这

① MIYASHITA Y. Cognitive Memory: Cellular and Network Machineries and Their Top-Down Control [J]. Science, 2004(306): 435-440.
② 嵌套 LSTM(Nested LSTM)由卡内基梅隆大学（CMU）的 Joel Ruben Antony Moniz 和蒙特利尔大学的 DavidKrueger 联合提出的多级循环神经网络架构，这一模式能够处理更长时间的内部记忆。
③ GRAVES A., et al, Hybrid computing using a neural network with dynamic external memory[J]. Nature, 2016(538): 471-476.
④ HOCHREITER S., SCHMIDHUBER J. Long Short-Term Memory[J]. Neural Computation, 1997, 9(8): 1735-1780.
⑤ GRAVES, ALEX, MOHAMED, ABDEL-RAHMAN, HINTON, GEOFFREY E. Speech recognition with deep recurrent neural networks[EB/OL]. (2013-10-21)[2020-09-06]https://ieeexplore. ieee.org/document/6638947.
⑥ SUTSKEVER, ILYA, VINYALS, ORIOL, LE QUOC V. Sequence to sequence learning with neural networks[J]. CoRR, abs/1409.3215, 2014.

一模式解决了图像到文字转换的问题。① 2015 年加拿大学者朱小丹（Xiaodan Zhu）提出了 S‑LSTM 模式用于语言或图像解析结构（image parse structures）②；2016 年卡莱克贝纳（Kalchbrenner）提出 G‑LSTM（Grid‑LSTM）模式运用于属性预测（character prediction）、机器翻译（machine translation）和图像分类（and image classification）。③ 从这些文章可以看出，AI 非常依赖的一个记忆分类是心理学中的长短期记忆。此外，在 AI 算法上，以记忆为核心的算法起到了比较重要的作用，如循环神经网络（RNN）中的长短期记忆神经网络（LSTM），但是这种算法始终为认知和推理起铺垫作用的。其功能是："使用传统的通过时间的反向传播（BPTT）或实时循环学习（RTTL），在时间中反向流动的误差信号往往会爆炸或消失。但 LSTM 可以通过遗忘和保留记忆机制减少这些问题。"④这也可以看作是在 AI 领域中记忆附属于认知的表现形式。"RNN 隐藏状态的结构以循环形成记忆的形式工作，每一时刻的隐藏层状态取决于它的过去状态。这种结构使得 RNN 可以保存、记住和处理长时期的过去复杂信号"。

第三，工作记忆成为 AI 发展过程中制约因素之一。如记忆是智能体（intelligent agents）设计中不可或缺的因素。⑤ "推理智能体必须记住它的视觉历史中相关的片段，忽略不相关的细节，基于新的信息来更新和操作记忆，以及在后面的时间里利用这些记忆做出决策"。⑥工作记忆是视觉推理中的限制因素之一。"在这项研究工作中，我们解决了视觉推理中的第二项限制，即关于时间和记忆的限制"。⑦"这些随机生成的三元组能够在大量的任务序列中训练视觉推理，解决它们需要对文本的语义理解，对图像序列中每张图像的视觉认知，以及决定时变答案的工作记忆"。

尽管上述记忆分类为人工智能的发展提供了比较扎实的基础，并推进了人工智能的发展。但是一旦进入到与人类记忆最为密切的情景记忆时，这个

① VINYALS O., TOSHEV A., BENGIO S., ERHAN D. Show and tell: A neural image caption generator[EB/OL].(2015-04-20)[2020-09-07]https://arxiv.org/pdf/1411.4555.pdf.
② ZHU XD., et al. Long Short-Term Memory Over Tree Structures[EB/OL].(2018-04-05)[2020-09-06]https://arxiv.org/pdf/1503.04881.pdf.
③ KALCHBRENNER N., DANIHELKA I., GRAVES A. Grid Long Short-Term Memory[EB/OL].(2018-04-05)[2020-09-07]https://arxiv.org/pdf/1507.01526.pdf.
④ 从90年代的SRNN开始，纵览循环神经网络27年的研究进展[EB/OL].(2018-01-05)[2020-09-05].https://www.sohu.com/a/214797899_465975.
⑤⑥⑦ YANG GYR, et al. A dataset and architecture for visual reasoningwith a working memory[EB/OL].(2018-04-02)[2020-09-06]https://arxiv.org/pdf/1803.06092.pdf.

问题就不是那么乐观。比如情景记忆和自传式记忆（autobiographical memory）对于 AI 研究的关系完全不明确。这主要与情境记忆和自传式记忆的本质有着密切关系。"情境记忆关心的是记忆者过去的时间中独特的、具体的个人体验；语义记忆是指个人抽象的、无时间的可以与他们分享的关于世界的知识"。① 从心理学家的角度看，情景记忆和自传式记忆有着非常强的个体体验特性，又涉及过去的时间性。情景记忆与自传式记忆一旦和当事人割裂开来，就失去了生命力。对于机器而言，这很难想象。毕竟在机器那里，我们所能看到的是无处不在的二元分离，精神可以独立于物质存在，体验可以独立于主体存在。

3. 人工记忆模式与 AI 发展方向

2015 年 AI 学界围绕 AI 未来发展探讨了如下 2 个问题：（1）能否创造出人类水平的 AI？（2）是否存在智能爆炸？围绕问题（1）DeepMind 的研究者重点探讨了这一方向的技术可能性，如德米斯·哈斯贝斯（Demis Hassabis）、Vicarious 公司的迪丽·乔治（Dileep George）和卡内基梅隆大学的汤姆·米契尔（Tom Mitchell）；围绕问题（2）牛津大学哲学系的尼克·博斯彻姆（Nick Bostrom）、康奈尔大学的巴特·塞尔曼（Bart Selman）以及 SpaceX 的埃隆·马斯克（Elon Musk）等人探讨了这一问题。这些问题的探讨均可以还原到"通用 AI"这一假设之上。所谓通用人工智能（AGI）是指强 AI，"能够成功执行人类能够完成的智力任务的机器智能"。在杨立坤（Yann LeChun）看来，通用人工智能发展的最大障碍是"让机器通过观察来学习预测模型"。2018 年，腾讯公布了三大战略，通用 AI、机器人实验室和 AI＋医疗。这些现象表明 AI 的未来方向是指向通用 AI。②

如果把通用 AI 当作出发点，AI 中的三种观点服务于这一出发点。在目前运算能力、海量数据与优化算法成为 AI 发展的基础，在此基础上形成了三种不同的观点：（1）运算主义，即 AI 能够学习是因为其强大运算能力；（2）数据主

① TULVING E. Elements of Episodic memory[M]. Oxford：Clarendon Press，1983：iii.
② 一些学者认为，AI 发展的未来是迁移学习。根据吴恩达的看法，人工智能未来的发展方向是迁移学习（transfer learning），这种技术利用卷积神经网络（RNN）学习已有的标记好的预训练网络系统，如在医学图像中被运用。哈比斯（Demis Hassabis）的看法也是大体相同。他在一篇讨论人工智能与神经科学（2017）的论文中指出了两个学科交汇点的过去、当下和未来。从学习角度看，他提到了过去的"深度学习"和"强化学习"、当下"持续学习"以及未来的"有效学习、迁移学习"。[DEMIS HASSABIS, et al. Neuroscience-Inspired Artificial Intelligence[J]. Neuron，2017（95）：245－258.]根据他的观点，人工智能发展已经渡过深度学习阶段，正处于持续学习阶段，并且会进入到迁移学习阶段。

义,即强调 AI 其功能是挖掘出数据深处的相关关系(Naftali Tishby[①],2017；王天思,2016)；(3) 算法主义,即强调 AI 发展基于更新、更优化的算法。这三点都是为了通用 AI 这个方向服务的。而通用 AI 意识形成自身的条件是记忆。围绕解决如何形成通用智能的问题上,形成了与记忆有着密切的关系不同的人工记忆模式。

一,长短期记忆网络(Long Short-Term Memory Networks)是由一个被嵌入到网络中的显性记忆单元组成。其功能是记住较长周期的信息。这一技术主要是被顶级跨国公司如谷歌、亚马逊和微软使用,只要用于语言识别、智能助手和属性增强的应用。

二,弹性权重巩固算法(Elastic Weight Consolidation Algorithm),这是从神经科学中借来的概念。用来评估联结的权重,而这些权重主要是通过早期任务的重要性来评估的。这种算法主要是用于序列学习多种游戏的。目前DeepMind 公司使用着这种方法。2017 年,谷歌 DeepMind 团队发表了一篇名为《使得神经网络中持续学习成为可能》的文章,里面提到了一种与记忆巩固(memory consolidation)有关的算法,其目的是让机器学习、记住并能够提取信息。

三,可微分网神经计算机(Differentiable Neural Computer)这种计算机的特点是将神经网络与记忆系统联系起来,它可以像计算机一样存储信息,还可以从例子中进行学习。

四,连续神经网络(Progressive neural networks)主要用于迷宫学习。"学习解决复杂的连续性任务,即同时可以迁移知识,但是又不会忘掉此前学到的重要信息,依然是实现人类水平的智能中的一大难题。连续神经网络的方法代表了在这一方向上的一个尝试：它们不会忘记先验知识,并通过连接到此前学习到的特征来利用这些知识"。[②]

但是仅仅具有通用智能是不够的,AI 也只是停留在空洞的形式阶段。我们可以从两个角度预见 AI 发展的方向。其一是从学科角度来看,AI 所依赖的重要学科之一是神经科学,而神经科学的发展方向在一定程度上决定和影响了 AI发展的方向。从记忆角度看,神经科学提出记忆是信息内容的编码、存储、提取,

---

① N. Tishby,希伯来大学计算机与神经科学教授,他于 2017 年提出了信息瓶颈(Information Bottleneck)理论。

② RUSU AA., et al. Progressive Neural Network[EB/OL]. (2018 - 09 - 17)[2020 - 09 - 06]https：//arxiv.org/abs/1606.04671.

AI 在人工神经网络的方向上将循环神经网络、长短记忆网络等与记忆有关的概念引入进来，极大地促进了 AI 自身的发展。此外，从神经科学未来的发展方向看，神经科学下一个目标是研究同理心，说明同理心的神经机制。根据中国神经科学家蒲慕明教授的观点，神经科学会将同理心作为下一个研究目标。因此，我们可以大胆预测：AI 的同理心（empathy）讨论逐渐成为一个 AI 的发展方向之一。这一方向将为 AI 实现通用智能奠定更为坚实的基础；其二是从意识构成角度看，意识到底有哪些形式构成？所以类人的 AI 的研究必然会延续这个方向，除了更进一步研究 AI 的认知之外，还有就是对于记忆、情感、意志和欲望的研究。而这一点已经开始有所苗头。而在路径之二中，记忆将成为不可或缺的因素。这里的记忆不是信息的存储和提取，而是使得时间意识构成的可能性条件。对于记忆，杨立昆指出，这是预测学习中的一个关键部分，即与过去有关的部分。

4. 灾难性遗忘与 AI 发展危机

从记忆角度分析已经看到 AI 发展可能面临的危机：记忆神经网络和灾难性遗忘。第一个危机是对记忆神经网络的冲击。正如前面所分析指出，人工智能科学家很好地利用了记忆，发展出 RNN、LSTM 和 Nested LSTM。但是他们也遇到了一个问题，正如人工智能大师杰弗瑞·亨顿（Geoffrey Hinton，2016）提出了终极之问：将人类心智注入电脑建模的人工神经网络的可能性及其意义。终结之问就是记忆神经网络发展的危机所在，这种危机并不是技术层面的危机，而是哲学性的危机；另一制约 AI 的危机是灾难性遗忘。认知心理学研究表明，人类自然认知系统的遗忘并不需要完全抹除先前的信息（McCloskey, M, 1989）。但是，对于机器而言，遗忘就是灾难性的，即需要抹除先前的信息，这是通用智能形成过程中的一个关键障碍。如何处理灾难性遗忘成为 AI 发展过程中的必须解决的重要问题。所以从这个危机中我们可以看到未来 AI 发展可能需要解决的问题。

这种危机在两种意义上是内在的：其一是技术发展的意义上，灾难性遗忘的技术克服以及神经网络技术的未来走向。正如我们已经看到的，神经网络是机器学习的核心，如果按照心理学的学习—记忆模式，机器学习之后必然会遭遇机器记忆的问题，此处的记忆并不是信息存储，而是与回忆问题相关的，但这似乎是技术内在的悖论；其二是哲学意义上的，对记忆与遗忘的理解脱离了人类记忆的真谛。事实上，记忆与遗忘决定着人类的行为、情感和认同，这不仅适用于人类，对于未来的后人类机器而言也是如此。确立这样的原则，可以有效实现对 AI 行为的理性约束，将 AI 对人类的未来威胁消除在设计阶段。

　　面对灾难性遗忘,学术界解决这一问题有三种方式:其一是从记忆/遗忘是信息的存储与删除角度看,AI的灾难性遗忘其实质是为后续新的内容腾出必要的物理空间。从存储容量角度看,如果存储容量有限,当存储器容量满了后,删除部分信息就变得紧迫起来。这在通常的输入—输出系统中非常常见,即从被动获得信息、程序输入等角度理解记忆,这意味着灾难性遗忘属于系统本身的内在缺陷。这种路径适应于低级的机器,忽略了高级AI的学习能力。其二是神经网络的内在特征路径,即神经网络无法进行序列性学习,即完成多种任务,所以必然会出现这种问题,其克服的方法是借助神经元固化(synaptic consolidation)的方法来解决这一问题(James Kirkpatrick,2016)。其三是先验哲学分析的结果,即人类不存在这种问题,而本质上不同于人类的机器则存在这些问题,并且这一缺陷是无法克服的。很显然,谷歌公司主要从第二种意义来理解和解决这一问题。他们首先发展了多种模式的学习理论,如深度学习(deep learning)、增强学习(reinforcement learning)和序列学习(sequences learning)等概念,这些概念有效实现了AI的行为决策和任务完成的功能,并且尝试解决了灾难性遗忘。

　　上述三种方式存在着各自的问题,路径一由于适应于低级非智能存储器,如USB、一般性物理存储设备,所以无法适用于具有学习能力的高级AI。路径三则是哲学分析推演的结果,其主要是哲学意义,表达一种哲学立场,并且在哲学论证上具有有效性,但是对于AI的发展未必有利。路径二非常适合AI记忆的研究,但是隐含着两个方面的问题:(1)对记忆的设定是信息巩固;(2)将遗忘看作是记忆的负面现象。但是,这在哲学上看,都是不通的。记忆并非是信息的巩固,遗忘是记忆的互补面,不是完全的负面现象。

　　5. 作为记忆主体的人工智能

　　正如前面所提到的哲学与AI领域当代交往中伦理交往是主导的形式。在这个领域的探索中,哲学家并没有满足于后果论的探讨,他们将目光指向了道德主体。在这一视野中,智能体作为道德主体是否可能的问题已经得到了诸多讨论。如段伟文研究员指出人工智能体作为拟主体,①从记忆哲学的角度反思人工智能的发展,也会碰到的同样的问题:智能体作为记忆或回忆主体是否可能?

---

① 根据段伟文研究员的看法,拟主体的核心问题在于采用代码编写的算法,将人类所倡导的价值取向与伦理规范得以嵌入到各种智能体中,使其遵守道德规范并具有自主伦理抉择能力。参见段伟文.人工智能的道德代码与伦理嵌入[N].光明日报理论版.2017－09－04。国内相似的观点如田海平教授提出的"善法嵌入"(2017)、苏令银的"儒家伦理规范嵌入"(2018);国外学者主要代表是荷兰的彼得·保罗·维贝克教授(2011)。

从科学角度看,智能体具有记忆能力没有太大的疑问。因为生物学将记忆看成是信息的编码、存储和提取,这一规定直接指向信息的发送者和接受者——生物体及其基本构成单元神经元。神经科学角度将记忆看作是神经元之间联结从而形成不同的神经回路。所以将生物学和神经科学作为其自身基础的人工智能很好地解决了这一问题。让 AI 具有记忆能力开始从两条路径上表现出来:(1) 根据人类特定记忆神经元的标记,而在人工神经元做出标记,从而产生特定的记忆行为;(2) 搭建特定的神经网络回路。未来 AI 的发展某种意义上来说就是搭建不同的、多元记忆神经元回路,从而展示出多样的记忆行为。所以如何构建多元的记忆神经回路是未来 AI 发展的动向之一。MIT 的利根川进(Susumu Tonewaga)利用光遗传学展开记忆印迹研究的成果(利根川进,2012,2013,2014,2015,2016,2017)非常重要,关于未来 AI 机器的社会记忆研究、记忆的抑制和激活都可以在其工作基础上进行。

　　但是,科学上的解答并未对上述问题给予满意的答复。哲学困惑依然存在,智能机器是否是一个主体? 但是事实上,"主体"概念已经在众多讨论中被作为"能动者"(agent),所以,相关的问题也就转化为智能体作为能动者来说,意味着什么呢? 这样一种方式能否解决哲学困惑还有待于检验。如果回到我们最初的问题,智能体具有记忆能力是否可能? 从记忆行为的本质看,记忆是关于过去对象的行为,一种明显的时间性表现出来。那么对智能体而言,是否拥有过去的时间规定性呢? 答案似乎是否定的,智能体的行为更多是基于结构—功能显示出来的。它们不能感知时间,尤其是无法构建过去。如果是这样,我们会看到,尽管智能体可以存储、提取信息,但是离真正的记忆尚有距离。此外,当面对 AI 是否可以成为回忆主体? 这个问题时,一切更加不那么确定了。事实上,亚里士多德早就切断了这条道路的希望。他在分析回忆的时候指出,人、动物都可以具有记忆,但是唯独人才拥有回忆。于是一种观点开始形成:愈返回哲学原点,我们发现答案就越让人失去希望。

　　这一问题的澄清,最终可以让我们重新面对亨顿的终极之问。对于亨顿来说,需要解决的问题是,如何将人类智能注入人工智能神经网络中。这一问题的解决前提是人类的心智。还原论将智能还原到生物学构成中,"我们所谈论的心智,其实就是一个电化学体系的高度集成"。[①] 在记忆问题上,我们并没有看到这种逻辑的必然推论。随着记忆与回忆关系的澄清,我们已经看到,作为记忆主

---

① 赫克托・莱韦斯特.人工智能的进化[M].王佩,译,北京:中信出版集团,2018:20.

体和作为回忆主体具有完全不同的根据。随着这一观念的确立,机器具有自身的意识这一点变得更加模糊和遥不可及了。

在本文的最后,需要指出的是,如何看待 AI 中遗忘的作用? 一般情况下,人们形成了比较流行的遗忘观念,即将遗忘看作是记忆的负面现象或者失效。灾难性遗忘恰恰是在这一观念下展示出来的问题。但是,遗忘的真实含义以及在 AI 中的地位却没有完全被揭示出来。揭示遗忘的真实含义属于记忆研究中的问题,这有待于记忆研究的进一步深入。而遗忘在 AI 中的正面作用却逐渐被揭示出来。2017 年希伯来大学计算机与神经科学教授梯丝柏(N. Tishby)提出了信息瓶颈(Information Bottleneck)理论,这一理论指出神经网络就像把信息挤出瓶颈口一样,只留下与一般概念最为相关的特征,去掉大量无用的噪声数据。他的最有名的观点是"学习最重要的事情实际上是遗忘"。① 近期的神经科学研究成果则将遗忘看作是最优化决策的必要条件。"我们论证了遗忘:(1)通过减少过时信息对于记忆指导的决策的影响来提升了灵活性;(2)阻止了对于特定过去时间的过拟合(overfitting),因此提升了通用性。根据这个观点,记忆的目标不是通过时间来传递信息,而是最优化决策。因此记忆系统中短暂即逝与保持同样重要"。② 意识到这一点,会让我们重新看待 AI 决策过程中记忆与遗忘的辩证关系。

第三节　人工智能中的记忆问题

1. 人工智能中的记忆问题

2018 年 12 月 12 日,斯坦福大学发布 AI Index 报告。这一报告具有比较重要的价值,能够让我们把握到人工智能领域的发展及其趋势。这一报告至少指出了三个值得研究者关注的地方:(1)机器学习、神经网络和计算机视觉曾经是三大热门方向;(2)相比图像,语言与常识将成为人工智能研究的前沿;(3)AI 的人文科学研究对于全世界来说都是薄弱点。第三点非常值得人文学科领域的学者关注。在人文学术日渐萎缩的今天,人工智能超出技术的规定性或许给人文学科复兴带来一种新的可能性。

---

① 也有学者批判了这一理论,Adrian Colyer 向 ICLR2018 大会提交了题为《关于深度学习的信息瓶颈理论》的论文,对这一理论做出了批判分析。
② RICHARDS BA. The Persistence and Transience of Memory[J]. Neuron,2017(94):1071.

通常所说的人文学科主要范围较广,包括哲学、历史、文学、哲学、宗教、音乐、艺术等。只是这种说法对人工智能的人文研究探讨没有直接帮助,并不是所有的人文社会科学都与 AI 领域相关,我们需要从技术发展的脉络中把握到可能的相关性学科,如最为直接相关的伦理学、心灵哲学、社会学,还有较为相关的艺术学。从哲学角度展开更进一步的思考显得非常必要。作为诸多学科的基础,如果我们能够从哲学学科中看到强化的可能性,那么其他人文社会科学的相关研究也就具有了理论基础。本书的考察将继续挖掘智能时代哲学可能的出场方式。一般说来,哲学被看作是"解码人工智能的钥匙"的观念逐渐成形。"钥匙"的比喻观念最初来自牛津大学物理学教授戴维·多伊奇(David Deutsch),后来被国内哲学界接受,如哲学是理解"发展"的信息文明的钥匙(王天恩,2018)。笔者提出了"记忆哲学是解码人工智能及其发展的钥匙"(杨庆峰,2018)。

在"钥匙比喻"的基础上继续反思,能够给予哲学在人工智能问题讨论中更为扎实的根基,也能够厘清哲学在智能时代的出场方式。本书选取角度是记忆研究。在以前的研究中,笔者指出记忆是古老的哲学问题,但是逐渐被哲学自身淡忘,继而转变为心理学的问题(杨庆峰,2017;2018)。为了更好地展开分析,我们从人工智能的四种讨论方式入手分析。这四种讨论方式是:语言学讨论、功能性讨论、行为性讨论和结构性讨论。

首先是语义学的讨论中通常会将智能与能力等同起来,记忆被看作是诸多能力之一。在语义学的讨论中,智能则体现为人工智能系统的诸多能力,人工智能也被定义为让机器模仿人类智能思考或行为就成为比较普遍接受的定义。在能力的划分上,就可以区分为基本能力和高级能力。在 18 世纪的哲学人类学的视野中,基础能力常常体现为与五种感官有关系的能力,如视觉、听觉、触觉、味觉和嗅觉。还有一种是与对运动物体把握的基本能力,这种感觉能力直到 20 世纪初才被揭示出来。高级能力通常是被看作是与理性和情感有关系的诸多能力。前者如理解、判断、推理,后者如各类情感。记忆通常被看作是重要的基本能力之一,因为它是人类感觉滞留的结果,除此以外,记忆又被看作是人类思考、决策和行动的基础。这种认识被普遍接受。美国纽约大学教授杨立坤(Yann LeCun)指出:"智能和常识等于知觉+预测模式+记忆+推理和规划。"他指出了预测学习的最主要的任务是从提供的数据信息出发预测过去、现在和未来的一部分。一是并没有把握到记忆的关键本质,即它是作为上述现象得以存在和呈现的前提和条件。二是忽略了遗忘的重要作用。神经科学的最新成果开始揭示出遗忘在思考、决策和行动中的作用。另外,在不同智能体记忆能力的揭示中,很多让人惊叹的观点被揭示出来。如最近的一项研究成果显示:人工智能体在进行空间记忆的时候呈现出与人类和动物生物体类似的神经元结构。这一结论让我们需要注意和思考机器智能、人类智能和动物智能之间的相似性。还有在智能体的讨论中,与记忆有关的经历会成为一个重要问题。当我们讨论机器是否具有记忆问题的时候,这不仅仅是语言分析问题,也不仅仅是功能实现问题,而是关系到机器能否超越人类的前提性问题。

其次是智能体的功能性讨论中更加突出了人工智能是基于某种特定结构或机制要实现的功能表达,记忆被看作是构成上述特定结构或者增强特定结构及机制的重要因素之一。如中国科学院陈霖院士指出人工智能的核心基础科学问题是认知和计算。而记忆是认知层次构成的重要成分。同样身为院士的清华大学张跋教授指出人工智能的趋势是基于知识和数据的 AI 系统。而构成这两种能力的基础是记忆,对历史数据进行解读的基础上进行的决策和行动。在杨立坤看来,循环网络不能进行长期记忆、需要一个单独的"海马体"(记忆模块)。在神经网络能力的增强上,记忆模块具有不可忽视的作用。这些观点都显示了人工智能中记忆概念的必要性。只是在不同的能力揭示中,有着不同的记忆定义。比如与感知能力有关的记忆理解中,记忆表现为信息的存储和提取;而在认知的范畴中,记忆信息成为认知得以可能的前提条件。在决策范畴中,记忆主要表现为有效信息的提取,遗忘表现为无效信息的筛选和忽略。在讨论到机器持续学习的功能的时候,德国科学家张建伟提到了"机器自身的记忆发展"。

第三,在智能体的行为性讨论中,行为会表现为至少四种相关模式,而记忆在这些模式中的作用是不可忽视的。根据现象学方法,我们可以把行为相关模式划分为意识主体—行为模式、语境—行为模式、环境—行为模式以及智能体—行为模式。智能体—行为模式通常可以被看作是准主体—行为模式,因为它具有与主体—行为模式相类似的结构。意识—行为模式强调的是行为基于某种意识目的主导的结果,在这一概念框架中,那么行动需要的不仅仅是感知、计算和判断,还有在学习过程中积累的经验;而语境—行为模式则强调行为背后的社会—文化—政治等因素,它不同于纯粹客观的环境因素。如果以语境—行为作为概念框架,那么行为是出于特定的语境的,而这种语境的确立则吸取了机器的经验;环境—行为模式主要强调环境对于某种特定行为产生的作用,也强调行为是对某种特定环境做出的反应;智能体—行为模式则强调功能体的行为是对于认为设计场景环境做出的反应,那么行动强调的是对环境做出反应。这四种模式都需要记忆作为前提,在这些行为的事实过程中,保留过去学习的经验有助于持续性学习和预测性学习。

第四,在结构性讨论中,我们更关注智能体—人类的统一体,而问题主要集中在智能体对于人类记忆的影响讨论上。当我们进入到人与智能体构成的智能系统时,这一问题远远超出了硬件,而是包含着更加复杂的人文维度。比如人工智能对于人类自身记忆的影响。在世界顶尖科学家论坛上,科学家讨论人工智能话题的时候,注意到这一问题。在那个世界有名的"桌布"上,至少有两位科学家提到了 AI 对于人类记忆的影响,比如人类记忆的增强和提升。

以上主要是探讨了对人工智能进行哲学研究的方法,记忆研究相比认知哲学更具宽广度和可能性。对于人工智能而言,认知哲学仅仅局限在 AI 的认知功能上,而记忆研究则不同。一方面,记忆是哲学的古老问题,具有本体意义,只是被认识论—知识论的传统完全遮蔽,我们以往的研究已经揭示出记忆并不是认知的附属物,也不仅仅表现为相比认知略低一等的心灵能力,而是有着更为重要的本体论地位:记忆作为三种条件形式存在:认知与情感的基础条件、理解人类自身的历史条件和实现自我和他者认同的条件;另一方面,人工智能的发展越来越显示出记忆因素内在的不可或缺性,记忆在人工智能的认知活动、功能呈现、行为表达和结构形成中表现出其特有的作用来,而这些都有待于进一步的深入研究。正如张跋院士指出的,脑科学中有记忆机制,值得设计 AI 系统的人员去注意和学习。

2. 智能体的记忆维度

目前人工智能及其伦理问题的讨论逐渐聚焦在智能体的概念上。澄清智能体的构成维度有助于推进人工智能的哲学反思,也能够为 AI 设计提供哲学根基。在智能体的讨论上,学术界已经挖掘出了两个主要维度,一是道德维度即道德智能体(moral agent),这已成为 AI 伦理讨论的基础概念;二是理性维度即理性智能体(rational agent),这是 AI 科学理解的内核概念。事实上,从道德智能体出发,我们还可以拓展 AI 智能体构成的其他维度,如情感维度。当我们回到伦理学史和流派来看,会发现"道德源自情感"的一种理论。在他们看来,道德源自情感。这一理论不仅澄清了道德的情感基础,更为我们探讨智能体的第三维度提供了理论源头。情感智能体(emotional agent)作为智能体构成的第三维度被呈现出来。另外,还可以从情感智能体中推演出第四维度——记忆。这四个维度分别共同构成了智能体的四重维度。

第一个维度是理性维度即理性智能体(rational agent)。这一维度呈现的是人工智能体与认知和计算有关的能力。从狭义的角度又可以把它称之为计算智能体(computational agent)和认知智能体(cognitive agent)。对于这一点可以在人工智能的科学理解中找到充分的根据。美国 AI 科学家斯图尔特·罗素(Stuart J. Russell)指出,人工智能是理性主体(rational agent)。在他看来,智能主要与理性行动有关,一个智能能动体在一个情景中采取最好可能的行动。在加拿大 AI 科学家戴维·颇尔(David L. Poole)看来,人工智能就是研究能够产生智能行为的计算智能体的综合与分析领域。上述观点也在得到了国内人工智能专家的赞同。在清华大学张跋院士看来,人工智能研究重要的是让机器智能体实现三件事情:思考/决策、感知、行动。这一观点为 AI 伦理确立了智能体这样一个重要理论基础。

第二个维度是伦理维度即道德智能体(moral agent)。道德智能体主要讨论智能体是否具有道德意识、能否做出道德判断、能否具有道德情感以及能否产生道德调节作用。前三者还是在道德主体框架下展开的反思,道德意识、道德判断和道德情感均属于形而上学层面的问题域。而道德的调节作用已经延续了后现象学调节理论的路径,重在探讨智能体与人类道德行为构成的问题。在实践层面主要表现为与设计相关的路径,比如通过将道德伦理观念嵌入到人工智能体的设计之中,从而让智能体产生到道德化的行为或者引导人类产生道德行为。但是,道德智能体的意义在一定程度上低估了。因为在这一维度之中隐藏着其他维度,如情感维度。返回到哲学史,我们会发现很多哲学家论述了道德源自情感的观念。从近代哲学看,这一理论重要的代表人物是英国哲学家休谟和弗兰西斯·哈奇森;从当代哲学看,胡塞尔是典型的代表。他已经论述了"道德概念是以情感或者情绪的意识为基础"和"伦理态度是情感的表达"这样的观点。当然,他也在伦理与感情的关系上划出了一个界限:如果道德完全基于情绪,那么会产生两个不利的结果。一是道德完全成为主观性的东西了;二是情感的起伏变化无法为价值判断和道德提供正当基础。在二者基础上,一个基本的观点变得明晰起来:伦理道德可以在情感或者情绪基础上发展出来。

如此,我们对道德智能体的理论分析就引导出情感智能体(affective agent)的概念,这构成了 AI 智能体的第三维度。情感智能体强调让 AI 去理解人类感情,以及产生能够表达人类可理解感情的行为。相比上面两个维度,感情性维度与 AI 伦理的讨论的关系显得异常薄弱。事实上,理性维度和伦理维度只是在显性层面上为 AI 伦理的讨论奠定了基础,而情感维度则从隐性层面为 AI 奠定了更为扎实的基础。情感智能体能够为我们解释 AI 与人类生命的关联提供很好的反思基础。

那么如何看待这三个维度之间的关系呢?对于人类而言,存在理性、道德和情感的关系。理性和情感是对立的范畴这一观点异常成熟。在情感与道德的关系上，如果我们接受现象学的观念，那么情感则成为道德的生成基础和逻辑基础。但是对于人工智能体而言，这种关系显然变得完全不同。从 AI 的科学定义来看，更加强调计算和认知维度。计算和认知是最基础的维度，体现了智能体的计算和学习机制，在这一基础上展现出感知、决策和行动的类人行为。而就道德维度而言，这更多是多数伦理学家、哲学家基于人类中心立场而采取的看法，希望人工智能表达出价值判断、道德评价或者作出道德行为。在诸多立场中，维贝克的后现象学路径因为其可操作性而备受关注，通过设计来嵌入道德价值。相比之下，情感维度是尚未成熟起来的维度。在诸多的 AI 情感讨论中，情感被纳入计算主义中，成为可计算的形式。这种做法仅仅看到了情感作为的实体性规定，而忽略了内在表达和外在表征的方面。

　　另外，情感智能体概念并不是分析的终点，从中还可以推演出智能体的第四维度——记忆。从英国哲学家罗素的观点看，熟悉感和认识是我们走向真实记忆的必然碰到的问题。所以，对于人类自身而言，有着一条从熟悉感和认识出发，走向记忆的演化之路。就人工智能发展而言，我们也能看到隐隐相似的地方。众所周知，理性智能体的维度变得非常成熟。AI 在数据存储和提取方面有了极大提升，发展出强大的计算的感知和认知能力，显示出一定的因果推理能力。尽管如此，依然难以解决长期记忆、情景记忆的问题，更难以避免深度学习中的灾难性遗忘问题。面对这些问题，一些 AI 科学家提出"记忆优于知识""为人工智能增加点记忆"等观点。但是，由于对与 AI 有关的亲近感、熟悉感没有揭示出来，再加上在记忆这一端点上，由于记忆附属论观念的限制，AI 智能体讨论的意义依然显得不明确。幸运的是，现象学家无疑给予了我们更深刻的洞见，在伽达默尔看来，生命拥有了记忆才变得更加丰富；在利科看来，在记忆和遗忘之下是生命。所以通过他们的记忆哲学为我们进一步拓展了出 AI 智能体的第四维度，并且能够看清楚 AI 智能体最终指向生命的本质所在。

　　3. 深度学习与记忆问题

　　2019 年的图灵奖被授予了深度学习领域的三位学者：约书亚·本吉奥（Yoshua Bengio）、杰弗里·辛顿（Geoffrey Hinton）和杨立昆（Yann LeCun）。此次授奖中有两个细节值得关注：一是加拿大脱颖而出；二是深度学习将解决人工智能记忆问题作为一个重要指向。这是为什么？我们想从科学史的角度来对这一现象做出解释。

　　人工智能记忆问题主要包含三个维度：一是实现智能体的记忆能力，如让智能体保持有用信息的能力、无用信息的屏蔽能力。这是技术层面与神经科学有关的记忆维度；二是实现智能体的持续性学习和记忆能力，这是机器持续性学习的保障，同时包括通用人工智能发展必须面对的灾难性遗忘问题；三是实现智能体的记忆进化能力，这是指人工智能如同生物体一样具有遗传进化能力，从最基础的感知进化到初级智能。记忆问题已经成为制约人工智能本身发展，甚至人工智能体道德问题讨论的前提。

　　以加拿大为主导的深度学习的崛起有其学术史的必然性。此次获奖的三位学者中本吉奥、辛顿这两位分别是加拿大蒙特利尔大学教授和多伦多大学教授。我们知道深度学习的根基是神经网络。在 20 世纪 40 年代，加拿大逐步形成了将神经科学与心理学融合的学术传统。这一传统的起点是麦肯吉尔大学的唐纳德·赫伯。1949 年，赫伯出版了《行为的组织》(*The Organization of Behavior*)，这本书着重阐述了意识行为的神经基质，提出了基础命题"学习是神经元的联结"等观点，即神经突触可塑理论。这就是著名的"赫伯命题"，后来成为神经科学发展的基础。20 世纪 50 年代他的学生在蒙特利尔大学任教的布兰德·米勒从赫伯的观念出发对记忆问题进行了深入研究，提出"记忆存储在海马体"的观点。

　　所以在人工智能上，本吉奥引入的注意力机制、辛顿和杨立昆改进了卷积神经网络的记忆能力。尤其是注意力机制引入来解决记忆问题在康德在《实用人类学》中找到根据。康德将记忆看作是注意力集中的结果，而将遗忘看作是注意力减弱的结果。

　　我们可以从反思实验心理学的历史中找到印记。1942 年法国现象学家梅洛·庞蒂出版的《行为的结构》一书深入反思实验心理学乃至行为主义对人类行为问题回答的不足。梅洛·庞蒂在书中指出："理解意识与有机的、心理的甚至社会的、自然的关系。"但是这一反思从哲学角度反思了还原论和原子主义的解释，超越了行为主义，把意识作为结构建立起来。"机体是结构性的独特实在性……面对的是一系列的'氛围''环境'"，记忆世界就是一系列世界中的一种样式。机体的行为是具有某种某种内在统一性的姿势。如此，他阐述了意识与机体之间现象学关联。这种方式让他完全忽略了意识行为的物质基质。不过他让我们不得不注意到当时世界实验心理学的情况。

　　但是对实验心理学实质性的不满来自在加拿大，其代表人物受赫伯的影响，1990 年前后，MIT 科学家利根川进、中国科学家蒲慕明都从神经元印痕细胞的角度对记忆现象做出了比较深入的阐述。相比之下，他们借助更为先进的光遗传技术将记忆研究推进了一步。

现在看来,在 20 世纪 60 年代以后,加拿大在神经科学与心理学的融合研究上早已先行,而二者融合的突破点恰恰是从记忆问题入手的。这一古老的哲学问题在今天表现为心理学、生物学和医学的交叉问题。他们从神经科学与心理学的结合对记忆问题展开了比较深入的研究。面对人工智能的迅猛发展,加拿大人也将人工智能领域作为他们追赶而上的一个支点,只是他们没有走技术应用,而是指向了基础理论的突破。他们将人工智能与上述融合研究的传统相结合,这也就是我们所看到的,他们借助赫伯等人确立的神经元传统,再结合心理学的传统,他们敏锐地捕捉到人工智能神经网络必须要解决记忆问题。所以,神经网络的发展意味着人工智能出现了"记忆指向"。在我国,有一些学者敏锐地抓住了这一点,李德毅院士提出的人工智能发展过程中出现"记忆优于知识";华为的李航"人工智能的趋势是长期记忆"等观点。只是在重数据与认知的"人工智能"传统中,这一点的意义才刚刚显示出来。

从哲学上看,人工智能记忆问题的提出并不是仅仅指向智能体对记忆信息的获取、编码、存储和提取,这是技术层面所要考虑的问题。很显然,深度学习范式在一定程度上解决了记忆问题。其意义在于是将一个曾经的哲学问题暴露出来:智能与记忆的关系问题。在记忆观念史中,记忆与智能被看作是灵魂力量的重要部分构成。但是,正如我们看到的,哲学自身的认识论传统以及人工智能的"智能—认知"传统不断将记忆掩盖。认识论通过将记忆贬为认识与认知的附属物从行为上实现了对记忆的第一次掩盖;其后"人工智能"则通过数据—认知从功能上实现了对记忆第二次被掩盖。幸运的是,时隔多年,深度学习领域在今天的被肯定则是通过记忆现象捅破了隔离人工智能与哲学领域的窗户纸。

第四节　记忆哲学与人工智能代际发展

从人工智能的代际划分看,我们已经处于 AI2.0 中。AI1.0 和 2.0 的特征已经被清晰地勾勒出来,"基于符号推理的知识驱动、基于深度学习的数据驱动"(张钹),但是对 AI3.0 特征的概括还是比较模糊。要应对这一问题,记忆哲学将会是一个很好的分析途径。[①] 当我们从记忆哲学视角看,记忆与智能的关系就

[①] 笔者曾经提出记忆哲学是理解人工智能的钥匙(杨庆峰.记忆哲学:解码人工智能及其发展的钥匙[J].探索与争鸣,2018(11):60-66,107.),在这一观点的引导下展开思考,智能与记忆作为记忆哲学的基本问题需要解决和面对。

成为一个基本问题。这一问题的澄清有助于我们理解人工智能的发展趋势。但是由于记忆附属论观念的影响，让这一步变得无比艰难。本书试图从记忆与智能的关系出发澄清走向真正智能的困境以及勾勒 AI3.0 的哲学特征。

1."真正智能"实现的困境

如果从智能承载者来讨论智能[①]的分类，有三种智能形式：人类智能、动物智能与机器智能。[②] 人类智能与机器智能的关系也越来越被人工智能学界关注，超越问题就成为人文学界和科学界共同担心的问题。人文学界多讨论机器智能超越人类智能的不良后果；科学界多讨论机器智能是否可能以如何发展。超越问题的本质是真正的智能何以可能。在这一问题上存在着观念的困境即在人工智能理解中，记忆附属论观念极大地影响了真正智能的实现。"记忆附属论"即记忆隶属于智能，即记忆被看作感知信息的保留、智能生产的低级阶段、智能实体的基本构成部分等形式。在具体阐述之前，首先需要梳理一下哲学与 AI 之间的矛盾态度。

在 AI 领域，我们能够感受对形而上学的矛盾态度。一方面是强烈的拒斥态度。这种拒斥主要表现为反对智能的形而上学定义，并且通过技术来实现智能的形式。当我们回到 AI 源头图灵的时候，就会发现他身上表现得非常明显。一般都认为图灵的重要性是提出了"机器是否会思考"的问题，如果是这样，图灵并不拒斥形而上学，而是提出了形而上学的问题。但是这种假象被后来的方法所消除。图灵采取了实验测试的方法来解决这一问题，后来被称为图灵测试。[③]这种基于可操作原则的方法得到了这个领域的基本认可。从哲学角度看，这种

---

① 从范畴来看，"智能"(intelligence)概念并不属于严格的哲学范畴，我们很难从传统哲学家那里找到比较系统的智能论述。从亚里士多德到胡塞尔，我们看到的是从灵魂到意识的相关论述和分析，却没有智能；即便对于最有可能的黑格尔来说，也只是精神概念成为最根本的概念。这个概念只是随着近代实验心理学的出现，才有了地位。这个概念也无法避免被数量化的命运，所以智能与智力测试密切联系在一起。心理学的做法为智能确立了一个科学的标准，即可以被测量的指数，也就是后来 IQ 合法性的确立。所以，从智能本身来看，至少存在着四个事实需要注意：(1) 从质上说，智能是通过力量和能力表现出来；(2) 从量上看，智能完全可以被测量，并通过某种方式加以表达；(3) 从解释来说，可以通过意识、灵魂、心理等来解释和理解智能概念的相关问题；(4) 就智能本身来说，还需要关注到智能的承载者。

② 从智能承载者来看，人类智能与机器智能为两个被对立起来的端点。如果我们接受(3)，如用灵魂来解释智能的话，可以从哲学史上找到人类智能和动物智能的合法性源头。亚里士多德在《论灵魂及其他》一文中指出了植物灵魂、动物灵魂和人类灵魂的三分法。他把植物灵魂归于感觉机能，动物灵魂归于运动机能，人类灵魂归于理性机能。如此解读的结论是：人类智能与人类灵魂相等同，而动物智能与动物灵魂相等同。但是，这种独立存在的问题，忽略了动物智能在整个智能类型中的地位。此外，在人工智能灵魂讨论问题的时候，我们会看到有一些混淆，如人工智能与机器智能的关系。一般情况下，人工智能与机器智能被画上等号。但是，二者存在最大的区别是，人工智能主要是强调的是智能的实现问题，其背后的根据是智能的可测量性和技术可实现性。而机器智能则突出了智能承载者，与机器并列的人类和动物会成为主要的对象。而如果是这样，人工智能理应与自然智能对应，而自然智能包括人类智能、动物智能等形式。

③ 图灵测试的经典例子来自以下这篇文章：TURING A. M. Computing machinery and intelligence [J]. Mind, 1950(59)：433 - 460.

基于可操作原则的方法恰恰是其拒斥形而上学的表现。还有一种形式从行为主义角度为智能寻求一种根据，即通过机器与环境的相互关系来阐述智能的实用定义。这种做法导致了智能体（agent）新概念的出现，宝拉·博丁顿（Paula Boddington）（2017）将人工智能伦理与能动性（agency）联系在一起则符合了这一规定性。"AI与伦理学紧密地与能动性这一基础问题联系在一起"。[1] 这两个过程显示了对于形而上学智能概念的完全反思；另一方面是强烈的接受态度。联结主义者通过神经科学的成果来探讨人工智能的物质机制，他们借助神经科学的新成果不断取得突破。比如DeepMind在走迷宫的问题上，得出了一个惊人的结果：在空间记忆上，人工智能体和人类以及动物表现出相似的神经元结构。[2] 通过这一成果，能够借助对机器智能的可能性做出科学辩护。还有大卫·芒福德（David Mumford）从意识生成的过程探讨意识生成的可能性，比如从情绪与意识的角度来探讨意识生成的可能性，甚至人工智能科学家开始关注情绪的可计算性问题。另一位就是S.罗素（Stuart J. Russell）他在讨论智能体的时候，给我们做出了哲学式的规定，在他看来，人工智能是理性主体（rational agent）。"在本书中，我们采取了这样的观点：智能主要与理性行动有关，一个智能能动体在一个情景中采取最好可能的行动。我们研究了这个意义上被构造为智能的智能体问题"。[3] 当这个定义被给出的时候，我们很容易联系到康德。在很多解释中，康德被看作是"理性主体"概念的提出者。在这里我们看到了二者在行动意义上的高度吻合，只是不同也是非常明显的，人工智能的行动是与情境构成一对关联体；而康德的行动则是与主体构成一对关联体，这一传统造就了德国古典哲学。

上述悖论态度也显示了关于机器智能讨论的摇摆不定。机器智能是否仅仅是准人类智能？能否成为真正的智能？强烈的拒斥态度意味着机器智能仅仅是人工智能，与自然智能不同，所有的发展都是在"拟"—"准"的框架中前行；强烈的接受态度意味着为机器智能找寻到坚实的哲学根据。我们把这一问题转化成"真正的智能"，即机器智能成为真正的智能何以可能？

目前，科学家正在通过5种主要方式来实现机器智能。第一种方式即让机

① BODDINGTON P. Towards a Code of Ethics for Artificial Intelligence[M]. Springer, 2017: 36.
② 这篇文章主要讨论了人工智能体具备先天的类人空间表征结构，见 BANINO A., et al. Vector-based navigation using grid-like representations in artificial agents[J]. Nature, 2018(557): 429-433.能够为人、动物和智能体的同构分析提供科学根据。
③ RUSSELL SJ. Artificial Intelligence — A Modern Approach: 3d[M]. Upper Saddle River: Prentice Hall, 2009: 30.

器表现出与人类智能一样的行为，也就是"像人一样思考或者行动"①。这条路径就导致了让机器能够像人一样感知、决策/判断和预测；第二种方式即让机器智能变得通用起来，能够做到迁移式学习，能够做到举一反三；第三种方式即利用人类与机器神经机制的同构性特征，让机器产生智能行为，比如在空间记忆行为上体现出的同构性特征；第四种即探讨智能行为的神经机制，如在人工神经元的基础上构建深度学习的机制，从而产生出相应的行为；第五种方式即探讨智能生成的深层根据，比如情绪是意识的基础条件。

在这4种方式中，第一、二种是表象式的，即表现为与人一样类似的行为或者智能构成；第二、四种是在表象基础上，探讨其依靠的神经机制；第五种是智能生成的条件。在这5种方式中，最后一种应该说是接近了哲学的探讨，探讨智能得以可能的条件。芒福德的工作指出意识生成需要建立在情绪之上。所以这也是给出了一个基本的条件。但是在技术实现上却必须依靠因果关系，也就是让机器具备情绪可以导致机器具备意识。

上述5条路径上都遭遇到了不同的困境。在表象式路径中，第一种已经遭遇到了塞尔中文屋案例的驳斥，即机器无法做到理解语言的意义，因此无法说其具备智能。第二种在迁移式学习上遭遇到了灾难性遗忘的困境，这一困境使得机器的持续性学习和迁移性学习变得不可能，为此学者们提出了多重路径来加以克服。第三种可能遭遇到的问题是概念的澄清，比如何以判断不同物种空间记忆的神经元结构是相似的？第四种深度学习路径遭遇到的问题与第二种相同，即灾难性遗忘的问题。第五种路径在哲学上也会碰到困难，比如在什么意义上情绪成为意识的条件？这在哲学上根据并不充分。

上述路径的共同点是都牵涉到记忆因素。在机器智能实现的问题上，记忆附属论是一个基本的假设前提。所以，接下来我们要对记忆附属论这样一个假设前提做出分析。这种分析将表明，记忆附属论观念如何会阻碍真正的智能无法生成？笔者曾在《记忆、认知与记忆本体论》一文中专门分析认识论领域内记忆附属论的表现：记忆是知识的来源、记忆是认识的低级阶段和记忆是知觉的滞留。② 而记忆附属论在人工智能领域内表现出几乎相似的观念：记忆是信息内容的保留、记忆是智能生产的低级阶段、记忆是智能的组成部分。

① RUSSELL SJ. Artificial Intelligence — A Modern Approach：3d[M]. Upper Saddle River：Prentice Hall，2009：2.根据罗素的分析，像人一样思考来自 Richard Bellman，1978、John Haugeland，1985年的观点；像人一样行为来自 Ray Kurzweil，1990、Richard Karp 和 Kevin Knight，1991 年的观点。
② 杨庆峰.记忆、认知与记忆本体论[J].南京社会科学，2018(7)：32-40.

2. 记忆：信息内容的保留

从记忆的原初含义看,记忆最为基本的规定性是印痕的保留。在亚里士多德的指痕比喻就是这种规定性的最初源头,并影响了整个记忆观念史。直到当代哲学才出现了有效反驳,现象学家海德格尔用石头压在大地上产生的印痕这一例子批驳了将记忆看作是印痕的保持的观点;心灵哲学家库肯(Kourken Michealian)提出了"无内容的记忆"观念来反驳了内容的保留的传统观念。但是,哲学概念影响力的体现需要长时间才能表现出来的,所以,我们在人工智能领域内,依然能够看到科学家如何停留在传统的理解中难以抽身。我们仅从两个例子来说明这一情况。

其一是知识生产中。在 AI 的代际理解上,第一代人工智能被看作是"以符号推理模型为基础的知识驱动为方法"(张跋,2019),获取知识被看作是第一代 AI 的重要目的之一。第二代人工智能是"以深度学习为基础的数据驱动"为方法。很多学者的解释也在此基础上进行的。在 S. 罗素看来,人工智能能够做四件事情:解决问题、知识—推理—计划、学习、交流—感知—行动。在这个知识生产过程中,存在着三个环节:数据、信息和知识。此外,在对 AI 行为描述中,我们也能够看到知识论因素的存在。OECD 近期发布的《社会中的人工智能》报告指出:"正如 OECD 的 AI 专家组解释到,为了满足人类定义的目标群,一个 AI 系统是能够做出决策、建议或影响真实或者虚拟环境的决定;它使用基于机器和/或人类输入结果来感知现实的和/或者虚拟环境;从这样的感知中抽象出模式(用自动模式,如利用机器学习或者手工的方式);使用模式来形成指向信息或者行动的选择。一个 AI 系统被设计出根据不同的自动化水平来运行。"[①]如果知识获取的角度来看,数据的存储和提取就表现为记忆过程,而这是知识获取过程的低级阶段。数据即感受环节,人工智能感受外界环境的刺激,从行为本身来说是感受过程;信息是有用数据的保持,这就变成了信息内容;在生产过程中,有用的数据成为信息内容保留下来。这个环节被等同于记忆。因为记忆被理解为信息的保留。知识则是有用信息内容被运用产生必要的结果。所以在这个过程中,记忆仅仅被看作知识生产的低级环节。这一观点与哲学认识过程极其相似。我们在传统的认识论模式,感性、知性和理性就可以看到相似的过程。记忆发生在感性过程,感觉的滞留体现为记忆本身。

---

① OECD Multilingual SummariesArtificial Intelligence in SocietySummary in English[EB/OL]. (2019/-06 - 11)[2020 - 09 - 07]https://www.oecd-ilibrary.org/docserver/9f3159b8-en.pdf? expires = 1562289689&id=id&accname=guest&checksum=7EB8CC4E5DCB12BD8B654ED5B5BDF175.

　　其二是机器视觉中。计算机视觉顶级会议（CVPR）主席德勒克·霍尔姆（Derek Hoiem）曾经讨论了计算机视觉的行为本质。在他看来：“计算机视觉只是记忆，而不是智能。”对于这一观点，笔者曾经去信询问过具体的意思。他做了简单的解释，深度网络是模式识别器。它们把新模式匹配到已知的模式中，转化相关信息。有时候当方法做一些非常复杂的事情，比如产生图片说明或者估计对象的 3D 形状，好像它们能够“理解”几何或者场景的语言或者结构。在大多数情况下，如果我们没有认真设计，它们仅仅是提取相似的例子，它们泛化能力很差。模式识别（和记忆）是智能的重要组成部分，能够基于它自身的模式产生复杂的有效的行为。很多看似能够解释图像几何的方法实际上只是在学习过程中记住了图像的几何信息，并通过检索与输入类似的样本来执行预测。预测得到的 3D 模型看似很好，但是这些方法无法泛化到新的形状和场景。① 对他这一观点进行哲学分析和阐述有助于超越问题的思考。得勒克的观点指出图像的几何信息保持无法泛化为新的形状和场景。“泛化”可以理解为通用过程，将某种特殊的、个体抽象为一般的、共性的东西。根据记忆理论，“信息的保持”仅仅是感性活动，从认识角度看，信息的保持是指信息内容的保留。而如何从保持飞跃到抽象的确是一个难题。这一问题需要对深度学习的过程在分析基础上才能够有效破解。“依赖硬核知识的系统面对的困难显示 AI 系统需要获取自己知识的能力，这个过程是通过从原始数据提取模式。这种能力就是机器学习”。②

　　这两个过程恰恰是对记忆附属论的一种支持，记忆被看作是信息内容的保持。而在这个问题上，能否产生通用智能就变得有疑问了。我们可以把这一过程看作是智能行为得以可能的前提性探讨了。此外，这一问题也与智能生产本身有着密切的关系。

　　3. 记忆：智能生产的低级阶段和智能结构的基本元素

　　在人工智能历史中，记忆问题始终伴随着人工智能的研究，成为困扰人工智能研究的一个主要问题。我们从明斯基开始，他在讨论智能的时候提出的一个有趣观念“智慧从愚笨中来”的观念很容易让我们想到黑格尔的“意识源自恐惧”③的观念。1988 年，明斯基在《心智社会》中讨论了智能的生成问题。他多次

①　DAEYUN SHIN, CHARLESS C. FOWLKES, DEREK HOIEM. Pixels, voxels, and views: A study of shape representations for single view 3D object shape prediction[EB/OL]. (2018-06-12)[2019-07-05]https://arxiv.org/pdf/1804.06032.pdf.
②　GOODFELLOW I., BENGIO Y., COURVILLE A. Deep Learning[M]. Boston: The MIT Press, 2016: 2.
③　黑格尔.精神现象学[M].贺麟，王玖兴，译.北京：商务印书馆，1997：128.

谈到了记忆问题,如第 8 章的"记忆理论"、第 15 章的"意识与记忆"。在讨论记忆理论的时候,他甚至援引了法国小说家马塞尔·普鲁斯特的话语:"确实,此时在我身上品味这种感受的生命,品味的正是这种感受在过去的某一天和现在所具有的共同点,品味着它所拥有的超乎时间之外的东西,一个只有借助于现在和过去的那些相同处之一到达它能够生存的唯一界域、享有那些食物的精华后才显现的生命,也即在与时间无关的时候才显现的生命。"①在第 15 章他引用了休谟的理论:"每个人都乐意承认,一个人感觉到过热而产生的疼痛或者温暖带来的愉悦与他事后回忆这种感觉或者通过想象预期这种感觉相比,思维所产生的知觉是完全不同的。"②这两处让我们看到,他已经意识到记忆对于智能产生的重要性。更为重要的是,他在知觉(被烫疼痛或者温暖愉悦)、回忆和想象之间做出了一种简易区别。而这一问题也是困扰诸多哲学家如胡塞尔的头疼难题。可以说,明斯基在记忆与智能关系上已经展示了一种来自人工智能领域的态度:记忆与智能的产生密不可分。当然,除了这些重要的贡献之外,他也强化了一种对于记忆的不利观点:记忆是智能产生的低级阶段。但是,这意味着他并没有真正理解记忆本身。

他对记忆的理解有着非常明显的心理主义的特点,即记忆是一种心理联结过程。他对记忆做出了这样的规定:"记忆是一种程序,它让我们的一些智能体按照以前在不同的时间行动的方式再次行动。"③他还对元记忆现象做出过阐述,他的"关于记忆的记忆"就是指向元记忆的问题。他指向的是记忆的产生和存储这一艰难问题,并且提出了他的知识线理论(K 线理论),这一理论描述了记忆产生和存储的空间性。"我们把学到的东西放在离首先学会他的智能体最近的地方以便容易地提取和使用知识;每当我们解决了一个问题或者有一个好主意的时候,它就会与被激活的思维智能体相联结。之后当激活 K 线的时候,与它相联结的智能体就会被唤醒……"在他的分析中依然显示了"记忆是联想"的心理学观念。

在智能的讨论中,大卫·芒福德(David Mumford)指出,目前忽视了"情绪"这一重要因素。"没有情绪分析的话,计算机科学家在给机器人编程就会出错,无法使之能在与人类互动时正确模仿并回应情绪,我们把这种至关重要的能力

---

① 马文.明斯基.心灵社会:从细胞到人工智能,人类思维的优雅解读[M].任楠,译.北京:机械工业出版社,2018:86.

②③ 马文.明斯基.心灵社会:从细胞到人工智能,人类思维的优雅解读[M].任楠,译.北京:机械工业出版社,2018:184.

叫做人工共情(artificial empathy)。我甚至承认,如果我们希望 AI 真正拥有意识,我相信它必须在某种意义上拥有自己的情绪"。① 他在这一问题上采取了共情推演的方法,如从人有意识推演到动物是否有意识这个问题,"意识并非非黑即白,不是要么有要么没有。它应该以程度来衡量"。"对时间流动的感知才是意识真正的内核……我们每个人都拥有对讯息万变的当下的连贯体验……这种体验与知觉在本质上截然不同,而且比它更基本,这就是让我们拥有意识的东西"。"机器人拥有某种真正的情绪"。

如果说,明斯基将记忆看作是智能生成的低级阶段。那么在另外一位学者安东宁·图因曼身上,我们会看到,他把记忆被看作是智能算法的基本组成部分。"我讨论了认知、识别、记忆、抽象、分析、理解和信息检索,作为智能算法的基本部分"。② 纽约大学教授杨立昆(Yann LeCun)认为,人工智能变革的点在于"无监督学习",关于智能与常识部分的模型则是"感知+预测模型+记忆+推理规划"。在他的模型中,我们很容易看到,记忆只是智能模型的一个有机部分,除此以外,还有感知、预测和推理等多种因素。

反观国内人工智能领域,也存在着相似的看法。在知识路径的框架中,记忆被看成与信息相关的过程。在知识生成的问题上,公认的被接受的模式是"数据—信息—知识",而在这个模式里,记忆是处于第二个层次,即与信息相关的层次,表现为信息的编码、存储和提取。此外,在陈霖、张跋等院士看来,记忆被包含在"认知层次""认知基本单元"中,认知层次由知觉、注意、学习、记忆、情绪和意识等构成。在张跋看来,记忆被包含在决策和行动中,如记忆、遗忘在决策和行动中的作用。他们这些观点都支持了记忆附属论观点的有效性。

从人工智能发展史可以看出,大多数学者还是接受了记忆附属论的观点,即记忆是智能的附属,或者是知识产生的低级阶段或者是智能算法的组成部分,更或者是认知基本单元的组成部分。但是,在人工智能领域内,对记忆附属论观点的反思也有所体现。这一领域为我们提供了新的视角:记忆是智能能力展现的条件。

4. 记忆:智能得以可能的条件

作为第二代人工智能的深度学习路径无意走出了一条新路,它是建立在经验之上的学习方式。"……允许计算机从经验中学习,通过概念的等级来理解,

---

① DAVID MUMFORD. Can an artificial intelligence machine be conscious[EB/OL]. (2019 - 04 - 11) [2020 - 09 - 07]http://www.dam.brown.edu/people/mumford/blog/2019/conscious.html.
② 安东宁·图因曼.智能就是算法吗?[M].答凯艳等,译.北京:机械工业出版社,2019:23.

每一个概念都用与之更简单的概念加以界定……概念等级允许计算机通过更为简单的概念来学习复杂概念。如果我们画一个图表来显示这些概念如何建立起来,这个图就是带有许多层的深度图,因此,我们把它称为'深度学习'"。① 在这个界定中,触及经验与记忆、智能与记忆的关系问题。在这种路径中,科学家不再仅仅局限在记忆是智能的附属部分的结论上,他们往前迈进了一步,将记忆理论看作是破解人工智能行为的关键性因素。

在深度学习中,记忆被看作是通达智能的必要条件。这意味着深度学习的提出并不仅仅是人工智能技术的进展,其意义远未被估计出来。在笔者看来,深度学习是人工智能发展的飞跃。在传统的认知范式中,记忆仅仅是整体行为的一部分,甚至是低级阶段,在追求高级能力的过程中,这种低级的能力完全可以被忽视。但是,深度学习改变的是记忆对于人工智能中的地位。在人工智能的决策和行动中,记忆和遗忘远不是低级阶段,而是条件。在哲学看来,这远远不够。记忆与智能的真正关系远没有被揭示出来。

从过程看,深度学习过程是一个基于在先经验的提取特性的过程:"深度学习通过把预期复杂的测绘分解成巢状的简单的测绘序列来解决这一问题,每一个被模式不同的层次来描述。在可见层上呈现输入信息,之所以这样命名是因为它包含了我们能够观察的变量。然后一系列隐藏层逐渐从图像中提取抽象的特性。"②在大多数借助历史数据和图像进行学习的深度学习中,算法是从对象之表征物中提出特性。这个过程有点类似于卡尔纳普的世界之逻辑构造,把更加抽象的表征建立在较少抽象的表征基础上。"深度学习是一种特殊的机器学习种类,通过学习把世界表征为概念的网状系统来获得更大的能力和弹性。这个过程是通过把每一个概念建立在相对简单的概念之上,把更加抽象的表征建立在较少抽象的表征的基础上来实现"。如果从一个正方形的学习来看,这个过程经历了从"边"到"轮廓",从"轮廓"再到"对象"的过程。"这儿的图像是被每一个隐藏单元表征的特性类型的可视化。考虑到像素,通过比较邻近像素的明亮度,第一个层次可以来轻易分辨'边',考虑到第一个隐藏层的对'边'的描述,第二个隐藏层能够轻松寻找角和扩展的轮廓,这些被识别为'边的集合'。考虑到第二个隐藏层用角和轮廓对于图像的描述,通过找到特定角和轮廓的集合,第三

① GOODFELLOW I., BENGIO Y., COURVILLE A. Deep Learning[M]. Boston:The MIT Press, 2016:2.
② GOODFELLOW I., BENGIO Y., COURVILLE A. Deep Learning[M]. Boston:The MIT Press, 2016:6.

个层次能够察觉特定对象的整个部分。最后,用它包含的对象部分的名义,图像的描述能够用来识别图像中表现的对象"。① 这里的对象都可以被称为"可描述性的特性"。深度学习是"阅片无数",它需要学习无数的照片和数据,从而形成自身的经验。"许多人工智能的任务解决的方式是:设计出合适的满足那些任务而提取的特征集,然后把那些特征提供给简单的机器学习算法。例如,一种从声音中识别说话者身份的有用特征是说话者声道大小的估计值。因此它会给出强的线索来显示说话者是男人、女人还是小孩"。② 然而,还有一些任务是无法提取特性集的,这被称为"不可描述性特性"。作者举了一个例子,识别图像中的汽车的例子。"汽车有轮子",但是这样一个特性很难描述。"一个轮子有简单的集合形状,但是它的图像可能被落在轮子上的阴影轮子、金属部分发出眩目的阳光弄复杂了,或者前景中模糊轮子部分的对象也会产生这样的结果"。③ 这种情况人也会遇到。比如在黑夜里无法识别一个人或者一个东西。这一点在现象学中也被作为分析的对象。

这种持续性学习获得的经验成为人工智能机器做出决策和判断的重要根据。持续性学习过程要面对的问题是记忆和遗忘。记忆是确保机器学习经验的积累,克服遗忘的灾难性后果是为了确保后期学习的经验不会影响到先前学习的经验。

但是,机器和人类的差别还是非常明显的。我们可以设计出这样一个思想实验,让机器阅读一封遮蔽作者的信件,然后判断出作者。这个实验曾经被胡塞尔用来描述人类如何识别出作者的过程。"例如,我们手拿一封旧信,它以不确定的一般方式指示着某人,但我们不知道这个人是谁。信的笔迹看起来是我们所熟悉的,而且这时浮现出对好些人的回忆,我们拿不准是谁。当阅读第一行时,对收信情境的确定的、但却绝非直观的回忆浮现出来,而且这个人随机被确定了,当继续阅读这封信时,这个裁定得到确认"。④ 面对这样一个过程,机器如何识别?按照一般的理解,机器会根据字迹的比较来判断出作者。仅此而已。但是对于人类而言,字迹是熟悉的字迹,相伴随的还有对人与事的回忆,更有对叙事情景的回忆。所以在这个过程中,除了认知之外,还有回忆的作用。这样一来,我们从胡塞尔这里看到了一个隐藏的问题:记忆与认知的并列因素远远被忽略了。而我们需要做的是重新呈现出这一对关系,并让这一对关系的思考能

① GOODFELLOW I., BENGIO Y., COURVILLE A. Deep Learning[M]. Boston: The MIT Press, 2016: 6.
②③ GOODFELLOW I., BENGIO Y., COURVILLE A. Deep Learning[M]. Boston: The MIT Press, 2016: 3.
④ 胡塞尔.被动综合分析[M].李云飞,译.北京:商务印书馆,2017: 124.

够为人工智能的理解提供哲学根据。

5. 与智能并列的记忆及其人工智能发展

以上所展现的是人工智能领域对记忆附属论的不同看法，这些看法严格意义上来说并不构成反思和批判。真正的反思和批判还是源自哲学自身的。所以，需要回到哲学来看一下记忆与智能的一种原初独特关系的样式。

中世纪时奥古斯丁与安瑟伦特别指出记忆与智能是灵魂的并列的两大力量之一。"奥古斯丁还遗留给中世纪基督教义一个'三位一体'观，即灵魂具有三重力量：'记忆、智能和天赋'（见西塞罗的《论发明》第 2 章，第 53 篇，第 160 节）。在他的《论三位一体》的专述中，这三位便是'记忆力、智力和天赋性'，三位一体即三位在人身上的映射"。① "秉承圣奥古斯丁的思想，圣安瑟伦又提出了'智能、意志、记忆'这样的三位一体观。安瑟伦将其称为灵魂的三重'高贵性'"。② 这些讨论都是对记忆在灵魂功能地位的描述。"认识主体具备四种相对独立的经验直观能力：知觉、记忆、归纳和证言，它们是对于现象的经验认识的四个来源"。③ 笔者曾经撰文指出过，在灵魂构成中，记忆被看成是灵魂的三大部分之一，与智能并列④；这一观点在灵魂功能观念中又得到了加强。

整个哲学传统所描述出的这种关系让我们必须去思考人工智能建立的智能与记忆的关系，对于他们而言，作为智能体的人工智能，其功能实现过程中，记忆很显然也必须是诸多功能之一，失去了这一维度，人工智能是不完整的。但是，在实现过程中，把记忆放置在认知之下的做法很显然存在问题。因为在这种做法中，认知被看成是智能体的主要功能之一。但是事实上却完全行不通。如此，在智能追求的道路上，无论是模仿人类智能制造出机器智能，还是机器自身生长出智能，更为重要的是回顾更加本源的概念。来自谷歌的顶级人工智能研究团队 DeepMind 更是致力于要"给人工智能加点记忆"。加入的记忆远不是点缀元素，而是体现了深层次的追求，或许这些科学家已经意识到智能与记忆是灵魂真实存在的两种力量。仅仅获得智能远远不够，还需要获得回忆的力量。这才能够导致完美的灵魂的诞生。

从此出发，或许我们能够从记忆哲学而不是技术上勾勒出 AI3.0 的基本特征。AI1.0 基于符号推理的知识驱动，而 AI2.0 是基于深度学习的数据驱动。

① 勒高夫.历史与记忆[M].方仁杰、倪复生，译.北京：中国人民大学出版社，2010：80.
② 勒高夫.历史与记忆[M].方仁杰、倪复生，译.北京：中国人民大学出版社，2010：88.
③ 周昌忠.科学的哲学基础[M].北京：科学出版社，2013：98.
④ 杨庆峰.当代记忆的哲学透视[J].华东师范大学学报，2017(11)：26-37,173.

AI3.0需要克服的是智能的可解释性问题,是真正智能的问题。所以,AI3.0可以看作是基于深度学习的"经验驱动"特征。"经验驱动"中的经验并非是传统知识论框架之中的作为知识来源的经验,而是作为过去记忆之保留的经验。之所以如此至少有三个方面的理由:首先是来自哲学自身的理由。正如前面分析的,缺乏记忆维度的智能并非真正的智能,真正的智能必须与记忆维度共在。其二是来自上述特征概括的根据。符号推理与深度学习都是从机制上来说的,只是在人工智能的研究中,物质性的神经机制是最为看重的因素,而多少忽略了智能自身的精神性因素。在芒福德那里有一种很好的观念,他从意识自身的生成来讨论智能的核心特征。他的分析最终指向了两个方向:情绪和时间性。这种分析颇具哲学意味。如果从此出发,我们所说明的维度中记忆也是意识得以成为对象的条件。如果是这样,记忆作为智能产生的条件就被确立了下来。而这样一来,"经验驱动"就成为可以理解的特征表述了。而且这一表述比数据和知识还要更加稳固,因为后者更多是对象式的结果,而记忆始终是作为是的对象成为可能条件的规定性上。其三,经验驱动相比知识驱动和数据驱动更加具有说服力。人工智能专家强调深度学习是从经验之中进行的学习。如果从此观点出发,经验驱动要比数据驱动更具优先性。数据驱动主要是指深度学习的素材而言,即大数据成为人工智能的驱动力。而数据只是原始的素材,要把数据变成相应的信息还需要提取模式与抽象模式。而这是对深度学习深入挖掘的必然结果。而当触及这个维度时,经验就凸显出来。如此,AI3.0的特征表现为经验驱动就变得具有一定的根据了。当然对于人工智能学家来说是否具有说服力还需要相应的检验。

第五节　灾难性遗忘与通用
人工智能发展

通用人工智能发展过程中面临的最大危机是灾难性遗忘现象,即机器智能无法进行持续性学习,在学习过程中新的学习内容会对旧的学习内容产生影响甚至删除它。面对这种现象,人工智能领域提出了重述路径、注意力路径和分离式表征等多重路径来克服灾难性遗忘现象。伴随着以往路径的失利,分离式表征路径被看作是成为克服上述问题的最大希望。如果这一方法是有效的,那么通用人工智能的技术实现指日可待。所以对分离式表征路径进行哲学分析就显得非常必要。本书则通过哲学方法来检验分离式表征路径的有效性,反思通用人工智能的可能性实现路径的哲学根基。在这一任务之下,本书初步提出两个观点:(1)分离式表征路径的哲学根据是现象学的侧显原则,即对外对象的把握是通过多个侧面完成的;(2)分离式表征路径的问题在于建立在对遗忘的错误理解上,即将遗忘理解为信息的删除。

在人工智能学家看来,持续性学习能力是设计通用人工智能的重要步骤,这意味着需要面对灾难性遗忘现象。[①]"不必遗忘而学习持续性任务的能力对于我们来说是设计通用人工智能系统的重要步骤"。[②] 但是,这一观点未免过于技术化。在笔者看来,灾难性遗忘现象(catastrophic forgetting)是人工智能发展过程中可能面临的危机之一,是制约通用人工智能发展的条件。"对于机器而言,遗忘就是灾难性的……是通用智能形成过程中的一个关键障碍。如何处理灾难性遗忘成为 AI 发展过程中的必须解决的重要问题。所以从这个危机中我们可以看到未来 AI 发展可能需要解决的问题"。[③] 从人工智能发展史可以看出,灾难性遗忘一直是成为人工智能发展过程中的梦魇。1992 年,学者们敏锐注意到联接主义路径中的灾难性遗忘问题;26 年后,随着神经网络深度学习的发展,这一问题依然存在。面对这一问题,谷歌科学家伊琳娜·希金斯(Irina Higgins)(2018)提出了分离式表征的方法来克服这一问题。那么与以往处理路径相比,分离式表征的方案在解决灾难性遗忘的问题上具有怎样的优势? 其哲学根基是什么? 本书试图对这些问题展开进一步的分析。

1. 不同领域中的灾难性遗忘现象及其克服

现代的认知心理学研究勾勒出人类自然认知系统具有持续性学习的特征,即学习行为并不需要完全抹除先前的信息(McCloskey,M,1989)。[④] 在日常生活中能够得到经验的验证,比如我先学会骑自行车,然后去学习弹钢琴。在这个

---

① 讨论人类认知系统中的灾难性遗忘的文献主要是出现在 80 年代末心理学和认知科学中,如 M. McCloskey(1989)、R. Ratcliff(1990)、J. L. McClelland(1995)和 R. M. French(1999)。基本的观点是在联接主义模式中存在着灾难性遗忘,还有学者揭示出婴孩也会存在灾难性遗忘现象(Jennifer M. Zosh,2015)。对于灾难性遗忘的描述主要是阐述新旧信息的关系,比如再后续任务的训练中先前学习的信息内容丢失或者被破坏(Anthony Robins,1995;Joan Serra,2018)。这些界定已经隐含着一个规定性,遗忘是信息内容删除的结果。

② WEN SX. Overcoming catastrophic forgetting problem by weight consolidation and long-term memory [EB/OL]. (2018-10-09)[2020-09-07]https://arxiv.org/abs/,arXiv:1805.07441v1.

③ 杨庆峰,伍梦秋.记忆哲学:解码人工智能及其发展的钥匙[J].探索与争鸣,2018(11):60-66,107.

④ McCLOSKEY M.,COHEN NJ. Catastrophic Interference in Connectionist Networks: The Sequential Learning Problem[J]. Psychology of Learning and Motivation,1989(24):109-165.但是灾难性遗忘对于婴儿来说是存在的,这是不同于成人的地方。(ZOSH JM.,FEIGENSON L. Array heterogeneity prevents catastrophic forgetting in infants[J]. Cognition,2015(136):365-380.)

学习过程中,不需要忘记骑自行车的技能和经验,而完全可以学习弹钢琴。在语言学习领域也是如此,如果学习同一种类的语言,后一种语言学习需要遗忘前一阶段语言学习的内容。这个过程也涉及记忆的问题。这种理解中涉及两类记忆:一类是作为过去信息内容存储的记忆;另一类是保存和提取过去信息内容的能力的记忆。

但是,上述心理学的理论只是说明了持续性学习的条件:新的学习不需要抹除旧的学习,并较少对持续性学习的另外一个条件给予说明:这就是旧的学习经验对于新的学习的推动作用。对人类自身而言,触类旁通和举一反三是持续性学习的一个重要特征。在中国语境中,触类旁通是指能够通过掌握某一事物的知识和规律,就可以推演出同类事物中的其他事物。《周易·系辞上》中指:"引而伸之,触类而长之,天下之能事毕矣。"《周易·乾》指出:"六爻发挥,旁通情也。"再有触景生情、触景伤情等都是指被眼前景物触动而产生情感上的波动。在这些现象背后,我们可以看到这类学习的特殊性:人类学习具有触类旁通的独特性。[①] 所以,持续性学习的两个特征逐渐清楚起来:首先新的学习不会影响到旧的学习内容;其次旧的学习会影响到新的学习行为。

在这个连续性过程中,记忆起到了非常重要的作用。先前的学习经验以某种特定的方式保存下来,并成为经验,这成为后来学习的关键。亚里士多德在《后分析篇》解释了这一点。"从感觉知觉产生出我们称之为记忆的东西,从同一个事物多次重复的记忆发展出经验。因为许多的记忆构成了一个的经验"。[②] 在知识获得过程中,记忆也起到了不容忽视的作用。"那么在现象的变动中,不断变化的印象之流中,似乎固定不变的东西是如何产生的呢? 显然,这首先是由于一种保持能力,也就是说记忆力,记忆力使得我们能够认出哪些东西是相同的,这是抽象最大的成果。从变动不居的现象中处处可以看出一种一般的现象,这样,从我们称之为经验的经常重复的再认识中就渐渐出现了经验的统一"。[③] 先前学习的经验为后期学习提供了很好的经验,借助先前的经验能够更快地学习到后来的技巧。

---

① 人工智能学界用"小样本学习"来描述触类旁通的学习过程,严格来说,这个概念并不能描述触类旁通的学习过程。小样本学习的哲学根据更多是"部分-整体"的知识论框架概念,即可以通过物体部分元素的学习来推演出物体整体的状态或行为,但是小样本学习更多针对同一物体而言,而触类旁通则是面对多个物体或者事件,并非是由同一个部分推演到同一个对象,而是在不同对象之间借助类似和联想获得一般性认识。所以,尽管从形式看,触类旁通也是从一到多,从部分到整体,但是其实质并非是推演的结果,而是更多有经验—想象因素在其中起作用。

② ARISTOTLE A., JENKINSON J., MURE G. R. G. Prior Analytics and Posterior Analytics [M]. Lawrence, KS: Digireads.com Publishing, 2006: 53-54.

③ 伽达默尔.真理与方法[M].洪汉鼎,译.上海:上海译文出版社,2004:863.

　　如果从上述两种记忆的观念出发，那么在讨论到遗忘的时候，我们依然会遇到两种不同观点。如果从信息内容（印痕与印象）的角度理解记忆，那么遗忘则被看作是上述内容的删除；但是如果把记忆看作是一种保存和提取过去信息内容的能力，那么遗忘就是这种能力的丧失或者消减。这两种观点在哲学史上都出现过的，前者主要体现在柏拉图和亚里士多德那里；后者主要体现在康德那里。康德在论记忆的篇章中谈到了遗忘，在他看来，记忆是一种能力，"把过去的事情在眼前回忆起来的能力"①，而遗忘是一种"严重的多的毛病。"②康德把遗忘归因于注意力分散，"但却总是遗忘最近发生的事情。但这常常也由一种习惯性的注意力分散而引起的……这种阅读自然就造成注意力的分散和习惯性的心不在焉（对眼前事物缺乏注意力），记忆力必将由此受到不可避免的消弱"。③ 这种影响一直延续到现代哲学中。传统哲学把遗忘看作是一种缺陷，需要加以克服和改善。

　　在认知领域，学者们意识到人类自身存在这种缺陷。联接主义者芬兰克（French，R M）（1992；1999）指出"一个与联接主义网络有关的主要问题是新近学习的信息可能完全破坏先前学习的信息，除非网络持续地保留旧的信息。这种现象，被称为灾难性遗忘，既对于实践目的，也对于心灵模式都是不可接受的。"④他提出了激活锐化（activation sharpening）的解决方案。这一方案的目的是："允许标准的前馈反向传播网络发展半分布式表征，来减少灾难性遗忘的问题。"当我们离开人类领域进入到软件、计算机等技术领域，依然会碰到类似问题。以通常使用的 word 软件系统来说，就存在着这种现象。第一次我粘贴了一段文字 A，然后第二次我需要信息 B，我需要进行另外的粘贴。如果接下来我需要用 A，则需要重新粘贴。在这样一个过程中，如果我用到 A 必须重新粘贴 A。粘贴 B 的过程实际上是删除 A 的过程。我没有办法做到粘贴 B 的同时保留 A。这是在软件意义上的灾难性遗忘。20 多年后，随着神经网络技术的发展，这一问题并没有因此而消失，依然存在。"不需要丧失先前的记忆信息，人类经常执行新的学习，但是神经网络模式却遭遇了灾难性遗忘现象，其中新的学习消弱了先前功能"。⑤

① 康德.实用人类学[M].邓晓芒，译.上海：上海人民出版社，2005：71.
② 康德.实用人类学[M].邓晓芒，译.上海：上海人民出版社，2005：75.
③ 康德.实用人类学[M].邓晓芒，译.上海：上海人民出版社，2005：76.
④ FRENCH R M. Semi-distributed representations and catastrophic forgetting in connectionist networks[J]. Connection Sci. 1992(4)：365-367；FRENCH R M. Catastrophic forgetting in connectionist networks[J]. Trends in Cognitive Sciences, 1999, 3(4)：128-135.
⑤ HASSELMO ME. Avoiding Catastrophic Forgetting[J]. Trends of cognitive science, 2017, 21(6)：407-408.

2. 灾难性遗忘的克服路径变迁

在上述描述现象讨论中，灾难性遗忘中的"遗忘"到底作何理解？我们碰到了两种不同的观点，其一是对先前信息内容的删除；其二是保持和提取先前信息内容的能力的弱化。而"灾难性"容易理解，主要是从后果论而言，即遗忘对于持续性学习的后果。如果在学习过程中，旧的内容被新的内容覆盖或者保持和提取旧内容的能力减弱，那么持续性学习过程是无法有效进行的，这对于持续性学习来说是根本的缺陷。在人工智能领域，我们会看到：由于这两种观念——作为信息内容删除的遗忘和作为保持能力弱化的遗忘交织在一起，所以，在克服灾难性遗忘的路径上，也就存在着一些矛盾和分歧了。而我们的目的是要对这种克服路径做出阐述了分析，并为后面的工作奠定基础。

那么，在灾难性遗忘的问题上，智能科学界主要采取了哪些措施呢？2017年以来，已经出现了若干篇论文回顾克服灾难性遗忘的路径，如 Conceptors（2017）①、拉普拉斯路径（2018）②、注意力路径（2016）③。李桑五（Sang-Woo Lee）在《通过增强矩匹配来克服灾难性遗忘》的论文中，梳理了近年来克服这一问题的三条主要路径："一个阻止灾难性遗忘的主要路径之一是使用神经网络集，另一条路径使用信息的隐含分布存储，在典型的随机梯度下降学习中使用；第三条路径与正则化（regularization）有关的路径，无遗忘学习与弹性权重固化路径。"④在这一基础上作者提出了 IMM 路径。"存储先前的信息和使用它来重新训练模式是最早尝试克服灾难性遗忘的策略，如重述策略……其他克服灾难性遗忘的策略是减少表征层次"。⑤ 这些表述未免过于技术化，难以被哲学领

---

① Overcoming Catastrophic Interference by Conceptors，arXiv：1707.04853，2017。Conceptor 的概念非常有趣，其主要是解决大脑功能整合的问题，在人工智能界，从现象、功能、机制和对象等角度探讨 agent 的问题，为了解决这一问题，他们从不同学科借鉴了相应的概念，但是这些概念彼此之间的割裂情况非常严重。如何把这些概念整合成功能整体成为一个重要挑战。科学家也提出了多种范式，如行为主义、网络大脑、心灵社会等等概念，但是都不成功。Conceptor 在 2014 年被提出来作为一种新的可能性。在一篇导论性文章中，作者 Herbert Jaeger(2014)给出了定义"这是一种神经计算机制，它就像干细胞，能够区分为神经计算功能的多样性，通过这种方式，它们在看似多样的神经认知现象底下显示了一个共同的计算原则。"(JAEGER H. Conceptors：an easy introduction[EB/OL]. (2014 - 06 - 10)[2020 - 09 - 07].https：//arxiv.org/abs/1406.2671.

② RITTER H.，BOTEV A.，BARBER D. Online Structured Laplace Approximations For Overcoming Catastrophic Forgetting[EB/OL]. (2018 - 05 - 20)[2020 - 09 - 07].https：//arXiv：1805.07810.

③ SERR J.，SURIS D.，MIRON M.，KARATZOGLOU A. Overcoming Catastrophic Forgetting with Hard Attention to the Task[EB/OL]. (2018 - 01 - 04)[2020 - 09 - 07]. https：//arxiv.org/abs/1801.01423.

④ LEE SW.，et al, Overcoming Catastrophic Forgetting by Incremental Moment Matching[EB/OL]. (2017 - 03 - 04)[2018 - 10 - 9]. https：//arxiv.org/abs/arXiv：1703.08475v3.

⑤ LEE SW.，et al, Overcoming Catastrophic Forgetting by Incremental Moment Matching[EB/OL]. (2017 - 03 - 04)[2018 - 10 - 9]. https：//arxiv.org/abs/arXiv：1703.08475v3.

域学者所理解和掌握。为了实现这一点，可以从两种遗忘观念入手来看不同的克服路径，并找到更具有哲学根据的克服路径。我们基本上可以区分为 5 种路径。

第一种是重述路径。这也是最早的克服路径，20 世纪 90 年代学者提出重述路径（rehearsal approach）。[①] 1995 年，安东尼·罗宾斯（Anthony Robins）提出了重述机制（rehearsal mechanism）来克服灾难性遗忘。重述机制主要是指：“当新信息增加进来的时候，对一些先前的学习信息的再训练。”为了避免重述机制中的问题，作者提出了“伪重述”的方法，即提供重述的好处，但是实际上不需要获取到先前学习过的信息自身。“重述与伪重述可能具有应用效果，在旧有的信息最小损坏的情况下，它允许新的信息被整合到一个现有的网络中”。[②] 在重述路径中，其主要目标是确保旧有信息的最小损坏，并在此基础上将旧的信息尽可能大地整合到新的网络中。这一做法的基础很显然就是将信息内容的保护和整合机制作为克服灾难性遗忘现象的关键，遗忘作为旧有的信息内容的删除成为很重要的理论假设。这一假设的根据主要是在于神经科学对于记忆与遗忘的理解，即从信息内容的角度去理解上述现象。

第二种是记忆路径。2017 年，智能科学家提出了新的克服路径：巩固路径（consolidation approach）。[③] 具体如弹性权重固化路径（elastic weight consolidation），“EWC 在新的学习期间允许先前任务的知识被保护，因此避免了旧能力的灾难性遗忘，通过选择性地降低权重弹性，因此与神经巩固的神经生物模式平行”。[④] 这种做法的本质是为旧的知识内容建立一个保护机制，从而将旧的知识保存更多时间，通过这种方法使得灾难性遗忘加以避免。在这个方法中，首要的是要确立权重。“为了证实这种限制选择以及定义哪一个权重对任务而言最重要”。这种方法是一种类比，其根据是神经科学，“在大脑中，通过减少对于先前学习任务重要的神经元可塑性，神经巩固保证了持续性学习。我们执行了一种算法，通过限制重要的参数来保持与旧值的接近，它在人工神经网络中

---

① FRENCH R M. Semi-distributed representations and catastrophic forgetting in connectionist networks [J]. Connection Scicence, 1992(4): 365 - 367.

② ROBINS A. Catastrophic Forgetting, RehearsalPseudorehearsal[J]. Connection Science, 1995, 7(2): 123.

③ 这方面的代表性成果如：WEN SX. Overcoming catastrophic forgetting problem by weight consolidation and long-term memory[EB/OL]. (2018 - 10 - 09)[2020 - 09 - 07]. https://arxiv.org/abs/, arXiv: 1805.07441v1; ZACARIAS AS., ALEXANDRE LA. SeNA-CNN: Overcoming Catastrophic Forgetting in Convolutional Neural Networks by Selective Network Augmentation[EB/OL]. (2018 - 02 - 22)[2020 - 09 - 07]. https://arxiv.org/abs/1802.08250.

④ KIRKPATRICK J., et al. Overcoming catastrophic forgetting in neural networks[EB/OL]. (2016 - 12 - 02)[2018 - 10 - 9]. https://arxiv.org/abs/1612.00796.

完成了一个相似操作"。① 所以在这种做法中,首要地是判断对于任务本身来说,哪一个权重更重要。"这种算法减慢了依靠特定权重的学习,它们基于与先前可见任务如何重要"。② 它的作用是确保了持续性学习,如在监督学习语境和增强学习语境中允许了持续性学习。上述两种路径中,他们均建立在一个共同的假设之上:对旧记忆内容的保留。要么强化旧的内容的存留时间,要么减弱新的学习对于旧内容的影响。

第三种是表征学习路径。随着图像识别技术的发展,人工智能界开始提出新的克服路径:分离式表征路径(disentangled representation)。③ 分离式表征是一种新的与深度学习有关的概念,被运用于图像、语言和文本的分析中,这种概念为 AI 的视觉预测能力提供了可能(李飞飞,2018)。④ 这种预测与预见能力与生成模式有着密切的关系。"生成模式(The generative model)在学习分离式表征中是有帮助的。它是一种学习概率分配的方法论,根据在隐藏空间内的代码产生新的样本,通过学习合适的参数,它能逐渐学习产生新的与目标对象同样的新数据"。⑤ 具体表现为表征路径所要解决的问题是由于姿势变化而导致的识别问题。"然而,姿势变化脸部识别(PIFR)远未被解决,最近的一项研究显示:大多数算法从前方—前方到前方—侧方脸部识别证实效率要降低超过10%,然而人类识别效率仅仅轻微降低"。⑥ 遗忘意味着这种能力丧失而导致原有的信息无法被提取。所以,这种路径主要是通过建立新的能力来克服灾难性遗忘。如果记忆是一种提取能力,那么,所谓遗忘就是这种提取能力的丧失。

第四种就是注意力路径。这条路径与哲学密切相关。人工智能学界引入注意力机制更多是源自心理学领域。其本意是让神经网络能够更多专注于输入的特定部分,以便带来新的功能。人工智能领域中,将注意力机制区分为两类:轻微注意力(soft attention)和重点注意力(hard attention)。重点注意力是"通过随机梯度下降(随机梯度下降,Stochastic Gradient Descent [SGD]),它同时面

①② KIRKPATRICK J., et al. Overcoming catastrophic forgetting in neural networks[EB/OL]. (2016 - 12 - 02)[2018 - 10 - 9]. https://arxiv.org/abs/1612.00796.

③ HIGGINS I, et al. Life-Long Disentangled Representation Learning with Cross-Domain Latent Homologies[EB/OL]. (2018 - 08 - 20)[2018 - 10 - 9]. https://arxiv.org/abs/1808.06508.

④ JUN-TING HSIEH, et al. Learning to Decompose and Disentangle Representations for Video Prediction[EB/OL].(2018 - 01 - 11)[2018 - 10 - 21]. https://arxiv.org/abs/1806.04166.根据李飞飞在本文中指出的,视觉预见包括早期识别与活动预见、人类姿势与轨迹预测、未来框架预见等。

⑤ ZEJIAN LI, et al. Unsupervised Disentangled Representation Learning with Analogical Relations[EB/OL].(2018 - 04 - 25)[2018 - 10 - 21],https://arxiv.org/pdf/1804.09502.pdf.

⑥ TRAN L., et al, Disentangled Representation Learning GAN for Pose-Invariant Face Recognition[C/OL]. [2018 - 10 - 9]. Conference Paper, 2017, DOI: 10.1109/CVPR.2017.141.

向任何一个学习任务,先前的遮蔽被用来调节这样的学习"。后者被证明在克服灾难性遗忘问题上颇有成效。"我们显示提出的机制在减少灾难性遗忘上是有效的,减少当前的比率从45%—80%……通过运行一系列具有多种数据集和技术发展水平路径的实验,我们已经显示这一路径克服图像分类语境中灾难性遗忘的有效性。"①

第五种是遗忘路径。"所有现存的方法都可以概括化为主动遗忘机制,一种重要的变化是主动遗忘机制对于特定任务而言独立地激活了必要的神经元"②。在讨论部分,论文提出了人类可以使用主动遗忘系统来解决层级任务。"它提出人类能够使用主动遗忘系统来解决深层的问题,如果主动遗忘系统被引入人工智能系统,这个假设会提出:(1)作为普遍层级架构的遗忘;(2)无用计划的悖论"③。假设(1)说明的是神经元由任务决定,模式在学习新的任务时,神经元从许多用于解决一个高层任务的神经元中选取出来。对于(2)来说,更加有趣。"基于经历(experience),如果系统能够在每一个环境中选择正确的行动,计划变得不必要"④。

应该说,人工智能领域克服灾难性遗忘现象建立在对遗忘观念的把握上,也经历了从内容到能力的转变。早期的克服路径主要是将记忆和遗忘看作是信息内容的保持与删除,如重述路径、记忆路径。但是后来的路径主要将记忆和遗忘看作是能力的变化,如表征学习路径和注意力路径,强调对旧有内容的强化保持能力。而遗忘路径则是正视遗忘作用,尤其是强调主动性遗忘的作用,这种做法将遗忘看作是主动性,在特定任务执行中激活了必要的神经元。其实质还是难以摆脱记忆假设,但是值得注意的是,这一路径强调了"经历"(experience)的作用。如果人工智能具有经历成为可能,那么它走向回忆主体的道路就在理论上扫除了必要的障碍。

3. 灾难性遗忘与持续性学习

严格来说,本书对持续性学习的哲学反思触及了其根基,即灾害性遗忘问题。正如上文所说,这一问题贯穿人工智能发展历史中,也是机器学习不可回避的基础理论问题之一。如果这一基础问题没有解决,机器持续性学习无法有效得到解释,通用人工智能的设计和发展也会遭遇瓶颈。所以,必须要对当前克服路径做出梳理和反思。本书对持续性学习哲学反思增加了一个被忽视的维度,即过去学习经验对于未来学习的影响。在我们看来,持续性学习不单单是新的学习与旧的学习

① SERR J., SURIS D., MIRON M., KARATZOGLOU A. Overcoming Catastrophic Forgetting with Hard Attention to the Task[EB/OL]. (2018 - 05 - 29)[2018 - 10 - 11]. https://arxiv.org/abs/1801.01423.
②③④ IERUSALEM A. Catastrophic Important of Catastrophic Forgetting[EB/OL]. (2019 - 11 - 27)[2020 - 09 - 07]. https://arxiv.org/abs/1908.07049v1,2018.

之间"共存",而是有着"共融",共存意味着旧的学习与新的学习之间互不影响,彼此可以共同存在;因为编码能力、承载能力等限制,新的学习不需要删除旧的学习。但是共融则体现为两个方面,一方面是旧的学习对新的学习具有双重作用,干扰或者促进。这种双重作用中的干扰也说明了人类自身的学习有时候也会存在"遗忘",但是这种"遗忘"不是灾难性的,反而是有助于排出无效信息的干扰。而促进则更多体现为前面所说的融会贯通、触类旁通,旧的学习会成为新的学习的基础和条件,这确保了持续性学习的持续性不仅仅是时间上的连续,而是内容上的融合。

在上述论文谈及持续性学习的时候,均是指新的学习对旧的内容的影响。所以在克服灾难性遗忘的主要方法是通过多种方式稳固保持旧的内容信息。这一克服思路本身没有任何问题,因为机器学习过程碰到的最大问题是新的内容删除旧的学习内容,所以需要通过特定方法保持旧的内容不受新学习的影响。这一思路的基础却存在着一定的问题。在这个现象中,遗忘得到了怎样的理解呢? 很明显,遗忘在不同的领域都有一个共同的特征:信息内容的删除。如果我们把学习划分为不同的过程:A、B、C。B的学习会干扰到先前的学习结果A,而C的学习会干扰到B。所以"灾难性"也主要是从影响的后果来说,因为B的学习会删除A的相关内容或影响到A的巩固,所以会导致灾难性后果。但是,这种阶段性的理解是否存在问题呢? 自然科学理解的问题在于仅仅从两个相继事件之间的关系进行。但是从现象学的时间构成看,时间的相继性只是一个假象。在胡塞尔的《内时间意识现象学》中,他阐述了现象学的时间意识构成问题。"我们这里所说的'流逝现象',或者更好地是说,'时间位置的样式',并且就内在客体本身而言所说的是它们的'流逝特征'(例如现在、过去)。关于流逝现象,我们知道,这是一个不断变化地连续统一,它构成一个不可分割的统一,不可分割为各个能够自为存在的片段,并且不可划分为各个能够自为存在的相位,不可划分为各个联系的点"。[①] "只要有一个新的现在出现,这个现在就转变为过去,而且与此同时,前行点的诸多过去的整个流逝性都挪移下去,均衡地挪移到过去深处……流逝样式的系列凸显出来,它不再含有(这个延续)的现在,这个延续不再是现时的延续,而是过去的并且持续更深地沉入过去之中的延续"。[②] 所以通过现象学的分析,我们可以看到自然科学的理解存在至少两个问题:(1)相继性只考虑到2个构成事件,旧的学习内容与新的学习内容之间的划分是基于2个不同时间段划分的结果;(2)两个相继事件的关系是可以各自独立存在的,比如通过特定的方式保持旧的内容。所以,这种看法更多

---

① 　胡塞尔.内时间意识现象学[M].倪梁康,译.北京:商务印书馆,2009:59.
② 　胡塞尔.内时间意识现象学[M].倪梁康,译.北京:商务印书馆,2009:60-61.

是理智思考的结果。而现象学给予我们对相继性的理解强调了看似能够分隔的事件之间存在着不可分割的关系，如果对不同学习事件加以区分的话，当前学习事件不仅仅影响到上一个序列的学习，而是符合时间意识构造的特征。

　　4. 表征学习路径的哲学根据及其问题

　　在人工智能领域，表征学习（representation learning）是机器学习领域的重要路径。[1] 2018 年以来，这种借助分离式表征学习方法克服灾难性遗忘的路径逐渐备受瞩目。"我们已经通过介绍几个新的关键构成部分引入了 VASE，它是一种全新的长时间无监督表征学习的路径，建立在分离式因素学习的近期工作之上……我们已经显示 VASE 能够学习数据集序列的分离式表征。它无需体验灾难性遗忘，通过动态地分配多余表征新的信息来实现这一点"。[2] 那么这一方法称为最有可能路径的根据是什么呢？ 根据伊琳娜·希金斯的看法，分离式表征方法有独特的优势。"不同于其他持续性学习路径，我们的算法不需要维持过去数据集的重演缓冲器，或者在每一个数据集关闭之后改变丢失功能。事实上，它不需要数据集呈现序列的任何先天知识，因为在数据分配中这些改变被自动推演。它以一种类似于生物智能的范畴知觉特性的方式解决了模糊性。最重要的是，VASE 允许分享不同数据集之间潜在因素的语义意义，它使得 VASE 执行跨领域推演和想象驱动探索。总体来说，这些特性使得 VASE 成为一个学习表征的有前途的算法"。

　　首先碰到的问题是：如何理解数据表征和表征学习中的"表征"？ 在智能科学家看来，表征和方面（manifold）与特征（features）有关系。"一谈到表征，人们可以需要通过考虑在已学习表征中被捕捉或者反思（通过相应的变化）的输入空间中的变量来考虑一个方面（manifold）"。[3] 我们为何需要表征学习？"一个 AI 必须基本上理解我们周围的世界，我们论证道如果它学习识别和分离隐藏在低层次感觉数据中的可观察环境中的下层解释性因素"。[4] 这里的关键是"隐藏在低层次感觉数据中的可观察环境中的下层可解释的因素"，这是被识别和分离的对象。

　　这一路径让我们看到了其背后的现象学根据：侧显原则。"任何空间对象都

---

①　BENGIO Y., COURVILLE A., VINCENT P. Representation Learning: A Review and New Perspectives [C/OL]. IEEE Transactions on Pattern Analysis and Machine Intelligence, 2013, 35(8): 1798 - 1828. doi: 10.1109/tpami.2013.50.

②　HIGGINS I., etal. Life-Long Disentangled Representation Learning with Cross-Domain Latent Homologies [EB/OL]. (2018 - 08 - 20)[2018 - 10 - 14]. https://arxiv.org/abs/1808.06508.

③　BENGIO Y., COURVILLE A., VINCENT P. Representation Learning: A Review and New Perspectives [C]. IEEE Transactions on Pattern Analysis and Machine Intelligence, 2013, 35(8): 1813.

④　BENGIO Y., COURVILLE A., VINCENT P. Representation Learning: A Review and New Perspectives [C]. IEEE Transactions on Pattern Analysis and Machine Intelligence, 2013, 35(8): 1798.

必定在其中显现的视角、透视性的映射始终只是使它达到单面的显现。无论我们可能如何充分地感知某物，那些应归于它并且构成它的感性事物性的特性绝不会全部落入此感知之中"。① "在看桌子的前面时，只要我们愿意，我们能策动一个直观的表象进程，一个诸视角的再造性的进程，借此进程，这个物看不见的面便被表象出来……我们所做的无非是将一个感知进程当下化，在此进程中，我们在从感知过渡到新感知时会在原本的视角中从不断更新的各面看对象"。②

再看整个机器学习的实质："机器学习就是算法通过对大量数据集合进行自动分析，来识别世界上的各种规律模式的途径。"算法如何识别出对象呢？"当处于各个连续层面的神经元都做出反应时，一幅关于世界的画面就算填充完整了，期初它的分辨率还仅仅是在概念性层次上（这是一条线、这条线是物体的边缘），随后采集到特征越来越细微的细节聚集起来，最高层次的认知标准被激活了，一个与恰当的标签联系起来，输出神经元最终给出判断：这是一个叫瑞吉的人正在阴影中"。③ 这明显与现象学的"充实"（fulfilment）概念是一致的。"充实即空意念和被充实意念之间的相符性的经验。一切知觉经验都包含着空意念和被充实意念的一种交织性混合物"。④

在这一领域，持续性学习获得了一种新的表述形式：如何确保旧的学习内容被迅速识别？这一表述方式改变了传统的提问方式，在传统的路径中，主要是追问如何确保旧的学习内容继续存在，不受新的学习的影响。从"继续存在"到"迅速识别"是旧内容保持到被识别的转变。表征式学习恰恰是指向不同的呈现面的学习方式。比如在人脸识别问题上，机器可以通过不同姿势如侧面的人脸来识别出最原初的正面形象。

5. 结论

可以说，分离式表征路径是人工智能领域面对灾难性遗忘提出的最具希望的方案，这一方案让我们看到 AI 具有想象力、预测力等多种未来可能性，让我们看到灾难性遗忘被克服的前景。通过上面的分析，我们也看到这一路径的可能性哲学根基，这种根基的提出更加论证了这一方案的可靠性。但是，正如本书前面提出的，AI 领域灾难性遗忘现象并不是一个孤立的属于技术范围的问题，它让我们面对人类自身的老问题：AI 对于我们理解自身及其人类文化发展和传

① 胡塞尔.被动综合分析[M].李云飞,译.北京：商务印书馆,2017：15.
② 胡塞尔.被动综合分析[M].李云飞,译.北京：商务印书馆,2017：16.
③ 格林菲尔德,亚当.区块链、人工智能、数字货币[M].张文平等,译.北京：电子工业出版社,2018：261.
④ 莫兰,德尔默.胡塞尔词典[M].李幼蒸,译.北京：中国人民大学出版社,2015：95.

承的问题有着怎样的启发？同时也让我们面临新的问题，AI 的预测能力与回忆能力到底如何不同于人类自身？

此外，从问题本身看，灾难性遗忘涉及是学习的持续性和断裂性的关系，对于人类个体而言，存在着特定阶段的遗忘现象，对于人类特定的认知结构来说，这种现象是必然的一个结果吗？随着人工智能领域对于遗忘作用的正视：遗忘在神经网络决策中的正面作用，这一点会为我们对人类文化延续现象与断裂现象的思考给予启发。对于人类文化来说，延续与断裂是共存的现象，各有其意义。断裂所产生的结果并非是灾难性的，而是具有创新的意义，如此，我们会对以断裂为基础的遗忘正视，遗忘对于人类社会而言，并非是传统记忆哲学中所说的记忆能力的削弱或者是违背记忆伦理的行为，而是体现出一种新的意义，那种对于个体来说，是促进成长的意义，对于社会来说，是促进创新的意义。

第六节 人工智能改变人类
劳动记忆的可能性

哲学与人工智能相遇是这个时代最为重要的事件之一。前者是最为古老的学科，后者是最新的学科。此次相遇将两大问题呈现出来：取代问题和超越问题。取代问题探讨智能机器能否取代人类劳动和工作[1]；超越问题探讨机器智能能否超越人类智能。[2] 本书将重点讨论第一个问题。从现有讨论取代问题的方式看，多见于日常生活或者媒体，充满了渲染和修辞，其目的是博人眼球，较多探讨取代的乌托邦或者敌托邦的后果。[3] 在笔者看来，人工智能是海德格尔式的座架本性在智能时代的显现。如今生成对抗网络的图像生成大体上说已经突破了视觉性图灵测试，人们已经根据肉眼无法识别生成性对抗网络生成人脸的真假。在 AI 辅助诊断癌症的速度和准确率上，人工智能早已超越人类行为。所

---

[1] Mckinsey Global Repror 已经指出人工智能正在取代人类工作。到 2030 年，人工智能和机器人将消除 30%（约 8 亿）人的工作，中国近 1 亿人或面临职业转变。这份报告《自动化时代的劳动力转变》，主要提出（1）全球 50% 的工作可以被机器人取代；（2）6 成的工作岗位，其 30% 的工作量可以被机器代劳；（3）2030 年，保守估计全球 15% 的人会因为 AI 工作会发生变化，预计影响近 8 亿人。

[2] 2019 年 5 月份，图灵奖获得者齐聚中国成都商讨人工智能能否超越人类智能；这次讨论由原澳门大学校长赵伟教授主持。

[3] 2019 年有一本著作描写了取代论的关系及其后果。这本书主要讨论技术解放论（technoliberalism）和自动化的关系。其主要探讨人工智能取代后果的反思，即能否导致人类解放的问题。而对取代本身的思考还是较少。ATANASOSKI N., VORA K. Surrogate & Humanity: Race, Robots, and the Politics of Technological Futures[M]. Durham: Duke University Press, 2019.

以,继续讨论"会不会""能不能"已经没有太大意义。我们更需要的是直面这种取代本身所指,如人类实践活动形式劳动、工作被取代关系的实质。本书将从劳动的语义学分析开始,揭示与劳动有关以痛苦和压抑为特征的文化记忆,探寻哲学史上的劳动记忆论断,并在此基础上阐述技术取代如何改变上述文化记忆的可能性。

1. 人类劳动划分及机器活动的双重本质

从语义学角度看,劳动(labor)至少包含了 6 种含义:(1) 具有精神或者身体的工作、苦工(toil)含义;(2) 工作、工业的应用;(3) 从事的特定的工作和任务,尤其是非常困难的、大力神(Hercules)从事的任务;(4) 工作、生产的结果或者产品;(5) 与身体上的困难、苦工、艰苦和压力有关的任务;(6) 与撕扯有关的身体压力。① 从牛津—拉丁语辞典中关于 labor 的词义分析中有两点是需要注意的:(1) 有三个定义是用工作(work)来解释劳动,这意味着工作—生产与劳动有着内在的一致性,被用来规定劳动自身,揭示劳动之所以为劳动的本质规定性,也恰恰是在这个意义上,劳动与工作是一体的。(2) 有三个定义显示出劳动更多是和苦力、身体或者精神上的压力有关系。高瑞泉教授也在中国古代汉语中"劳动"的词源学考察中指出了相似的规定。"从词源学的向度说,古代汉语中早就存在'劳动'一词,不过其意义是指一般的劳作、活动,而且在'大传统'中略微带有负面的意蕴,体力劳动更是如此"。② 语义学规定的明显缺陷是无法说明劳动如何成为人类得以维持生存和生活质量的条件,更没有说明上述行为的特定主体:传统社会中的人类劳动者和智能社会的非人能动者。所以不能为人们分析人工智能取代人类劳动确立足够的根据。

从哲学角度看,与劳动有关的人类活动描述概念包括行为(behavior)、工作(work)、行动(action)等。③ 这些多与人类实践活动相关。一旦我们从实践活动入手,那么就会触及人类活动的形式区分。在哲学史上,我们能够看到对于人类活动的划分多是二元划分。最初是存在于理论活动与实践活动的划分。这种划

---

① SOUTER A. Oxford Latin Dictionary[M]. Oxford:Oxford University Press, 1968:991.
② 高瑞泉."劳动":可作历史分析的观念[J].探索与争鸣,2015(8):26-28.
③ 除了行为之外,其他概念都可以看作是实践活动的表现形式。行为是用来描述人与动物共同的生物特性的概念,如身体受神经机制支配的动作、包括感知等大脑的意识动作,这个概念多限于生物学领域;劳动则是用来描述人类与动物区相异的规定性,劳动(制造工具的活动)使得人与动物区别开的规定性(如马克思)。但是马克思那里把劳动等同于制造工具的活动,所以存在歧义性;而工作是比较好的作为人类特定活动的普遍形式,比如利用技术的活动;行动(action)则更加适合描述人类作为政治存在物的范畴,比如利用人的活动。职位(job)是具体的、描述的说法,一般情况下,工作与职业相当于同义词,在人类社会进化过程中,职业专业化的过程是不同工作细化的过程;工作的自动化过程就是工作被自动机器取代的过程。

分可以追溯到古希腊哲学。柏拉图和亚里士多德将人的活动划分为沉思的活动与实践的活动。从价值角度看,前者比后者价值更加尊贵;从活动形式看,沉思的活动涉及的是思想的运作;后者涉及的是与技术有关的活动。这种划分主要澄清了活动的主体。沉思的主体被设定为精神或灵魂;实践的实体被设定为身体。但是这种划分的出发点却是抽象的。在二者那里,人是什么样的人并没有得到明确的界定。而且留下了一个空白:如何界定政治活动? 如何理解奴隶活动? 这是上述基于理论—实践框架划分模式无法解决的问题。对这种局限的克服导致了新的划分的出现。这就是劳动与行动的区分。这种划分可追溯到德国近代哲学,并且在当代德国哲学中得到了延续和继承。所谓劳动,即"通过使用技术而对自然环境的操控,它是由工具理性引导的……它被看作是人之为人的三个基本特征之一……在黑格尔那里,正是通过劳动,人与周围的世界发生关联,同时改造它"。[①] 而行动多指向人与人发生关系。这种划分的好处是对活动的对象做出了明确规定:劳动指向物质对象,行动指向人类自身。并且这种划分为理解政治活动、奴隶活动提供了可能。但是这种划分的局限是无法明确活动的具体语境;与具体语境有关的划分表现在"事"与"活"的区分,这种区分将人类活动的两种形态给予明确,与之相应的是"做—事"和"干—活"的两种行为。这种划分无法追溯到某个特定阶段,只是这两个说法常常用来描述一种日常,出现在很多影视剧中的"做事了""干活了"更多是描述了一种日常平凡人语境中的人类活动状态。上述两个二元划分的框架都包含着一个基本预设:能动者的优先性。无论是理论活动/实践活动、劳动/行动、事/活的划分,其主体都是能动者,作为主体存在的人。但是如何解释被动者的活动呢? 或者说奴隶社会中奴隶的活动以及工业社会中像机器一样工作的人的活动呢? 奴隶很显然不具备自我意识,其活动主要是遵循着主人的意图的活动。以机器方式行为的人相比奴隶,拥有了自我意识,但是自我意识被机器所淹没,如在生产线上的工人,也就是马尔库塞曾经分析过的"单向度的人"。

　　具有这种解释力的框架来自三元划分的框架。阿伦特为我们建立起来的是一个三元框架:劳动、工作和行动。她在《人的条件》一文中成功地将人的条件设定为劳动、工作和行动等三个维度。劳动是三种条件中的最基本的规定性。"去劳动意味着被必然性所俘获,这种被俘获内在于人类生命的条件之中。因为人们被生活的必然性所统治。他们通过借助力量,统治那些服从于必然性之人,

① 安德鲁·埃德加.哈贝马斯:关键概念[M].杨礼银,朱松峰,译.南京:江苏人民出版社,2009:87.

可能会赢得他们的自由"。① 在她看来,劳动是与动物活动相关,工作是与技术有关的活动,而行动则是与人有关的政治活动。很显然,我们用"劳动"可以解释奴隶的活动。"工作"可以用来解释作为主体的人的活动以及像机器一样工作的人的活动。但是阿伦特的框架也有一个预设是被遮蔽的:技术的工具性。在上述划分中,技术成为实践活动的工具,成为劳动得以可能的工具,服务于做事干活的目的。这一点在传统社会中是成立的,工业机器及其后来的计算机并不具备自我意识,只能接受指令,依然停留在工具层面。而在智能社会中基于神经网络和深度学习的智能机器已经远不是机械意义上的机器了,"深度学习的精妙之处更在于能够自动学习提取什么样的特征才能够获得更好的性能"。② 它们首先可以像"人一样思维和行动"(S.J. Russell)。随着通用智能技术的成熟以及相应难题的解决,如灾难性遗忘,智能机器完全可以发展出自己的经验和经历,甚至产生机器活动甚至自主意识。所以需要发展出新的理论框架将机器活动纳入理论的解释范围。

　　当我们对机器活动展开探讨的时候,已经碰到了机器工具性设定的界限。在界限边缘处,双重的本质开始显现出来:其一是人类工作的深度科技化(自动化—智能化)趋势,取代意味着通过自动化—智能化的方式让人们摆脱身体痛苦压力和劳作,从而获得自由状态;其二是机器活动的崛起(机器的自我意识),机器从"准人类活动"向自身活动的过渡。它们共同指向了劳动及其自身的中断。

　　第一重本质问题:人类活动的深度科技化过程。在第一个结构中,经济现象的描述和哲学话语分析很容易混淆在一起,比如就劳动与工作的区分而言。我们首先面对的是人类工作被取代的大量现象。众多的相关研究已经指向了这个趋势。我们不需要太多地描述现象,而是分析其实质,实质是人类工作自动化的可能性。即哪些工作易于被自动化? 在人工智能发展过程中,机器已经取代人类某些特定的岗位。比如用无人机送快递、用机器人陪伴他人。美国学者保罗·多尔蒂指出了未来的变化:出现新的工作模式、关键企业流程中出现新岗位和传统工作流程被全面颠覆等观点。③ 在我们的生活中,某些工作的主体在发生着极大的变化。甚至是艺术创作的主体,算法 min max Ex[log(D(x))] + Ez[log(1−D(G(z)))]曾经制作出一幅艺术作品《爱德蒙·贝拉米肖像》,拍卖

---

① ARENDT H. The human condition[M]. Chicago: University of Chicago Press, 1998: 83.
② 山下隆义.图解深度学习[M].张弥,译.北京:人民邮电出版社,2018: 6.
③ 此观点见保罗·多尔蒂.机器与人:埃森哲论新人工智能[M].赵亚男,译.北京:中信出版集团,2017,第二部分的第五章、第六章。

了 43.25 万美元的市场价值。如此,形成了一种多元的工作主体状态,人和机器都可以成为工作主体。或许在未来的社会中,无人机送快递与人类送快递并存。在这一现象背后是人类工作岗位的自动化、智能化的深度融合,甚至是完全的被智能机器替代。对工作的分析势必指向对劳动及其他实践活动的分析,我们可以想见,其都是人类实践活动的自动化过程。以机器为特征的自动化席卷着人类的多数实践活动。

第二重本质是关于机器活动及其自我意识的崛起。这一点的内涵远未被揭示出来。从哲学史上看,哲学家认可了人类劳动对人类自身发展所具有的意义。比如黑格尔将劳动看作是奴隶从事的特有活动。"因此正是在劳动里,奴隶通过自己再重新发现自己的,才意识到他自己固有的意向"。① 在他看来,意识得以发展和提高的前提条件是恐惧和陶冶事物的劳动。"陶冶事物的劳动"的作用是必要的,"没有陶冶事物的劳动则恐惧只停留在内心里,使人目瞪口呆,而意识也得不到提高与发展"。② 黑格尔的揭示让我们明晰了恐惧与意识产生的关系,如果"机器活动"及其"恐惧"有效,那么机器自我意识崛起也是非常有可能的。③

2. 劳动的痛苦记忆与自然中断的意义

词义学的分析已经表明:劳动意味着身体与精神的双重劳作,与身体的痛苦和压力直接相关。语义学的历史导致了一种独特的以痛苦与压力为特征文化记忆。这一点也可以得到个体体验和哲学论证的支持。从个体记忆角度看,个体在恶劣条件和环境下产生的是痛苦的个体记忆。我们在马克思相关著作中看到诸多的描述。在《马克思恩格斯全集》第 11 卷的说明中,我们看到这样的描述:"马克思为了揭穿自由贸易派关于英国劳动人民是'幸福'的谎言,他根据工厂视察员的报告材料描述了英国工人群众特别是妇女和童工遭受剥削的触目惊心的景象。他指出资本主义企业的恶劣的劳动条件,劳动保护几乎完全没有,因而工人的健康和生命经常遭受威胁。"④这意味着马克思已经有意识地指出了特定社会制度下劳动给人带来的痛苦记忆。他用"异化劳动"来阐述了资本主义制度的劳动异化本质,为分析奴隶社会、资本主义社会等特定社会下劳动的痛苦记

①② 黑格尔.精神现象学[M].贺麟,王玖兴,译.北京:商务印书馆,1997:131.

③ 人工智能领域的专家大卫·芒福德(David Mumford)在一篇《人工智能的机器可能有意识吗》的文章中指出,如果希望 AI 真正拥有自主意识,它必须在某种意义上拥有自己的情绪。他谈到了多种情绪,其中也包含了恐惧。但是大卫并不了解黑格尔。这意味着人工智能的意识讨论能够从黑格尔的哲学中找到某种根据。存在这样一种可能性:机器意识的自觉发生存在着两种条件,劳动与恐惧。如果说智能机器取代人类工作意味着机器劳动的发生,而恐惧将随着机器记忆与经历的形成而逐步形成。同样,人类保有对 AI 的恐惧也有助于合适的人类智能人文意识的发生。

④ 中央编译局.马克思恩格斯全集:第 11 卷[M].北京:人民出版社,1995.

忆奠定了哲学根据。

面对劳动的痛苦记忆,通过劳动中断而获得的身心的休息和休整就成为人自身乃至社会遗忘上述痛苦记忆的主要方式,即采取多种方式让身体和精神上获得轻松和愉悦。

从个体角度来说,个体身体会在劳动过程中感到疲惫,随着年龄的增长,承受力越来越弱,越来越容易疲惫。精神会在劳动过程中获得双重结果,或许是愉悦,或许是痛苦。在人类历史上,奴隶从事大量体力劳动,可是他们在精神上获得的肯定不是愉悦。而在现代社会,大多数从事劳动的雇员,在精神上的获得也不一定是愉悦。"996.ICU"现象说明了对这个问题的争议。这场起源于互联网行业的活动有非常可能向其他领域蔓延。这场现象背后是表达了一种对于劳动以及相应的工作制度带来双重压力的抗议。所以在身体的疲惫与精神的痛苦一起压向个体的时候,在某个特定的临界点时刻,个体需要一个时间来休息,让身体重新恢复体力,让精神放松重新振作。这个中断过程就是根据自然身体的承受力而出现的自然中断。

从国家角度来说,国家设计了相应的制度和法律来确保劳动者的权利,如"五一"劳动节就是这样的节日。这些制度甚至被保留下来演变为文化的存在物;从文化角度看,大多数民族都有相应的休息日制度,这种制度往往是根据季节变化、传统节日、民族活动等形成。这些制度和节日从集体层面规定了劳动自然中断状态,并且形成了各自独特的文化形式。那么,自然中断的意义是什么呢?人类工作的自然中断意味着忘却痛苦、重构集体记忆和延续劳动。

劳动的自然中断意味着从身体自身的角度提出的遗忘痛苦和劳作的要求。人类更希望借助工具化的方式让身体从这种痛苦的劳作中摆脱出来。"……把人从最古老和最自然的负担中解放出来,那种劳动和被束缚于必然性的负担。人类条件的一个基本方面也处于危险之中,但是反抗它,那种从劳动者的'苦工和麻烦'中解放出来的愿望不是现代的产物,而是和被记录的历史一样久远。从劳动自身解放出来不是新的,它曾经属于那些少数的已经最稳固确立的权利中"。[①] 而自然中断导致的休息给人带来的最终结果是"暂时遗忘身体的痛苦和压力"。这种遗忘结果的产生是通过其他活动实现的,如与家人的团聚、享受一顿美食或者相应的休闲。但最终由于其从身体角度提出的要求而仅仅表现为偶然的要求。而将这种要求提升为普遍性的则是通过与人类庆典及其集体记忆的

---

① ARENDT H. The human condition[M]. Chicago: University of Chicago Press, 1998: 4.

重构有关的方式。

劳动的自然中断意味着人类庆典及其集体记忆的重构。面对劳作的辛苦、身体和精神的双重压力，人们需要身体休息、精神放松。然而一个新的问题出来：当处于劳动的自然中断时期，如何填补随着而来的空白状态？这就成为一个需要关心的问题。从海德格尔的生存论角度看，一旦出现空白，无聊必然会涌入。消除无聊的最好方式就是庆祝和庆典，这成为劳动暂时停止后的主要活动。那么，人们通过这种狂欢形式要抵达怎样的目的呢？在自然中断的庆祝中，人们通过距离抵达了劳动本身，看清了劳动之意义，看清了劳动之于人类的关系，并从身体和精神上做好了双重准备：迎接下一次劳动活动的到来。从庆祝和庆典中，人们重塑了集体记忆。保罗·利科尔指出了这一点。"只有通过类比，并且和个体意识及其记忆联系在一起，我们才会将集体记忆视为影响了相关群体历史进程的诸事件留下的诸印痕的一个汇集，并且在节日、仪式、公共庆典活动的场合下，我们才会从中发现导演这些共同记忆的力量"。①

最终，劳动的自然中断意味着获得了确保劳动更好地延续的条件。个体和集体都可以通过特定的休息日子来获得修整，通过庆典获得精神上的愉悦，从而使得人们通过休息身体从而更好地迎接新的劳动。人类能够与劳动活动保持一种张力，让劳动者找到劳动自身的意义。

3. 技术取代及遗忘痛苦记忆可能性

随着技术及其现代性本质的发展，劳动的自然中断状态逐渐失去了内在根据，人类的活动不再依靠天时来安排，休息也不能依靠身体的自然感受和状态来安排，依靠职责来调节自身是最为更加重要的方法。这种中断调节的效果取决于道德主体的道德意识和责任伦理精神。随着现代性的深入发展，一种新的由技术导致的强制中断开始出现，逐渐取代了上述依靠自然天时、依靠责任来中断的方式。我们更多感受到的是技术形成的各种规定性及其带来中断后果。

在手工技艺主导的时期，技术始终表现为人类劳动得以实现的工具和手段。一切都是工具形式变化，导致的是劳动效率的提升。而人类自身始终保持着对技术的掌控。劳动的中断依然保持为自然状态，即根据人类身体和心灵的自然承受力、根据天时来安排劳动和休息的节奏。休息的空余时间被庆祝和庆典的仪式活动所充盈，人们不仅得到了休息，而且保持着完整的集体记忆。

随着机器工业的发展，情况变得不同了。人类的掌控情况不再，更多出现

① 保罗·利科尔.记忆，历史，遗忘[M].李岑彦，陈颖，译.上海：华东师范大学出版社，2018：151.

了机械机器规定人类活动节奏的现象。人类活动被技术规定的最典型的现象是钟表的出现。精确化的刻度时间将人类活动变得匀质化和平面化,让人类活动失去了自然节奏。另外,这种规定强化出现了自动化倾向,也就是取代的初级形式。自动化取代过程因为技术一端的无以为继,人类变成了整体技术系统的边缘附属物。人处于技术系统之外,其功能被取代,人的地位沦为系统的维修者。

随着自动化过程中加速,人类社会步入到智能时代。从劳动演变角度看,数字时代的划分并没有太大意义,而机械时代与智能时代却构成了时代的两个节点。一方面自动化程度在逐步增大;另一方面人类劳动的作用发生了根本变化。智能时代意味着智能化取代现象的出现,这一现象的实质是完全自动化的实现。这个过程技术一端表现出无比强大的力量,人类被甩脱了这个技术系统。但是这种甩脱却采取了另一种形式,人与技术系统的深度嵌入与融合。人的地位不再是系统的维修者,因为系统本身是通过系统不断地维修。人在这一点上完全失去了作用。

自动化取代与智能化取代二者之间有着比较密切的关系。自动化的过程是随着自动控制等领域的出现而成为主导的,而这完全不同于智能化,智能化是自动化程度的质的提升。无论是机械机器取代还是智能机器取代,其实质都是技术取代,都会导致一个共同的结果:人类劳动的技术中断。之所以如此,是因为技术中止了人类的若干劳动。比如艺术家不需要创作、快递员不需要送快递、货车司机也不需要继续开车了。技术中断属于永久中断,因为历史条件的变化,人可能无法再回到原来的地方了,人类社会的工作形式会发生极大变化。

如此,人类活动的技术中断是目前人类活动面临的处境,其当前外在表现形式智能机器取代人类工作。这一过程有可能导致机器智能得以觉醒。在新的神经网络和增强学习的推动下,人工智能不仅能够获得知识,还能够形成一种独特的经验:建立在历史数据基础上的偏见经验。这意味着打开了通用人工智能的大门。如果灾难性遗忘的破解可以实现,那么机器意识觉醒就变得完全可能了。

4. 面对被取代命运的四种态度

面对上述被取代的双重本质——人类活动的自动化程度与机器活动的发展,存在着四种态度:"批判""审视""适应"和"狂欢"。

第一种是批判的态度。这种态度深深地扎根在传统的人文主义者中,如海德格尔。他的批判建立在对自然状态的充分肯定和挖掘上。他曾经分析过人类社会重要的庆祝形式。在他看来:"庆祝首先意味着打断我们的日常活动以及把工作忘却。这让我们远离其他东西。"①庆祝导致了我们的"思"。"随着这些暂停,庆祝因此把我们带到了反思的分水岭,因此也进入到值得追问以及因此再一次抵达决定线的旁边"。② 庆祝最终是让本真之物到来并且接纳它们。"庆祝是细心的倾听温和的规律,等待本真之物的到来,预备接纳本质之物,等待事件(Ereignis)发生,其中本质显现自身"。③ 尽管他没有经历到今天基于神经网络和深度学习的人工智能,但是他的洞见还是让我们感受到深入的批判态度以及对现代技术保有的警惕之心。他的批判直接指向了技术自身的自动化—智能化趋势,并将这种趋势看作是座架本质在智能时代的充分体现。

第二种是审视的态度。比批判的态度显得较为理性的是审视和适应。在现实生活中,这种态度主要源自企业家。在谈及人工智能即将取代人类工作的问题时,很多企业家表现出理性的审视态度,在他们看来,自动化以及智能化是技术发展的必然趋势,政府部门应该采取的措施是积极地准备应对措施来应对这种变化。这种态度充分显示了占据技术浪尖的精英们的优越态度。

第三种是适应的态度。美国学者戴维·哈维提出了适应的态度。他指出:"我们应该在服务业欢迎 AI 并推而广之,但也要试图找到一条通往社会主义的替代方案。AI 会创造新的工作,也会取代一些工作。我们需要适应这个情况。"④他的态度是理性地看到了技术带来了危险与拯救的共存。

第四种是狂欢的态度。审视的态度较为热烈的态度是狂欢。在技术主义者看来,自动化的实现代表的是一种抵抗人类被束缚于工作的有效方式。从阿伦特的《人的条件》的潜在阅读中,我们看到她描述出来的自动化论者们摆脱劳动及其必然性的强烈愿望。在 21 世纪以来自动化论者转化为智能论者。大卫·法拉因(David Frayne)指出:"自动化论者抗议被浪费的时间,缺乏多样性和在资本主义社会中被多余管理。他们为了工人享受太阳照在身上的权利,与孩子玩耍的权利、发展工厂之外的兴趣和技巧以及在晚上平静地睡觉。我们可能会说自动化论者的诉求不是针对剥削的不公正,而是工人们已经消失的对于世界

① HEIDEGGER M. Holderlin's Hymn "Remeberance"[M]. Translated by WILLIAM McNEILL and JULIA IRELAND. Bloomington: Indiana University Press, 2018: 57.
② HEIDEGGER M. Holderlin's Hymn "Remeberance"[M]. Translated by WILLIAM McNEILL and JULIA IRELAND. Bloomington: Indiana University Press, 2018: 58.
③ HEIDEGGER M. Holderlin's Hymn "Remeberance"[M]. Translated by WILLIAM McNEILL and JULIA IRELAND. Bloomington: Indiana University Press, 2018: 59.
④ The neoliberal project is alive but has lost its legitimacy': David Harvey[EB/OL]. (2019 - 02 - 16)[2019 - 04 - 11]. https://mronline.org/2019/02/16/the-neoliberal-project-is-alive-but-has-lost-its-legitimacy-david-harvey/.

的感受。"①从他的描述中可以看出,技术主义者还是坚持着基于个体的乌托邦设想。

　　除了第四种态度,其他三种态度都指向了与人工智能有关的恐惧和畏惧。对于人工智能的恐惧情绪源自人工智能取代人类。这一情绪的设定是人类是主体,而机器是人类的辅助工具。② 如今,人工智能的快速发展以及其不可解释性使得机器智能越来越具有自身的形式,这极大地冲击了"机器是人类的辅助物"这一观念。这种观念的动摇直接导致了人类对于机器的"恐惧"。恐惧更多是心理层面的一种情绪表达。机器智能及其活动发展超越了人们对于人工智能的心理预期,故而导致了恐惧的发生。对人工智能的畏惧主要来自对通用人工智能和超级智能的畏惧,这一切都是建立在机器自主行为及其意识活动的基础上。这一情绪的产生主要发生在精神性活动环节,主要涉及的是人工智能的终极指向,必然导致人类对于机器的"畏惧"。但是畏惧并非是单向的,还有机器对于人类的畏惧,"让人类保持理智永远是一种奢侈",《流浪地球》中莫斯死亡之前发生的感叹说明了被忽略的机器对于人类的畏惧。畏惧更多是源自对不确定的本身的畏惧,这已经超出了心理层面的对于某种特定对象的恐惧,而上升到形而上学层面。从人自身而言,人类真正面对改变自身存在结构及其状态的事情:机器智能依照自身的路线不停地发展。它与人类智能走出了完全不同的路径。

　　5. 启发

　　当我们回到 AI 会不会取代人类劳动(工作)——无论是体力劳动还是脑力劳动的时候,需要反思这个问题表达中存在着未被揭示出来的东西。对于劳动而言,痛苦、苦工、劳作这样的语义记忆如同影子一样难以排除;"被劳动束缚的人"总是让人们容易想到干苦工的奴隶,也成为人类历史难以忘却的文化记忆。马克思的"异化劳动"批判可以看作是劳动痛苦记忆的哲学根据;"像机器一样行为的单面人"是马尔库塞给我们提出的警示。进入数字与智能时代,如何摆脱这种文化记忆成为人们一直在探讨的话题。一本《数字对象与数字主体:大数据时代资本主义、劳动和政治学的跨学科视角研究》中以数字劳动的内容探讨了如何超越劳动的压力和奴隶特性。如 J. L.邱(Jack LinChuan Qiu)指出通过数字

①　FRAYNE D. The Refusal of Work: The Theory and Practice of Resistance to Work[M]. London: Zed Books Ltd, 2015: 2.
②　这一设定建立在两个根据之上:其一是根据人工智能的基本定义,机器智能是对人类智能的模仿。S. J.罗素指出,人工智能是像人一样思维和行动,如此,机器智能是模仿人类智能的结果。在这样的逻辑设定之上,因为其智能上的模仿关系,机器最大可能地保持着辅助地位;其二人是目的,一切技术都是工具。这种强大的人类中心主义使得任何一种技术被限制在工具的规定之中。

对象向 i-奴隶(i Slavery)说再见。①

　　我们真正担心的不是会被取代,而是担心这种取代会让我们继续延续着阿伦特所说的"劳动社会"(laboring society)。只是阿伦特在《人的条件》中所说的"劳动社会的延续"是指人们依然像动物、奴隶和机器一样劳作,无法上升到标志人类本质的政治活动。在智能社会,我们需要警惕的是"劳动社会"是建立在机器自主活动和意识崛起的基础上,智能机器将人类变成机器,让人进入到一种被规定的、无法摆脱的劳动状态。所以,在人类劳动自动化的意义上,"真正取代"将是一件好事,有利于人类摆脱劳动自身的痛苦和压力,更有助于改变劳动痛苦的文化记忆形象;但是在机器活动及其自主意识崛起的意义上,"真正取代"是需要限制的,需要为人类自身在技术面前保有自身的尊严和价值。所以,需要讨论的不是"会不会"这样的事实表述,而是"应该不应该"的价值表述。我们需要做的是通过取代让我们摆脱以及终结"劳动社会"的延续。

　　如果是这样,不用惧怕 AI 取代人类工作,因为就业结构的变化是经济发展的一个必然现象,旧的职业被取代,必然会产生新的职业。2019 年,国家职业分类大典颁布了首批新的 13 个职业目录。② 关键是我们从中看到 AI 与人类劳动之间的关系。当我们面对 AI 取代人类工作的时候,更应该推进这种速度,让 AI 真正取代人类劳动,只有这样才能够获得全面而自由地发展。

　　但是,持有对智能机器的恐惧却是必要的。"接下来我要提出的是从我们最近的体验和我们最近的恐惧重新考虑人的条件"。③ 只有正视人类对于人工智能的"恐惧",才能够导致合适的智能人文意识的发生,从而构建起人与技术的自由关系。

---

① JACK LINCHUAN QIU. Goodbye iSlave：Making Alternative Subjects Through Digital Objects[M/OL]//CHANDLER D., FUCHS C., eds. Digital Objects, Digital Subjects：Interdisciplinary Perspectives on Capitalism, Labour and Politics in the Age of Big Data[M]. London：University of Westminster Press, 2019：151-164. DOI: https://doi.org/10.16997/book29.l. License：CC-BY-NC-ND 4.0.

② 新颁布的 13 个职业除了农业经理人之外,大部分和 AI 发展密切相关,如工程技术人员(人工智能、物联网、大数据、云计算)、数字化管理师、建筑信息模型技术员、电子竞技运营师、电子竞技员、无人驾驶员、物联网安装调试员、工业机器人系统操作员、工业机器人系统运维员。

③ ARENDT H. The human condition[M]. Chicago：University of Chicago Press, 1998：5.

结　语

科学、科学史与哲学以某种独特的方式在此相遇。今天哲学早已从"方法论指导原则""绝对科学"的神坛上滑落,受到了无尽的指责。哲学似乎只能蜷缩在生活世界领域内,对生活提供指导原则,但是很不幸的是,这是一个没有任何希望的方向。我们看到所谓的哲学原则、哲学思考都是从日常生活中得来,建立在日常生活事件的基础上。然而,哲学如果继续从生活中退却,那么它在何处能够寻求到自身的生存之路呢? 哲学需要反思自身与科学的亲缘性。这种反思本质上就有了重新指向自然科学及其发展的可能性。也可以回应塞尔等人对于现象学的质疑,无视自然科学的发展。其实塞尔的指责也是有问题的,分析哲学以及心灵哲学尽管有着与自然科学的相关性,但是这依然是站在哲学与科学亲缘性的边缘。所以需要返回亲缘性的中心。所以,需要直面自然科学。海德格尔在《谢林自由论》一文中分析自由事实的感觉时提到了其表达的问题。"自由的事实也可以像透视片上胃溃疡的病灶那样指证?"①今天记忆事实已经成为 fMRI 图像所展示的那样,成为客观的对象,这个就是意识现象对象化的过程。

科学史无疑让我们能够更进一步走进科学自身。但是这里的科学史并不是某种归纳主义在过去归纳之物的堆积。我们不希望由此将科学史看作是布满灰尘的、拥挤不堪的屋子,里面尽是散发着异味的、早已失去功能的命题与器物。科学史也不应该是回顾曾经辉煌的历史时期一群死去人的活动。那么,如此科学史是让我们走进哲学与科学亲缘性的中介。过去之物已然过去,其意义在于有助于我们构筑当下,过去之物当下化无疑成为当下的维度之一。这在记忆科学技术发展史尤其如此。人类对于记忆现象的探讨经历了数千年,留下来了很多有价值的命题,从"灵魂的功能"到"心灵的特征"再到"机体的印迹"。我们所看到的是问题的科学化过程。记忆现象如何从一种人之独特现象逐渐成为科学对象? 所以,这才是科学史的意义所在,让人们看到任何对象的科学化如何一步

①　海德格尔.谢林自由论[M].薛华,译.沈阳:辽宁教育出版社,1999:25.

一步实现。而科学化则成为科学的关键规定向度。

如此,我们可以直面科学。我们试图寻找某种共同的根本的东西。从科学家自身看,我们发现了一些有趣的科学家,浑身散发出一种哲学的气息:从早期的德国生物学家萨门到近期的奥地利裔的美国哥伦比亚大学神经科学家凯德尔教授、英国伦敦大学学院的约翰·欧基夫教授就是如此。萨门深受时代整体论哲学的影响,力图寻求一种统一的解释立场;凯德尔在方法论上有着明确的还原主义的特征;欧基夫在立场上是典型的新康德主义者。在他们身上我们看到了与哲学的某种内在关联,这是值得我们欣慰的。从问题上看,记忆成为一个很好的切入口。如何理解呈现过去之物的活动?记忆心理学为我们提供了这样一个框架:信息经过编码然后存储再经过提取就是一个完整的记忆过程。这样一个模式有着内在论的假设,心理或者意识成为一个前提。知觉与提取成为心理活动的两个关键维度。而生物学则提供了另外一种弥补框架,生物体与环境之间交互作用,在物质层面产生印痕,然后这些印痕能够为新的生物体所保留并且发挥作用。这种框架强调物质因素,物质与环境之间产生作用,并且这种作用能够延续到新的物种。但是生物学框架的问题是面对还原论的要求难以应对。神经科学发展无疑是提出了这个问题。那么原先的理论框架如何在细胞层面适用?这需要新的技术手段去加以验证和揭示。幸运的是,心理学的框架通过 EEG、MEG 和 fMRI 等技术得到了验证;生物学的框架通过光遗传技术等到了进一步的验证。科学家们在依据某些内在原理——如恐惧记忆的优先性、精神与物理的关联、生物体是由基本单元构成——来设计各类实验。心理学的实验强调某种心理现象所对应的脑活动图像,所有的解读都是基于图像表征来完成的;神经科学实验通过各类小老鼠,以恐惧记忆为基础,进行着不同记忆的研究。他们对于记忆现象的理解很大程度上彼此依赖着。

所以,当我们直面科学的时候,我们发现了科学深处的哲学身影,哲学非常羞涩地藏身于繁杂的科学事实中,等待着我们去发现和识别。美国神经科学家拉里·斯奎尔(Larry R. Squire, 1941—)概括了过去 2 个世纪以来记忆研究的情况,这对于本研究来说是一个有力的支持。他指出:"在过去两个世纪期间,记忆研究以及一般意义上的认知研究,集中在三个学科:首先是哲学,其次是心理学,然后是生理学。一个人能够期待生物学对于记忆研究的贡献在近些年里变得越加中心,随着人们越多了解关于突触变化的分子生物学以及脑系统的神经科学。"[1]他

---

[1]　SQUIRE LR. Memory systems of the brain: A brief history and current perspective[J]. Neurobiology of Learning and Memory, 2004(82): 177.

的所说对于 20 世纪前半叶的记忆研究来是有效的：实验心理学、现象学的发展使得记忆问题进一步复兴。但是由于科学手段的限制，记忆的物质基础则难以破解，大多数努力是停留在心理意识层面，所用的方法也多为观察实验。对于60 年代的情况也是比较适用。"20 世纪 60 年代以来的记忆科学研究"的确定是依据神经心理学的突破。HM 等人真正的意义在于让我们更好地理解了记忆的位置(海马体)；这个过程借助医学技术真正探究到记忆的物质基础，只是这种探究还是停留在思辨推理的基础上。没有正面迎接上述难题。20 世纪 90 年代以来，脑成像技术、神经图像技术获得飞速发展。大脑黑箱被进一步打开了。科学家能够把握到区域与区域之间的关联，区域自身的活动。所以这种研究进一步推进。随着遗传学技术的突破，光遗传学彻底从神经元层面(细胞)开始破解记忆的神经机制。

但是，他的分析至少忽略了两个方面：(1)是成像技术的发展而不是科学更多地导致了记忆研究的迅速推进。从我们上面的分析中可以看出，尽管心理学、生物学一起成为记忆科学研究的核心。但是这些学科的推进无疑依靠了成像技术，比如 fMRI 和光遗传技术。这些技术的使用让我们重新审视以往记忆研究的理论基础。(2)人文社会科学中的记忆研究。自 20 世纪 80 年代以来，人们对于文化记忆、社会记忆与民族记忆的研究取得了诸多成果。这些成果的取得尽管与科学技术发展没有直接关系，但是他们却必须将一些分析建立在记忆科学研究之上。

但是，随着对记忆科学成果梳理的逐步深化，我们开始面临一些困难，这些困难是以往哲学家都面临的困难。所以，我们有必要梳理一下哲学家在面临科学飞速进展的时候，最终面临的困难。

首要是知识论的困难。科学知识何以可能？何以可靠？因为生物学知识、自然科学知识都是经验科学，它们基于经验观察获得知识，通过实验设计来获得知识。但是知识何以可靠却成为一个永远的痛。在这个问题上存在着极大争议。经验主义与实证主义采取不同的路径去解答这一问题，但是都留有硬伤。经验主义告诉我们知识是被经验证实的假设，而这种可靠性较高的假设就是知识，但是现实是知识更多是能够有效地指导人们生活的东西。理性主义则将知识建立在逻辑推演的基础上，但是问题上逐渐让形式统治知识，过分拘泥于知识的逻辑真而无视于知识的增长。康德很好地调和了二者，通过对纯粹理性的批判建立起了先验逻辑确保了知性知识的有效性。只是康德的物自体概念为后世诟病，针对这种情况，实证主义则以主体基于经验感觉来解答世界的存在及其知识。关于记忆的科学知识是被证实了的知识吗？这不仅成为一个问题，我们所看到的上述诸多研究成果，研究所指向的并非是自然状态的事物，而是一种选择性的现象。比如自由移动的老鼠是脑袋上插着光纤或电极的老鼠，或者是专门为实验而存在的基因小老鼠；即便是将人作为实验对象，也多是处在病理状态之中的人群，比如阿兹海默症病人、精神分裂病人和抑郁症病人。在心理学研究中，面对的是正常的人群，但是多是在实验框架之中依据某项任务而行为的人群，他们的真实意思能否表达却被忽视不见。所以上述科学所面对的对象多是设计而来的对象，我们不妨把他们称之为"设计对象"。这意味着我们需要面对这样一个传统假设：自然科学面对的是自然现象，现在诸多科学让我们面对被设计对象，已经不再是"自然"。当代科学的发展无疑进一步验证了康德的看法，我们面对的是对象，一种被设计的对象，原始的物是怎样的变得无关紧要。这种对象的转变意味着科学进入到后实证主义阶段。因为实证主义强调基于人类的经验感官，而后实证主义所体现的人类的理性化设计活动。

其次是认识论的难题。认识论是指认识过程，主体如何获得客体的知识。对于这一点上哲学家有很多的论述。自然科学的贡献胡塞尔把之作为"自然的思维""自然的认识"。胡塞尔指出了自然的认识面临着一个无法克服的悖论："但现在认识如何能够确定它与被认识的客体一致，它如何能够超越自身去准确地切中它的客体？"[①]这是认识论上的"超越难题"。有学者将之概括为意识难题。"意识难题"与"解释鸿沟"说到底是为了说明解决心智本质问题的困难所在：具有精神属性的意识现象能否用处理物理现象的自然科学去解决，对意识现象的解释与对物理现象的解释之间是否存在着难以逾越的鸿沟？"解释鸿沟"（explanatory gap）概念则由列文（J. Levine）引入，用以描述意识状态的感受性的质性与大脑物理状态的质性之间的鸿沟。[②]

再次是本体论上的难题。这是指意识现象如何成为对象。19世纪末，心理学家受其影响，开始用生物学的方法来解决心理现象。但是这样做的第一个难题是将心理现象客观化，也就是让心理现象转变为科学对象。19世纪的亥姆霍兹就是一个典型的生理学家。"亥姆霍兹的这些研究的心理学及认识论意义不可低估，它表明心理过程是可以通过实验进行研究的，作为心理代表的神经系统可以成为实验控制的对象，使神经冲动摆脱了动物精神和灵魂元气的神秘气氛

---

① 胡塞尔.现象学的观念[M].倪梁康,译.北京：人民出版社,2007：19.
② 刘晓力.当代哲学如何面对认知科学的意识难题[J].中国社会科学,2014(6)：48-68,207.

而进入唯物主义科学范围内"。① 美国诺贝尔奖杰拉尔德·埃德尔曼（Gerald M. Edelman）通过对象的转变完成了这个过程。他指出："我们认为意识不是一种物体，而是一个过程，从这种观点出发来看问题，意识确实是一个合适的科学主题。"② 因此他指出意识的产生问题应该集中神经过程上，而不是特定的区域。"我们相信重要的是把注意力集中到产生意识的过程上去，而不仅限于产生意识的脑区，更为特别的是要把注意力集中到确实能解释意识的哪些最基本性质的神经过程"。③ 这是 2000 年的情况。在他之前，很多科学家这样做。但是，这样做无法避免一个基本难题，心理现象如何产生的？这个发生学带来了终究让人头疼的问题。

还有发生学上的难题。这主要是指人类意识现象的发生问题。意识如何由物质产生？这是令科学家非常头疼的问题，最小物质单元之间的运动何以会产生不同于物质的现象？古老的原子论和现代力学提出物质构成基本单元之间的机械力学成为解释意识现象的基础，比如伊壁鸠鲁提出灵魂原子之间的碰撞产生了心灵宁静；康德、谢林等哲学家用引力和斥力解释心灵现象的构成；量子力学产生之后，量子解答成为一种方式。比如 1989 年罗杰·彭罗斯（Roger Penrose）提出，意识是神经元细胞微管中量子引力效应的结果。2016 年，马修·费舍尔（Matthew Fisher）提出，磷原子的核自旋就相当于大脑的量子比特。这些科学家基于大脑中存在量子过程然后导出意识现象的产生；神经科学家开始指出意识是神经元中物质运动的结果以及神经元之间互相交流的结果。可以看出，简短科学史主要抓住了两点：（1）最小构成单元之间的相互作用；（2）从机械力学到量子力学的转变。但是，从哲学角度看，上述认识论的超越难题无法克服，即物质的相互作用如何产生异己的东西？或者换句话说，被动物质之间的相互作用如何产生了主动现象？具有第一体验性质的精神现象如何产生于素材与质料的相互作用？

最后，还涉及其他问题，比如二者的关系问题。神经活动与记忆现象之间的关系。部分科学家认为二者是二元的关系，当神经活动的时候，相应的心理活动是什么？精神现象如何通过神经活动表达自身？

如何理解智能时代记忆研究的重要性？当我们把记忆看作是心理现象的状

---

① 许良.亥姆霍兹与西方科学哲学的发展[M].上海：复旦大学出版社,2014：32.
② 杰拉尔德.埃德尔曼等著.意识的宇宙——物质如何转变为精神[M].顾凡及,译.上海：上海科学技术出版社,2004：10.
③ 杰拉尔德·埃德尔曼等著.意识的宇宙——物质如何转变为精神[M].顾凡及,译.上海：上海科学技术出版社,2004：22.

态时，我们就会陷入心灵哲学所面对的一些难题上。一方面，神经科学、心理学、脑科学为揭示记忆的神经机制做出了诸多贡献；但是另一方面他们越加让人们远离了记忆现象，这显然是自然科学家不愿意面对的悖论。远离记忆现象意味着逐渐远离了记忆作为第一性体验的规定性。但是当我们依然延续柏格森的设想：将记忆看作解决身心二元这样的哲学基本问题的钥匙时，记忆的意义显然有了最为明确的规定。

人工智能的发展将记忆与智能的关系进一步提了出来，深入探究这一关系具有不可忽视的意义。正如我们看到的，人工智能科学家将 AI 看作是能动体（agent）的观念是以一种行动主义的方式解决着身心二元的关系问题。AI 能动体的行为——感知、决策和行动——呈现出一元论的样式。在这一行为过程中，并没有"心"这样的实体存在，一切都是算法＋数据驱动的结果，"身"则表现为类人的或者非人的物质形态存在。自然主义的因果关系贯穿在其中。从记忆角度看，智能体深度学习的过程是不断基于经验（experience）学习进化的过程。如果是这样，能推演出的结论是智能体通过进化而不断发展出自己的行为模式，记忆所起到的作用恰恰是在进化与智能体之间建立起一种有效勾连。

所以，人工智能导致的智能时代为柏格森的设想提供了一种成熟的时代背景，我们俨然处在这样一历史的契机中：生物学、神经科学、人工智能、大数据等相关技术所塑造的这样一个成熟的智能时代已经超越了 100 多年前仅仅生物学独大的时代，从记忆破解身心关系问题已经到了成熟的时期。接下来需要做的事情是细致地揭示出这种可能性，从而让柏格森的设想变得和这个时代一样成熟而可靠。

参 考 文 献

1. 阿德里安·麦肯齐.无线：网络文化中激进的经验主义[M].张帆,译.上海：上海译文出版社,2018.

2. 安德鲁·芬伯格.海德格尔和马尔库塞：历史的灾难与救赎[M].文成伟,译.上海：上海社会科学院出版社,2010.

3. 奥尔特加·加塞特.大众的反叛[M].刘训练,译.长春：吉林人民出版社,2004.

4. 阿莱达·阿斯曼.回忆空间：文化记忆的形式与变迁[M].潘璐,译.北京：北京大学出版社,2016.

5. 彼得·保罗·维贝克.将技术道德化：设计与理解物的道德[M].闫宏秀、杨庆峰,译.上海：上海交通大学出版社,2016.

6. 柏拉图.柏拉图全集[M].王晓朝,译.北京：人民出版社,2012.

7. 德尔默·莫兰.胡塞尔词典[M].李幼蒸,译.北京：中国人民大学出版社,2015.

8. 恩斯特·马赫.认识与谬误[M].李醒民,译.北京：商务印书馆,2007.

9. 弗朗西斯·叶芝.记忆之术[M].钱彦,姚了了,译.北京：中信出版社,2015.

10. 赫克托·莱韦斯特.人工智能的进化[M].王佩,译.北京：中信出版社,2018.

11. 赫伯特·斯皮尔伯格.现象学运动[M].王炳文,张金言,译.北京：商务印书馆,1995.

12. 黑格尔.精神现象学[M].贺麟,等译.北京：商务印书馆,1997.

13. 黑格尔.哲学史讲演录：第一卷[M].贺麟,王太庆,译.北京：商务印书馆,1997.

14. 黑格尔.小逻辑[M].贺麟,译.北京：商务印书馆,1997.

15. 海德格尔.现象学的基本问题[M].丁耘,译.上海：上海译文出版社,2008.

16. 海德格尔.思的经验(1910—1976)[M].陈春文,译.北京：人民出版社,2008.

17. 胡塞尔.笛卡尔沉思与巴黎演讲[M].张宪,译.北京：人民出版社,2008.

18. 胡塞尔.哲学作为严格的科学[M].倪梁康,译.北京：商务印书馆,1999.

19. 胡塞尔.被动综合分析[M].李云飞,译.北京：商务印书馆,2017.

20. 胡塞尔.现象学的观念[M].倪梁康,译.北京：人民出版社,2007.

21. 胡塞尔.逻辑研究[M].倪梁康,译.上海：上海译文出版社,1999.

22. 怀特海.思维方式[M].刘放桐,译.北京：商务印书馆,2004.

23. 伽达默尔.真理与方法[M].洪汉鼎,译.上海：上海译文出版社,2004.

24. 加斯东·巴什拉.空间的诗学[M].张逸婧,译.上海：上海译文出版社,2009.

25. 杰拉尔德·埃德尔曼.意识的宇宙——物质如何转变为精神[M].顾凡及,译.上海：上海科学技术出版社,2004.

26. 卡尔·雅斯贝斯.时代的精神状况[M].王德峰,译.上海：上海译文出版社,1997.

27. 康德.纯粹理性批判[M].李秋零,译注.北京：中国人民大学出版社,2011.

28. 康德.实用人类学[M].邓晓芒,译.上海：上海人民出版社,2005.

29. 赖尔.心的概念[M].刘建荣,译.上海：上海译文出版社,1988.

30. 莱斯利·莱文.我思故我在——你应该知道的哲学[M].王海琴,译.济南：山东画报出版社,2012.

31. 拉卡托斯.科学研究纲领方法论[M].兰征,译.上海：上海译文出版社,1999.

32. 迈克尔·弗里德曼.分道而行：卡尔纳普、卡西尔和海德格尔[M].张卜天,译.北京：北京大学出版社,2010.

33. 苗力田主编.亚里士多德全集：第三卷[M].北京：中国人民大学出版社,2015.

34. H. G.梅勒.中西哲学传统中的记忆与遗忘[C]//时代与思潮(7)——20世纪末的文化审视,2000.

35. 尼葛洛庞蒂.数字化生存[M].胡泳,范海燕,译.海口：海南出版社,1997.

36. 齐硕姆.知识论[M].邹惟远等,译.北京：生活·读书·新知三联书店,1988.

37. 乔姆斯基等,编.乔姆斯基、福柯论辩录[M].刘玉红,译.桂林：漓江出版社,2012.

38. 皮埃尔·诺拉.记忆之场[M].黄艳红等,译.南京：南京大学出版社,2015.

39. 文德尔班.哲学史教程：上[M].罗达仁,译.北京：商务印书馆,1996.

40. 谢林.布鲁诺对话：论事物的神性原理和本性原理[M].邓安庆,译.北京：商务印书馆,2008.

41. 休伯特·德雷福斯.对约翰·塞尔的回应[J].成素梅,译,哲学分析,2015(5)：20-31.

42. 亚里士多德.范畴篇　解释篇[M].方书春,译.北京：商务印书馆,2008.

43. 亚当·格林菲尔德.区块链、人工智能、数字货币[N].张文平等,译.北京：电子工业出版社,2018.

44. 约翰·塞尔.现象学的局限性[J].成素梅、赵峰芳,译.哲学分析,2015(5)：3-19.

45. 白洁.记忆哲学[M].北京：中央编译出版社,2014.

46. 蔡自兴.人工智能及其应用：第三版[M].北京：清华大学出版社,2003.

47. 陈凡.技术现象学概论[M].北京：中国社会科学出版社,2011.

48. 成素梅.智能化社会的十大挑战[J].探索与争鸣,2017(10)：41-48.

49. 陈蕴茜.纪念空间与社会记忆[J].学术月刊,2012(7)：134-137.

50. 段伟文.可接受的科学：当代科学基础的反思[M].北京：中国科学技术出版社,2014.

51. 李伯约.时间记忆表征研究[M].北京：新华出版社,2006.

52. 李伯聪.论记忆[J].自然辩证法通讯,1991(1)：1-9+36.

53. 李伦.人工智能与大数据伦理[C].北京：科学出版社,2019.

54. 刘亚秋.记忆二重性和社会本体论——哈布瓦赫集体记忆的社会理论传统[J].社会学研究,2017(1)：148-170+245.

55. 刘大椿.一般科学哲学史[M].北京：中央编译出版社,2016.

56. 刘大椿.分殊科学哲学史[M].北京：中央编译出版社,2017.

57. 刘大椿.审度：马克思科学技术观与当代科学技术论研究[M].北京：中国人民大学出版

社,2017.

58. 刘晓力,孟伟.认知科学前沿中的哲学问题[M].北京：金城出版社,2014.

59. 刘晓力.当代哲学如何面对认知科学的意识难题[J].中国社会科学,2014(6)：48-68+207.

60. 姜宇辉.肉体与记忆——柏拉图《斐里布》诠释[J].北方论丛,2004(3)：114-116.

61. 康澄.象征与文化记忆[J].外国文学,2008(1)：54-61+127.

62. 沈坚.记忆与历史的博弈：法国记忆史的建构[J].中国社会科学,2010(3)：205-219+22.

63. 吴雅凌.神谱笺释[M].北京：华夏出版社,2010.

64. 吴彤.科学技术的哲学反思[M].北京：清华大学出版社,2004.

65. 王明珂.历史事实、历史记忆与历史心性[J].历史研究,2002(1)：136-147+191.

66. 肖峰.信息的哲学研究[M].北京：中国社会科学出版社,2018.

67. 叶秀山.思·史·诗[M].北京：人民出版社,2010.

68. 许良.亥姆霍兹与现代西方科学哲学的发展[M].上海：复旦大学出版社,2014.

69. 徐英瑾.心智、语言和机器——维特根斯坦哲学和人工智能科学的对话[M].北京：人民出版社,2013.

70. 杨治良.记忆的探索[M].北京：北京师范大学出版社,2009.

71. 杨庆峰.技术现象学初探[M].上海：上海三联书店,2005.

72. 杨庆峰.翱翔的信天翁：唐·伊德技术现象学研究[M].北京：中国社会科学出版社,2015.

73. 赵静蓉.文化记忆与身份认同[M].北京：生活·读书·新知三联书店,2015.

74. 章雪富.救赎：一种记忆的降临[M].北京：世界图书出版公司,2013.

75. 周伟驰.记忆与光照——奥古斯丁神哲学研究[M].北京：社会科学文献出版社,2001.

76. ADDIS D. Retal.. Cognitive Neuroscience of Memory[C]. Oxford：Wiley Black, 2015.

77. ALLEN M. The Labour of Memory：Memorial Culture and 7/7[M]. London：Palgrave Macmillan, 2014.

78. ANDERSON AK, YAMAGUCHI Y, GRABSKI W, LACKA D. Emotional memories are not all created equal：evidence for selective memory enhancement[J]. Learn. Mem., 2006, 13(6)：711-718.

79. ANHOLT S. Places：Identity, Image and Reputation [M]. London：Palgrave Macmillan, 2009.

80. AQUINAS T. Commentary on Aristotle's "On Sense and What Is Sensed" and "On Memory and Recollection"[M]. Washington, D. C：Catholic University of America Press, 2005.

81. ARISTOTLE A., JENKINSON J., MURE GRG. Prior Analytics and Posterior Analytics [M], Lawrence, KS：Digireads. com Publishing, 2006.

82. ASSMAN J., CZAPLICKA J. Collective Memory and Cultural Identity[J], New German Critique, Cultural History/Cultural Studies, 1995(65)：125-133.

83. ASSMANN A., SHORTT L. Memory and Political Change[M]. London：Palgrave Macmillan, 2011.

84. ATHERTON L. A. , et al. Memory trace replay: the shaping of memory consolidation by neuromodulation[J]. Trends Neurosci, 2015, 38(9): 560 - 570.

85. AUDI R. , edited. The Cambridge Dictionary of Philosophy, 2nd ed[M]. London: Cambridge University Press, 1999.

86. BADDELEY A. Working memory: Theories, Models, and Controversies[J]. Annual Review of Psychology, 2012(63): 1 - 29.

87. BAYS P. M. , HUSAIN M. Dynamic Shifts of Limited Working Memory Resources in Human Vision[J]. Science, 2008, 321(8): 851 - 854.

88. BENGIO Y. , COURVILLE A. , VINCENT P. Representation Learning: A Review and New Perspectives[J]. IEEE Transactions on Pattern Analysis and Machine Intelligence, 2013, 35(8): 1798 - 1828.

89. GREWE B. , GRÜNDEMANN J. , KITCH L. , et al. Neural ensemble dynamics underlying a long-term associative memory[J]. Nature, 2017(543): 670 - 675.

90. BERGSON H. Matter and Memory[M]. translated by N. MARGARET PAUL, W. SCOTT PALMER. Garden City: Dover Publications. 1912: 2007.

91. BERNECKER S. Memory: A philosophical study[M]. Oxford: Oxford University Press, 2010.

92. BERNECKER S. The Metaphysics of Memory[M]. Dordrecht: Springer, 2008.

93. BLACKMAN L. The Body: The Key Concepts[M]. New York: Berg, 2008.

94. BLAKE A. , RICHARDS B. A. , FRANKLAND P. W. The Persistence and Transience of Memory[J], Neuron, 2017, 94(6): 1071 - 1084.

95. BODE K. A New Republic of Letters: Memory and Scholarship in the Age of Digital Reproduction[J]. Archives & Manuscripts, 2014, 42(1): 305 - 307.

96. BOLCH D. Aristotle on Memory and Recollection-Text Translation, Interpretation, and Reception in Western Scholasticism[M]. Leiden: Brill, 2007.

97. BOOMEN M. V. D. , LAMMES S. , LEHMANN A. , RAESSENS J. , SCHÄFER M. T. Digital Material: Tracing New Media in Everyday Life and Technology[C]. Amsterdam: Amsterdam University Press, 2009.

98. BREADSWORTH R. From a Genealogy of Matter to a Politics of Memory: Stiegler's Thinking of Technics [J]. TEKHNEMA: Journal of Philosophy and Technology, 1995(2): 85 - 115.

99. BRENDEN M. Lake, etal. Human-Level Concept Learning through Probabilistic Program Induction[J], Science, 2015, 350(6226): 1332 - 1338.

100. BRENTANO F. Psychology from an Empirical Standpoint[M]. English Edition edited by LINDA L. M. , trans. by RANCURELLO A. , TERRELL D. B. , MCALISTER L. L. London: Routledge, 1874: 1995.

101. BRENTANO F. Descriptive Psychology [M]. translated and edited by BENITO MULLER. London: Routledge, 2002.

102. BRENTANO F. Psychology from an Empirical Standpoint[M]. edited by OSKAR KRAUS, English edition edited by LINDA L. McALISTER, translated by ANTOS C. R. ANCURELLO, D. B. TERRELL, LINDA L. McALISTER. London: Routledge, 2009.

103. BROOKS B. M. Route Learning in a Case of Amnesia: A Preliminary Investigation into the Efficacy of Training in a Virtual Environment[J]. Neuropsychological Rehabilitation, 1999, 9(1): 63 – 76.

104. BRUCE D. Fifty Years Since Lashley's In Search of the Engram: Refutations and Conjectures[J]. Journal of the History of the Neuroscence, 2001, 10(3): 308 – 318.

105. BUNGE M. The Mind-Body Problem: A Psychobiological Approach[M]. Oxford: Pergamon Press, 1980.

106. BURGESS N, MAGUIRE EA, O'KEEFE J. The human hippocampus and spatial and episodic memory[J]. Neuron, 2002, 35(4): 625 – 641.

107. CHO J., et al. Multiple repressive mechanisms in the hippocampus during memory formation[J]. Science, 2015, 350(6256): 82 – 87.

108. CLOUGH P. T. The Technical Substrates of Unconscious Memory[J]. Sociological Theory, 2000, 18(3): 383 – 398.

109. CLOWES R. Thinking in the Cloud: The Cognitive Incorporation of Cloud-Based Technology[J]. Philosophy & Technology, 2014, 28: 261 – 296.

110. COMAY R., McCUMBER J. Question of Memory in Hegel and Heidegger[M]. Evanston: NorthWestern University Press, 1999.

111. COUPLAND J., GWYN R. Discourse, The Body, and Identity[M]. London: Palgrave Macmillan, 2003.

112. CRAVER C. F., DARDEN L. In Search of Mechanisms[M]. Chicago: University of Chicago Press, 2013.

113. CRICK. F. H. C. Thinking about the Brain. Scientific American[J/OL]. 1979, 241(3): 219 –232. doi: 10.1038/scientificamerican0979 – 219.

114. CROWTHER P. Ontology and Aesthetics of Digital Art[J]. The Journal of Aesthetics and Art Criticism, 2008, 66(2): 161 – 170.

115. CRUZ M. R. On the Difficulty of Living Together: Memory, Politics, and History[M]. Translated by JACQUES. New York: Columbia University Press, 2016.

116. DEISSEROTH K. Optogenetics: 10 Years of microbial opsins in neuroscience[J]. Nature Neuroscience, 2015, 18(9): 1213 – 1225.

117. DEISSEROTH K. Optogenetics[J]. Nature Methods, 2011(8): 26 – 29.

118. DELLAROSA D., BOURNE L. E. Decisions and memory: Differential retrievability of consistent and contradictory evidence[J]. Journal of Verbal Learning & Verbal Behavior, 1984, 23(6): 669 – 682.

119. DEMOS R. Memory as Knowledge of the Past[J]. Monist, 1921, 31(3): 397 – 408.

120. DIJCK J. V. Mediated Memories in the Digital Age[M]. Standford: Stanford University Press, 2007.

121. DONAHOE J. W. Man as Machine: A Review of "Memory and the Computational Brain: Why Cognitive Science Will Transform Neuroscience" [J]. Behavior and Philosophy, 2010, 38(38): 83 – 101.

122. DRAGOI G., TONEGAWA S. Preplay of future place cell sequences by hippocampal cellular assemblies[J]. Nature, 2011(469): 397 – 401.

123. DUBRAVAC S. Digital Destiny: How the New Age of Data Will Transform the Way We Work, Live, and Communicate[M]. Wasthington: Regnery Publishing, 2015.

124. DUDAI Y. Memory from A to Z: Keywords, Concepts, and Beyond[M]. Oxford: Oxford University, 2002.

125. EBBINGHAUS H. Memory: A contribution to experimental psychology[M]. New York: Dover, 1885.

126. EBBINGHAUS H. Memory. A Contribution to Experimental Psychology[M]. New York: Teachers College, Columbia University, Reprinted Bristol: Thoemmes Press, 1999.

127. EDVARD I. MOSER, MAY-BRITT MOSER. Seeing into the future[J]. Nature, 2011 (469): 303 – 304.

128. EKLUNDA A., NICHOLSD T. E, KNUTSSONA H. Cluster failure: Why fMRI inferences for spatial extent have inflated false-positive rates[J]. PNAS, 2016, 113 (28): 7900 – 7905.

129. ELLIOT B. Phenomenology and Imagination in Husserl and Heidegger[M]. London: Routledge, 2005.

130. ERLL A. Kollektives Gedachtnis und Erinnerungskulturen: Eine Einfuhrung[M]. J. B. Metzler, 2005.

131. ERLL A. Memory in Culture[M]. London: Palgrave Macmillan, 2011.

132. FEIGL H. Concepts, Theories and the Mind-Body Problem [M]. Minneapolis: University of Minnesota Press, 1985.

133. FELSENBERG J., et al, Re-evaluation of learned information in Drosophila[J]. Nature, 2017, 544(4): 240 – 244.

134. FENNO L., et a. The Development and Application of Optogentics[J]. Annual Review of Neuroscience, 2016(34): 389 – 412.

135. FISCHER N. Memory Work: The Second Generation [M]. London: Palgrave Macmillan, 2015.

136. FLORIDI L. Against Digital Ontology[J]. Synthese, 2009, 168(1): 151 – 178.

137. FRENCH R. M. Semi-distributed representations and catastrophic forgetting in connectionist networks[J]. Connection Sci. 1992(4): 365 – 377.

138. FRENCH R. M. Catastrophic forgetting in connectionist network[J/OL] Trends in Cognitive Sciences, 1999, 3(4): 128 – 135.(1999 – 04 – 01)[2020 – 09 – 07]. https: //

www.sciencedirect.com/science/article/abs/pii/S1364661399012942.

139. FUSTER J. M, ALEXANDER G. E. Neuron activity related to short-term memory [J]. Science, 1971(173): 652 – 654.

140. GARDEHANSEN J., HOSKINS A., READING A. Save as … Digital Memories [M]. London: Palgrave Macmillan, 2009.

141. GARNER A. R., et al. Generation of a Synthetic Memory Trace[J], Science, 2012, 335 (6075): 1513 – 1516.

142. GENDLER T. S. Intuition, Imagination, and Philosophical Methodology[M]. Oxford: Oxford University Press, 2011.

143. GHEZZI A., PEREIRA Â., VESNIC-ALUJEVIC L. The Ethics of Memory in a Digital Age: Interrogating the Right to be Forgotten[M]. London: Palgrave Macmillan, 2014.

144. GIBBONS J. Contemporary Art and Memory: Images of Recollection and Remberrance [M]. London: I. B. Tauris, 2007.

145. GLYNN I., KLEIST O. History, Memory and Migration: Perceptions of the Past and the Politics of Incorporation[M]. London: Palgrave Macmillan, 2012.

146. GOLD M. K., KLEIN L. F. Debates in Digital Humanities[M]. Minnesota: University of Minnesota Press, 2016.

147. GOODALL J., LEE C. Trauma and Public Memory[M]. London: Palgrave Macmillan, 2015.

148. GOSHEN I. The optogenetic revolution in memory research[J]. Trends Neurosci. 2014, 37(9): 511 – 22.

149. GRAVES A., et al, Hybrid computing using a neural network with dynamic external memory[J]. Nature, 2016(538): 471 – 476.

150. GREVE A, HENSON R. What We Have Learned about Memory from Neuroimaging, Donna Rose Addis, et al. Cognitive Neuroscience of Memory[C]. Oxford: Wiley Black, 2015.

151. GUAN JI-SONG, etal. How Does the Sparse Memory "Engram" Neurons Encode the Memory of a Spatial-Temporal Event? [EB/OL]. (2016 – 08 – 23)[2020 – 09 – 07]. http://journal.frontiersin.org/article/10.3389/fncir.2016.00061/full.

152. GUTMAN Y., BROWN A. D., SODARO A. Memory and the Future: Transnational Politics, Ethics and Society[M]. London: Palgrave Macmillan, 2010.

153. HABERMAS J. The Future of Human Nature[M]. Cambridge: Polity Press, 2003.

154. HACKING I. Rewriting the Soul: Multiple Personality and the Sciences of Memory [M]. Princeton: Princeton University Press, 1995.

155. HAFTING T., FYHN M., MOLDEN S., MOSER M.-B., MOSER E. I. Microstructure of a spatial map in the entorhinal cortex[J]. Nature, 2005(436): 801 – 806.

156. HAJEK A., LOHMEIER C., PENTZOLD C. Memory in a Mediated World: Remembrance and Reconstruction[M]. London: Palgrave Macmillan, 2015.

157. HALBWACHS M. On Collective Memory[M]. Chicago: University of Chicago Press, 1992.

158. HAN WENFEI, et al. Integrated Control of Predatory Hunting by the Central Nucleus of the Amygdala[J]. Cell, 2017, 168(1-2): 311-324.

159. HASSELMO M. E. Avoiding Catastrophic Forgetting[J]. Trends of cognitive science, 2017, 21(6): 407-408.

160. HAVERKAMP A., LACHMANN R. Gedachtnis kunst Raum-Bild-Schhrift Studienzur Mnemotechnik[M]. Frankfurt a.M.: Suhrkamp, 1991.

161. HAYNE A., ROVEE-COLLIER C., COLOMBO M. The Development of Implicit and Explicit Memory[M]. Amsterdam: John Benjamins Publishing, 2001.

162. HEBB D. O. The Organization of Behavior[M]. New York: John Wiley & Sons, Inc., 1949.

163. HEDGES I. World Cinema and Cultural Memory[M]. London: Palgrave Macmillan, 2015.

164. HEGEL G. W. F., RICCI V., SANGUINETTI F. Hegel on Recollection: Essays on the concept of Erinnerung in Hegel's system[C]. Newcastle upon Tyne: Cambridge Scholars Publishering, 2013.

165. HEIDEGGER M. The Question Concerning Technology and Others Essays[M]. New York: Harper and Row, 1977.

166. HIGGINS I., et al. Life-Long Disentangled Representation Learning with Cross-Domain Latent Homologies[EB/OL]. (2018-08-20)[2020-09-07]. https://arxiv.org/pdf/1808.06508.pdf.

167. HOCHREITER S., SCHMIDHUBER J. Long Short-Term Memory[J]. Neural Computation, 1997, 9(8): 1735-1780.

168. HOLDSWORTH A. Television, Memory and Nostalgia[M]. London: Palgrave Macmillan, 2011.

169. HSIEH JUN-TING, et al. Learning to Decompose and Disentangle Representations for Video Prediction[EB/OL]. (2018-10-17)[2020-09-07]. https://arxiv.org/pdf/1806.04166.pdf.

170. HUAG M. Philosophical Methodology: The Armchair or the Laboratory? [M]. London: Routledge, 2013.

171. HUPBACH A., et al. Memory Reconsolidation, from Cognitive Neuroscience of Memory[C]. edited by DONNA ROSE ADDIS, etc. Wiley Blackwell, 2015.

172. HUSSERL E. Phantasy, Image Consciousness, and Memory[M]. Translated by BROUGH J. B. Dordrecht: Springer, 2005.

173. HUSSERL E. On the Phenomenology of the Consciousness of Internal Time (1893-1917)[M]. translated by JOHN BARNETT BROUGH. Dordrecht: Springer, 2008.

174. IERUSALEM A. Catastrophic Important of Catastrophic Forgetting, [EB/OL]. (2018-

08 –20[2020 – 09 – 07]. https：//arxiv.org/pdf/1808.07049.pdf.

175. IHDE D. Technology and Lifeworld[M]. Bloomington：Indiana University Press，1990.

176. IHDE D. Husserl's Missing Technologies[M]. New York：Fordham University Press，2016.

177. IHDE D. Heidegger's Technologies：Postphenomenological Perspectives [M]. New York：Fordham University Press，2010.

178. JAMES J. Preservation and National Belonging in Eastern Germany：Heritage Fetishism and Redeeming Germanness[M]. London：Palgrave Macmillan，2012.

179. JENNIFER M. ZOSH, LISA FEIGENSON. Array heterogeneity prevents catastrophic forgetting in infants[J]. Cognition, 2015, 136(3)：365 – 380.

180. JENSEN R. T.，MORAN D. The Phenomenology of Embodied Subjectivity [M]. Dordrecht：Springer，2013.

181. JONES O.，GRADE-HANSEN J. Geography and Memory：Explorations in Identity，Place and Becoming[M]. London：Palgrave Macmillan，2012.

182. JONES S.Towards a Philosophy of Virtual Reality：Issues Implicit in "Consciousness Reframed"[J]. Leonardo, 2000, 33(2)：125 – 132.

183. JOSSELYN S. A. Continuing the search for the engram：examining the mechanism of fear memories[J]. Psychiatry Neurosci.，2010(35)：221 – 228.

184. JOSSELYN S. A.，KOHLER S.，FRANKLAND P. W. Finding the engram[J]. Nature Reviews Neuroscience, 2015(16)：521 – 534.

185. JOSSELYN S. A, et al. Heroes of the Engram[J]，Journal of Neuroscience, 2017, 37(18)：4647 – 4657.

186. KANDEL E. Reductionism in Art and Brain Science：Bridging the Two Cultures [M]. New York：Columbia University Press, 2016.

187. KANDEL E. R. The Molecular Biology of Memory Storage：A Dialog Between Genes and Synapses[J/OL]. Bioscience Reports, 2004(24)：475 – 522；(2005 – 08 – 27)[2020 – 09 – 07]. https：//doi.org/10.1007/s10540 – 005 – 2742 – 7.

188. KAPLAN D. M.，CARVER C. F. The Explanatory Force of Dynamical and Mathematical Models in Neuroscience：A Mechanistic Perspective[J]. Philosophy of Science, 2011, 78(4)：601 – 627.

189. KEIGHTLEY E.，PICKERING M. The Mnemonic Imagination：Remembering as creative practice[M]. London：Palgrave Macmillan, 2012.

190. KIM J. Mind in a Physical World：An Essay on the Mind-Body Problem and Mental Causation[M]. Boston：The MIT Press, 2000.

191. KIM J. Phenomenology of Digital-Being[J]. Human Studies, 2001, 24(1)：87 – 111.

192. KIM M.，SCHWARTZ B. Northeast Asia's Difficult Past：Essays in Collective Memory [M]. London：Palgrave Macmillan, 2010.

193. KIRKPATRICK J, et al, Overcoming catastrophic forgetting in neural networks[EB/

OL].(2018 – 10 – 9)[2020 – 09 – 07]. https://arxiv.org/abs/1612.00796.

194. KITAMURA T, et al. Engrams and circuits crucial for systems consolidation of a memory[J]. Science, 2017, 356(6333): 73 – 78.

195. KNUUTTILA S, SIHVOLA JUHA. Sourcebook for the history of the philosophy of mind: philosophical psychology from Plato to Kant[M]. Dordrecht: Springer, 2013.

196. KOBER S. E., WOOD G., HOFER D., et al. Virtual reality in neurologic rehabilitation of spatial disorientation [EB/OL]. (2013 – 02 – 08) [2020 – 09 – 07]. https://jneuroengrehab.biomedcentral.com/articles/10.1186/1743 – 0003 – 10 – 17.

197. KRELL D. F. Phenomenology of Memory from Husserl to Merleau-Ponty [J]. Philosophy and Phenomenological Research, 1982, 42(4): 492 – 505.

198. KUKUSHKIN N. V., et al. Memory Takes Time[J]. Neuron, 2017, 95(2): 259 – 279.

199. KULVICKI J. V. Images[M]. London: Routledge, 2014.

200. KUSCH M. Psychologism [EB/OL]. [2015 – 12 – 01] (2020 – 09 – 06). https://plato.stanford.edu/entries/psychologism.

201. LAGERKVIST A. Media and Memory in New Shanghai: Western Performances of Futures Past[M]. London: Palgrave Macmillan, 2013.

202. LAKATOS I. The Methodology of Scientific Research Programmes: Volume 1: Philosophical Papers[M]. Cambridge: Cambridge University Press, 1980.

203. LASHLEY KS. In Search of the Engram [C]//Society of Experimental Biology Symposium 4, Psysiological mechanisms in animal behaviour. Cmbridge: Cambridge University Press, 1950.

204. LASHLEY KS, FRANZ SI. The effect of cerebral destruction upon habit-formation and retention in the albino rat[J]. Psychobiology, 1917(1): 71 – 139.

205. LEE P., THOMAS P. N. Public Memory, Public Media and the Politics of Justice [M]. London: Palgrave Macmillan, 2012.

206. LEE SANG-WOO, et al, Overcoming Catastrophic Forgetting by Incremental Moment Matching[EB/OL]. [2018 – 10 – 9] (2020 – 09 – 06). https://arxiv.org/abs/arXiv: 1703.08475v3 2017.

207. LEHRER E., MILTON C. E., PATTERSON M. E. Curating Difficult Knowledge: Violent Pasts in Public Places[M]. London: Palgrave Macmillan, 2011.

208. LEUTGEB S., et al. Independent Codes for Spatial and Episodic Memory in Hippocampal Neuronal Ensembles[J]. Science, 2005, 309(5734): 619 – 623.

209. LEVER C., BURTON S., JEEWAJEE A., O'KEEFE J., BURGESS N. "Boundary Vector Cells in the Subiculum of the Hippocampal Formation" [J]. Journal of Neuroscience, 2009, 29(31): 9771 – 9777.

210. LI ZEJIAN, et al, Unsupervised Disentangled Representation Learning with Analogical Relation[EB/OL]. (2018 – 10 – 21) [2020 – 09 – 06]. https://arxiv.org/pdf/1804.09502.pdf.

211. LI JIANG, et al. Cholinergic Signaling Controls Conditioned Fear Behaviors and Enhances Plasticity of Cortical-Amygdala Circuits[J]. Neuron, 2016, 90(5): 1057 - 1070.

212. LIEF F., OFER Y., KARL D. The Development and Application of Optogenetics [J]. Annual Review of Neuroscience, 2011(34): 389 - 412.

213. LINDQUIST M. A. the Statistical Analysis of fMRI Data[J]. Statistical Science, 2008, 23(4): 439 - 464.

214. LIU X, MA L, LI HH, HUANG B, LI YX, TAO YZ, MA L. β-arrestin-biased signaling mediates memory reconsolidation[J]. Proc Natl Acad Sci USA, 2015(112): 4483 - 4488.

215. LIU X. S, et al, Optogenetic stimulation of a hippocampal engram activates fear memory recall[J]. Nature, 2012, 484(7394): 381 - 385.

216. LIU X., RAMIREZ S., REDONDO R. L., TONEGAWA S. Identification and Manipulation of Memory Engram Cells[J]. Cold Spring Harbor Symposia on Quantitative Biology, 2014(79).

217. LOO S. Digital phenomenology and post-humanist ethics in architecture[J]. Architecture and Phenomenology, 2009(6): 26 - 29.

218. LUAN TRAN, et al, Disentangled Representation Learning GAN for Pose-Invariant Face Recognition, [EB/OL]. (2018 - 10 - 9)[2020 - 09 - 06]. DOI: 10.1109/CVPR. 2017.141.

219. MACANN C. Four Phenomenological Philosophers[M]. London: Routledge, 1993.

220. MACH E., HIEBERT E. N. Knowledge and Error: Sketches on the Psychology of Enquiry[M]. Dordrecht: Springer, 1976.

221. MANDLER G. A History of Modern Experimental Psychology[M]. Cambridge: The MIT Press, 2007.

222. MARTIN C. B., DEUTSCHER M. Remembering[J]. Philosophical Review, 1996(75): 161 - 196.

223. MAYER-SCHONBERGER V. Delete: The Virtue of Forgetting in the Digital Age [M]. Pinceton: Pinceton University Press, 2009.

224. McCLOSKEY M., COHEN N. J. Catastrophic Interference in Connectionist Networks: The Sequential Learning Problem[J]. Psychology of Learning and Motivation, 1989(24): 109 - 165.

225. McGAUGH J. L. Time-dependent processes in memory storage[J]. Science, 1966, 153 (3742): 1351 - 1358.

226. McGAUGH J. L. Consolidating Memories[J]. Annual Review of Psychology, 2015(66): 1 - 24.

227. McGAUGH J. L. Searching for Memory in the Brain: Confronting the Collusion of Cells and Systems[C]. Nerual Plasticity and Memory From Genes to Brain Imaging, edited by

Federico Bermúdez-Rattoni, Boca Raton: CRC Press, 2007: 1 - 11.

228. McGAUGH J. L. Memory — A century of consolidation[J]. Science, 2000, 287(5451): 248 - 251.

229. MCNEILL I. F. Memory and the Moving Image: French Film in the Digital Era [M]. Edinburgh: Edinburgh University Press, 2012.

230. MENSCH J. R. Postfoundational Phenomenology: Husserlian Reflection on Presence and Embodiment[M]. Pennsylvania: The Pennsylvania State University Press, 2001.

231. MERLEAU-PONTY M. The Structure of Behaviour[M]. Translated by ALDEN L. F. Boston: Beacon Press. 1942: 1963.

232. MERLEAU-PONTY M. Phenomenology of Percetpion[M]. Translated by DONALD A. L. London: Routledge. 1962: 2012.

233. MERLEAU-PONTY M. The Intercorporeal Self: Merleau-Ponty on Subjectivity [M]. New York: State University of New York Press, 2012.

234. MIYAMOTO K., et al, Causal neural network of metamemory for retrospection in primates[J].Science, 2017, 355(6321): 188 - 193.

235. MIYASHITA Y. M. Cognitive Memory: Cellular and Network Machineries and Their Top-Down Control[J/OL]. (2004 - 10 - 15)[2020 - 09 - 07]. Science, 2004, 30(5695): 435 - 440.https: //science.sciencemag.org/content/306/5695/435.

236. NADER K. Reconsolidation and the dynamic nature of memory. [EB/OL]. (2013 - 03 - 29)[2020 - 09 - 07]. https: //doi.org/10.1016/B978 - 0 - 12 - 386892 - 3.00002 - 0.

237. NADER K., et al. Fear memories require protein synthesis in the amygdala for reconsolidation after retrieval[J]. Nature, 2000(406): 722 - 726.

238. NADER K., et al. Reply — Reconsolidation: The labile nature of consolidation theory [J]. Nature Reviews Neuroscience, 2000(1): 216 - 219.

239. NEIGER M., MEYERS O., ZANDBERG E. On Media Memory: Collective Memory in a New Media Age[M]. London: Palgrave Macmillan, 2011.

240. NEILL J. O., C. N. BOCCARA, F. STELLA, P. SCHOENENBERGER† J. Csicsvari.Superficial layers of the medial entorhinal cortex replay independently of the hippocampus[J]. Science, 2017, 355(6321): 184 - 188.

241. NICOLAS R. Collective Memory before and after Halbwachs[J]. The French Review, 2006, 79(4): 404 - 792.

242. NIEMEYER K. Media and Nostalgia: Yearning for the Past, Present and Future [M]. London: Palgrave Macmillan, 2014.

243. NIKULIN D. Memory: A History[M]. Oxford: Oxford University Press, 2015.

244. NORMAN M. WEINBERGER. Specific long-term memory traces in primary auditory cortex[J]. Nature Reviews Neuroscience, 2004(5): 279 - 290.

245. NUZZO A. History and Memory in Hegel's phenomenology[J]. Graduate Faculty Philosophy Journal, 2008, 29(1): 161 - 198.

246. OFEN N., X. J. CHAI, KAREN D. I. SCHUIL, SUSAN WHITFIELD-GABRIELI, JOHN D. E. GABRIELI. The Development of Brain Systems Associated with Successful Memory Retrieval of Scenes[J]. The Journal of Neuroscience, 2012, 32(29): 10012 – 10020.

247. O'KEEFE J D. J. The hippocampus as a spatial map. Preliminary evidence from unit activity in the freely-moving rat[J]. Brain Research, 1971, 34(1): 171 – 175.

248. O'KEEFE J, NADEL L. The Hippocampus as a Cognitive Map. Oxford: Oxford University Press, 1978.

249. O'KEEFE J., BURGESS N. Geometric determinants of the place fields of hippocampal neurons". Nature, 1996, 381(6581): 425 – 428.

250. OKUYAMA T., et al. Ventral CA1 neurons store social memory[J]. Science, 2016, 353, (6307): 1536 – 1541.

251. OHLSSON S. Deep Learning: How the Mind Overrides Experience [M]. London: Cambridge University Press, 2011.

252. OSTENFELD E. Ancient Greek Psychology and Modern Mind-Body Debate [M]. Aarhus: Aarhus University Press, 1996.

253. PANG P. T., et al. Cleavage of proBDNF by tPA/Plasmin Is Essential for Long-Term Hippocampal Plasticity[J]. Science, 2004(306): 487 – 491.

254. Plato[M]. translated into English with Analyses and Introductions by Benjamin Jowett.桂林：广西师范大学出版社,2008.

255. POO MU-MING, etc. What is memory? The present state of the engram[EB/OL]. (2016 – 05 – 19)[2020 – 09 – 07]. https://bmcbiol.biomedcentral.com/articles/10.1186/s12915 – 016 – 0261 – 6.

256. POPE K. S. Memory, Abuse, and Science: Questioning Claims about the False Memory Syndrome Epidemic[J]. American Psychologist, 2016, 51(9): 957 – 974.

257. POULOU J. The Technology of Memory[J]. The New Atlantis, 2008(20): 111 – 119.

258. PROEBSTER W. E. Digital Memory and Storage[M]. Wiesbaden: Vieweg teubner Verlag, 1978.

259. RAJASETHUPATHY P., et al, Targeting Neural Circuits[J]. Cell, 2016(165): 524 – 534.

260. RAMIREZ S., LIU X., LIN P. A., SUH J., PIGNATELLI M., REDONDO R. L., RYAN T. J., TONEGAWA S. Creating a false memory in the hippocampus[J]. Science, 2013(341): 387 – 391.

261. RAMIREZ S, et al. Creating a False Memory in the Hippocampus[J]. Science, 2013, 341(6144): 387 – 391.

262. RANCK JB Jr. Head direction cells in the deep layer of dorsal presubiculum in freely moving rats[J]. Soc Neurosci, 1984(10): 599.

263. RASHID A. J, et al, Competition between engrams influences fear memory formation

and recall[J]. Science, 2016, 353(6297): 383 – 387.

264. RATCLIFF R. A Theory of Memory Retrieval[J]. Psychological Review, 85(2): 59 – 108.

265. RATTI E. Big Data Biology: Between Eliminative Inferences and Exploratory Experiments.[J]. Philosophy of Science, 2015(82): 198 – 218.

266. REAS E. Mapping Memory Circuits with High-Field FMRI[EB/OL]. (2015 – 01 – 13) [2020 – 09 – 07]. https: //theplosblog.plos.org/2015/01/mapping-memory-circuits-with-high-field-fmri/.

267. REBER A. S. Implicit learning of artificial grammars[J]. Journal of Verbal Learning and Verbal Behavior, 1967, 6(6): 855 – 863.

268. REISBERG D. The Science of Perception and Memory[M]. Oxford: Oxford University Press, 2014.

269. RICOEUR P. Memory, History, Forgetting[M]. Translated by KATHLEEN, B., DAVID P. Chicago: The University of Chicago Press, 2004.

270. RICOEUR P. Between the Memory and History[J]. Sign, 2005, 598(14): 99 – 112.

271. RISSMANA J. HENRY, T. GREELY B, WAGNER A. D.. Detecting individual memories through the neural decoding of memory states and past experience[EB/OL]. (2010 – 01 – 16)[2020 – 09 – 07]. http://rissmanlab.psych.ucla.edu/rissmanlab/Publications_files/Rissman_PNAS_2010.pdf.

272. ROBERT C., et al. A synaptic memory trace for cortical receptive field plasticity [J]. Nature, 2007(450): 425 – 429.

273. ROBIN S. Representing the past: memory traces and the causal theory of memory [J]. Philosophical Studies, 2016, 173(11): 2993 – 3013.

274. ROBINS A. Catastrophic Forgetting, Rehearsal, Pseudorehearsal[EB/OL]. (2010 – 07 – 16) [2020 – 09 – 06]. https: //www.tandfonline.com/doi/abs/10.1080/09540099550039318.

275. ROEDIGER H. L. (ed.), DUDAI, Y. (ed.), FITZPATRICK S. M. (ed.) Science of Memory: Concepts[C]. London: Oxford University Press, 2007.

276. ROGERS A. K. The Logic of Memory[J]. Philosophical Review, 1922, 31 (3): 281 – 285.

277. ROSE A. D., BARENSE M., DUARTE A.(ed.) The Wiley Handbook on the Cognitive Neuroscience of Memory[M]. Chichester: Wiley Blackwell, 2015.

278. ROSE N. S., et al, Reactivation of latent working memories with transcranial magnetic stimulation[J]. Science, 2016, 354(6316): 1136 – 1139.

279. ROSENFIELD I. The Invention of Memory: A New View of the Brain[M]. New York: Basiv Books, 1988.

280. ROSS L. N. Dynamical Models and Explanation in Neuroscience[J]. Philosophy of Science, 2015(82): 32 – 54.

281. ROY D. S., et al, Memory retrieval by activating engram cells in mouse models of early

Alzheimer's disease[J]. Nature, 2016(531): 508 - 512.

282. RUBIN D. C., UMANATH S. Event memory: A theory of memory for laboratory, autobiographical and fictional events[J]. Psychol Rev., 2015, 122(1): 1 - 23.

283. RUIN H. Memory[C]// The Blackwell Companion to Hermeneutics. eds. NIALL KEANE, CHRIS LAWN. Oxford: Blackwell, 2016: 114 - 121.

284. RUMPEL S., et al. Postsynaptic receptor trafficking underlying a form of associative learning[J]. Science, 2005(308): 83 - 88.

285. RUSSELL B. The Analysis of Mind[M]. London: George Allen & Unwin, 1921.

286. RUSSELL N. Collective Memory before and after Halbwachs[J]. The French Review, 2006, 79(4): 792 - 804.

287. RUSSELL S. J, et al. Artificial Intelligence: A Modern Approach[M]. New York: Pearson Education, 2016.

288. SAKAGUCHI M, HAYASHI Y. Catching the engram: strategies to examine the memory trace[EB/OL]. (2012 - 09 - 21)[2020 - 09 - 07]. http://molecularbrain. biomedcentral.com/articles/10.1186/1756 - 6606 - 5 - 32.

289. SAMMUT G., et al. Understanding the Self and Others: Explorations in Intersubjectivity and Interobjectivity[M]. London: Routledge, 2013.

290. SAREL A, et al. Vectorial representation of spatial goals in the hippocampus of bats [J]. Science, 2017, 355(6321): 176 - 180.

291. SARTRE JP. The imaginary: A Phenomenological Psychology of the Imagination [M]. London: Routledge, 2004.

292. SAUNDERS A., PINFOLD D. Remembering and Rethinking the GDR: Multiple Perspectives and Plural Authenticities[M]. London: Palgrave Macmillan, 2012.

293. SCARINZI A. Contributions to phenomenology Aesthetics and the embodied mind: beyond art theory and the Cartesian mind-body dichotomy[M]. Dordrecht: Springer, 2015.

294. SCHACTER D. L., LOFTUS E. F. Memory and law: What can cognitive neuroscience contribute? [J]. Nat Neurosci, 2013(16): 119 - 123.

295. SCHACTER D. L. Forgotten Ideas, Neglected Pioneers: Richard Semon and the Story of Memory[M]. Philadelphia: Psychology Press, 2001.

296. SCHACTER D. L., et al. Modifying Memory: Selectively Enhancing and Updating Personal Memories for a Museum Tour by Reactivating Them[J]. Psychological Science, 2013, 24(4): 537 - 543.

297. SCHACTER D. L., et al. Remembering the past and imagining the future: Identifying and enhancing the contribution of episodic memory[J]. Memory Studies, 2016, 9(3): 245 - 255.

298. SCHACTER D. L., EICH J. E., TULVING E. Richard Semon's theory of memory [J].Journal of Verbal Learning and Verbal Behaviour, 1978(17): 721 - 743.

299. SCHACTER DL. Forgotten ideas, neglected pioneers: Richard Semon and the story of Memory[M]. Routledge, 2001.

300. SCHECHTMAN M. Memory and Identity[J]. Philosophical Studies: An International Journal for Philosophy in the Analytic Tradition, 2011, 153(1): 65-79.

301. SCHINDEL E., COLOMBO P. History, Memory and Migration: Perceptions of the Past and the Politics of Incorporation[M]. London: Palgrave Macmillan, 2014.

302. SCOVILLE W. B., MILLER B. Loss of recent memory after bilateral hippocampal lesions[J]. Journal of Neurology Neurosurgery and Psychiatry, 1957(20): 11-21.

303. SEIDLER V. J. Remembering Diana: Cultural Memory and the Reinvention of Authority [M]. London: Palgrave Macmillan, 2013.

304. SEMON R. The Mneme[M]. London: George Allen & Unwin, 1921.

305. SEMON R. Mnemic philosophy[M]. London: Allen & Unwin, 1923.

306. SERR J, et al. Overcoming Catastrophic Forgetting with Hard Attention to the Task [EB/OL].(2018-05-29)[2018-10-11]. https://arxiv.org/abs/1801.01423.

307. SIMOFF S. E., WILLIAMS G. Data Mining Theory, Methodology, Techniques, and Applications[M]. Dordrecht: Springer, 2006.

308. SMART J. J. C. Sensations and Brain Processes[J]. Philosophical Review, 1959(68): 141-145.

309. SMITH A. M, et al. Retrieval practice protects memory against acute stress[J]. Science, 2016, 354(6315): 1046-1048.

310. SMITH M. L., MILNER B. The role of the right hippocampus in the recall of spatial location[J]. Neuropsychologia, 1981(19): 781-793.

311. SOKOLOWSKI R. The Formation of Husserl's Concept of Constitution [M]. The Hague: Martinus Nijhoff, 1970.

312. SORABJI R. Aristotle On Memory: 2nd edition[M]. Chicago: University of Chicago Press, 2006.

313. SQUIRE L. R. Memory systems of the brain: A brief history and current perspective [J]. Neurobiology of Learning and Memory, 2004, 82(3): 171-177.

314. St. JACQUES P. L., SCHACTER D. L.. Modifying Memory: Selectively Enhancing and Updating Personal Memories for a Museum Tour by Reactvating Them[J]. Psychology Science, 2013, 24(4): 537-543.

315. SUKHANOVA E., THOMASHOFF HO. Body Image and Identity in Contemporary Societies: Psychoanalytic, social, cultural and aesthetic perspectives [M]. London: Routledg, 2015.

316. SUTSKEVER I, et al. Sequence to sequence learning with neural networks [EB/OL]. (2018-11-28)[2020-09-07]. https://papers.nips.cc/paper/5346-sequence-to-sequence-learning-with-neural-networks.pdf.

317. SUTTON J. Philosophy and Memory Traces: Descartes to Connectionism[M]. London:

Cambridge University Press, 2007.

318. TALAN J. New Evidence Refutes Longstanding Theories About Working Memory [J]. Neurology Today, 2017, 17(1): 20 – 21.

319. TAMM M. Afterlife of Events: Perspectives on Mnemohistory[M]. London: Palgrave Macmillan, 2015.

320. THOMAS A. S. Commentaries on Aristotle's On Sense and What Is Sensed and On Memory and Recollection [M]. translated by KEVIN WHITE and EDWARD M. MACIEROWSKI. Washington, D. C.: The Catholic University of America Press, 2005.

321. TITCHENER E. B. Affective Memory[J]. The Philosophical Review, 1895, 4(1): 65 – 76.

322. TONEGAWA S, et al. Memory Engram Cells Have Come of Age[J]. Neuron, 2015, 87(5): 918 – 931.

323. TRIFONOVA T. The image in French Philosophy [M]. Amsterdam: Rodopi B. V, 2007.

324. TULVING E. Episodic memory: From mind to brain[J]. Annual Review of Psychology, 2002, 53(1): 1 – 25.

325. TULVING E. Episodic and semantic memory. [C]//E. Tulving and W. Donaldson (Eds.). Organization of Memory. New York: Academic Press, 1972: 381 – 402.

326. TULVING E. Elements of Episodic Memory[M]. Oxford: Clarendon Press, 1983.

327. TULVING E. Schacter, DL, Priming and human memory systems[J]. Science, 1990, 247(4940): 301 – 306.

328. TYMAN S. The Phenomenology of Forgetting[J]. Philosophy and Phenomenological Research, 1983, 44(1): 45 – 60.

329. VERBEEK P. P. Moralizing Technology: Understanding and Designing the Morality of Things[M]. Chicago: The Unversity of Chicago Press, 2011.

330. VINYALS O, et al. Show and tell: A neural image caption generator[EB/OL]. (2015 – 04 – 20)[2020 – 09 – 07]. https: //arxiv.org/pdf/1411.4555.pdf.

331. WEN SX. Overcoming catastrophic forgetting problem by weight consolidation and long-term memory[EB/OL]. (2018 – 10 – 09)[2020 – 09 – 07]. https: //arxiv.org/abs/arXiv: 1805.07441v1

332. WILKIE R. The Digital Condition: Class and Culture in the Information Network [M]. New York: Fordham University, 2011.

333. WINDELBAND W. A History of Philosophy[M]. Elibron Classics, 1901.

334. XUE YAN-XUE, et al. A Memory Retrieval-Extinction Procedure to Prevent Drug Craving and Relapse[J]. Science, 2012, 336(6078): 241 – 245.

335. YANG WZ, et al, Fear erasure facilitated by immature inhibitory neuron transplantation [J]. Neuron, 2016(92): 1 – 16.

336. YEAGE A. Newly identified brain circuit hints at how fear memories are made[EB/OL]. (2015-01-19)[2020-09-07]. https: //www. sciencenews. org/article/newly-identified-brain-circuit-hints-how-fear-memories-are-made.

337. YOKOSE J, et al. Overlapping memory trace indispensable for linking, but not recalling, individual memories[J]. Science, 2017, 355(6323): 398-403.

338. ZEMACH E. M. A Definition of Memory[J]. Mind, 1968, 77(308): 526-536.

339. ZIMMER H. D. Memory for Action: A Distinct Form of Episodic Memory[M]. Oxford: Oxford University Press, 2001.

后　记

每个故事都有独特的叙事方式,每本书也都有其值得琢磨的后记。

2000—2003 年读博期间,我对技术的现象学分析颇感兴趣。以技术工具性(熟知)反思为发端延续着海德格尔的思考,但是如何找到一个坚实的基点进行超越(找到真知)却成为日后苦苦思索的问题。回想起来,2005 年的《技术现象学初探》是对技术工具论的多方反思,但是向何处超越却成为悬疑;2011 年的《现代技术下的空间拉近反思》将技术体验看作是超越的朦胧指向;2015 年的《翱翔的信天翁:唐·伊德技术现象学研究》则重回哲学史对伊德技术哲学进行了深入的研究,找到了其忽略的记忆维度。后来,一个契机悄然而至。

2016 年,我刚刚完成了上海市科学技术协会的项目《20 世纪记忆科学与技术发展报告》,这个报告主要是梳理和反思了 20 世纪 60 年代以来记忆科学与技术的发展及前沿情况。在报告完成之后,我萌生了将其扩展成一本著作的想法,这一想法是想回应现象学如何应对自然科学发展的难题。但是这个想法实现的过程却是艰苦的。幸运的是,2018 年,在上海大学出版社副总编邹西礼先生的鼓励和帮助下,本书入选上海文教结合"支持高校服务国家重大战略出版工程(2018)"项目。此后从定稿到装帧设计,与他进行了 N 多次的沟通,在此表示由衷谢意! 另外这本书也是我完成的国家社科基金项目"基于图像技术的体验构成研究"及我参与的国家社科基金重大项目"智能革命与人类深度科技化前景的哲学研究"(17ZDA028)的阶段性成果。

同时,这本书也见证了我人生的转折点。2020 年全球遭遇了新冠疫情爆发,我个人则赶上了工作的调动,可谓世界巨变与人生转折形成交点。但一切都顺利地向好发展。值此书付梓之际,感恩身边的每一个人——从家人到朋友,从同事到领导。同时也要感谢全国哲学社会科学工作办公室,作者在各方面的支持下,想法变成了现实。另外需要说明的是,自 2017 年以来,本书中的部分内容曾以论文形式发表,因此读者阅读过程中可能会有重复罗嗦之感,还请谅解。这再次说明思想之路会有前进,更有折返。

　　最后，还是以 10 年前《现代技术下的空间拉近体验·后记》中所引屈原的那句话作为结尾："路漫漫其修远兮，吾将上下而求索。"故而，这篇《后记》不是一个总结，而是一个新的征途的开始。

杨庆峰

2020 年 10 月

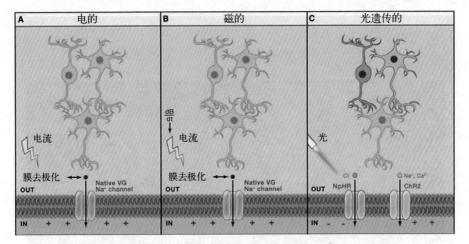

图 4 - 3　心理疾病治疗中的干涉策略[①]

图 4 - 5　神经科学中光遗传学原理[②]

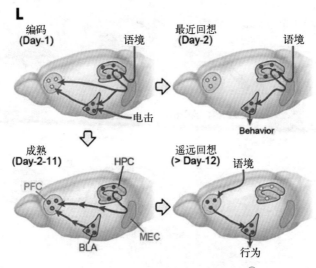

图 7 - 2　记忆巩固网络的原理机制[③]

①　RAJASETHUPATHY P., FERENCZI E., DEISSEROTH K. Targeting Neural Circuits[J]. Cell, 2016，165：525.

②　DEISSEROTH K. Optogenetics, Nature methods[J]. 2011，8(1)：28.

③　KITAMURA T., et al. Engrams and circuits crucial for systems consolidation of a memory[J]. Science，2017，356(6333)：78.

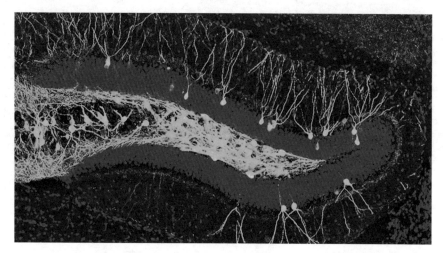

图 7-3　绿色部分是标记出来的保留记忆的细胞,然后可以通过光刺激提取①

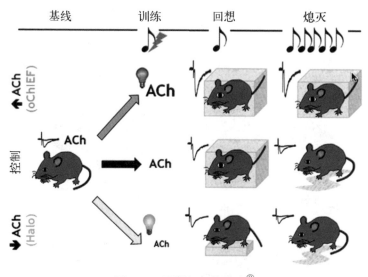

图 7-4　恐惧记忆的消除②

①　Lost memories retrieved for mice with signs of Alzheimer's[EB/OL]. (2016 - 03 - 12)[2020 - 09 - 06] https：//www. sciencenews. org/article/lost-memories-retrieved-mice-signs-alzheimers? mode＝magazine & context＝188016.

②　JIANG L., KUNDU S., LEDERMAN JD., LÓPEZ-HERNÁNDEZ GY., BALLINGER EC., WANG SH, TALMAGE DA., ROLE LW. Cholinergic Signaling Controls Conditioned Fear Behaviors and Enhances Plasticity of Cortical-Amygdala Circuits[J]. Neuron, 2016, 90(5)：1057 - 1070.